北京师范大学珠海分校学术文库
Beijing Normal University, Zhuhai
Academic Library

北京
城市热场时空分布及
景观生态因子研究

胡嘉骢 魏 信 陈声海 著

Study on the Temporal and Spatial
Distribution of Surface UHI in
Beijing Urban Area and Analysis of
Its Landscape Ecology Factors

U0309811

北京师范大学出版集团
BEIJING NORMAL UNIVERSITY PUBLISHING GROUP
北京师范大学出版社

图书在版编目(CIP)数据

北京城市热场时空分布及景观生态因子研究／胡嘉骢，魏信，陈声海著．—北京：北京师范大学出版社，2014.1
（北京师范大学珠海分校学术文库）
ISBN 978-7-303-16753-1

Ⅰ．①北…　Ⅱ．①胡…②魏…③陈…　Ⅲ．①城市热岛效应－研究－北京市　Ⅳ．① X16

中国版本图书馆 CIP 数据核字（2013）第 176510 号

营 销 中 心 电 话　010-58802181 58805532
北师大出版社高等教育分社网　http://gaojiao.bnup.com
电 子 信 箱　gaojiao@bnupg.com

BEIJING CHENGSHI RECHANG SHIKONG JI JINGGUAN
SHENGTAI YINZI YANJIU

出版发行：北京师范大学出版社 www.bnup.com
　　　　　北京新街口外大街 19 号
　　　　　邮政编码：100875
印　　刷：北京京师印务有限公司
经　　销：全国新华书店
开　　本：170 mm × 240 mm
印　　张：14.5
插　　页：8
字　　数：268 千字
版　　次：2014 年 1 月第 1 版
印　　次：2014 年 1 月第 1 次印刷
定　　价：75.00 元

策划编辑：毛　佳　　　　责任编辑：毛　佳
美术编辑：王齐云　　　　装帧设计：王齐云
责任校对：李　菡　　　　责任印制：陈　涛

前　言

  城市化将是中国 21 世纪社会经济变化最重要的特征之一。截至 2012 年年底，中国的城市化水平为 52.6%，预计到 2030 年城市化水平可望达到 65%。随着人口与资源的聚集、城市规模的不断扩大与中小城市的不断涌现，伴之而来的城市土地利用/土地覆盖变化，是中国今后几十年土地景观变化的基本特征。在由农村景观向城市景观转变的过程中，形成了显著的城市生态环境效应。其中，由于农村和城市郊区的土壤、植被及水面等土地覆盖类型逐渐减少，取而代之的是由沥青、水泥及金属等建筑材料组成的不透水面，从而导致地表水分蒸腾减少、径流加速、显热的存储和传输增加及水质恶化等一系列生态环境问题。再加上人口与产业的过度聚集、交通格局的拥堵趋势及社会环境恶化等问题的凸显，使得城市的规划布局、景观生态、能量效率、人类健康及生活质量等均受到了一定的负面影响。因此，在当今建设生态城市与低碳城市的背景下，基于先进的卫星遥感技术，对城市景观格局动态及其生态环境效应的研究已成为当前城市生态学研究的热点。

  城市景观在物质、能量和结构特征上存在着时空差异，在人类与客观世界进行大量物质和能量的交换过程中，人类消耗大量的物质与能量，产生了大量废弃物和无效热量，形成了城市热环境。人类的能量消耗活动，即热行为，加剧了城市热环境的空间异质性特征。在一系列的城市生态环境效应中，城市热环境作为城市环境能量分布与能量交换的结果，是由城市组成物质的热特性和景观结构共同决定的，是城市化的综合表现。本书以北京市为主要研究区域，基于卫星遥感探测、定量反演及空间建模与分析技术，探索城市热环境的空间与时间演变规律，并按照景观生态学的研究范式，研究与之相关的景观生态因子，突出定量遥感技术的应用，为生态城市的规划与管理奠定基础。

需要说明的是，本书是在胡嘉骢博士论文、陈声海硕士论文及魏信副教授多年科学研究的基础上，综合了国内外学者最新的研究成果，并在北京师范大学珠海分校科研成果出版支持计划的资助下继续深化形成的。本书首先对城市热岛研究的历史和现状进行了回顾和总结，在详尽了解国内外学者如何利用地面观测资料、卫星遥感及边界层数值模式这三种不同的方法进行城市热岛的形态结构、过程变化及成因分析等研究工作的基础上，充分利用已有数据和仪器，结合地表观测及卫星遥感观测的优点，综合大气热岛和地表城市热岛的研究结果，从而获取北京市城区热场不同时间尺度上的空间变化规律及其相关影响因子。

本书的主要研究内容包括：①对城市热岛研究的历史和现状、城市景观生态及城市通量研究进行了回顾和总结，提出了研究的主要目标、内容、总体框架及技术路线。②概述了研究中使用到的各种数据的来源和使用方法，重点介绍了北京市海淀公园绿地水、热、CO_2 通量观测实验。③对各种卫星遥感参数结果进行了详细的验证。验证结果表明，这些参数的精度是可靠的，可以应用到城市地表热场的时空变化及其相关影响因子的研究中。④基于 V-I-S 模型，使用线性混合像元分解分类方法进行北京市土地利用/土地覆盖景观格局分析，得到城市下垫面不透水地表和植被景观的空间格局，并分析其历年的变化。⑤利用多个时相 ASTER/TM 卫星遥感反演的地表温度、NDVI(Normalized Difference Vegetation Index，归一化植被指数)等各种参数，结合地表实测温度日变化数据，从不同的时间尺度分析了北京市城区地表热场的空间变化规律及其相关影响因子。⑥通过选取 2005 年北京市夏季昼、夜 Landsat TM 影像，从三个角度分析了城市热场与城市植被景观之间的相关关系。⑦研究了城市绿地空间景观格局与城市热场的关系。⑧对典型功能小区的热效应进行了评价与分析。⑨进行了行政区热效应的评价与分析。⑩对全书做了总结，并对下一步工作进行了展望。

本书主要内容从选题、构思、布局到实验设计一直得到作者导师朱启疆教授的悉心指导，并得到北京师范大学地理学与遥感科学学院的诸多老师及同学、师弟、师妹们的大力支持与帮助，在此表示衷心的感谢。在本书的编写过程中，还得到北京师范大学珠海分校空间信息研究所及城市生态与空间信息科研创新团队的大力支持，以及北京师范大学珠海分校不动产学院李波、张博钰同学的帮助。在成书过程中，引用或参考了众多学者的有关著作和论文，尤其是王修信博士的有关研究成果，在此，表示诚挚的谢意！最后，对北京师范大学珠海分校的资助，对审阅书稿的编委和专家们的辛勤工作也表示感谢！

　　由于本研究领域日新月异，涉及面广，加上作者水平有限，错误之处在所难免，敬请读者批评指正。

胡嘉骢　魏　信　陈声海

2011 年 4 月于珠海

目 录

第1章 绪 论

1.1 研究背景及意义

　　城市是人类文明的标志，是一个时代的经济、政治、社会、科学、文化、生态环境发展和变化的焦点和结晶体。在城市中存在着各种各样的社会矛盾、人类社会发展和自然界的矛盾。城市及其区域的经济发展与生态环境的对立和统一，是促进城市发展的基本矛盾之一。城市化速度和规模是检验国家社会文明和生产力发达的重要标志之一。据统计，我国2012年的城市化水平已由1990年的26.41%提高到52.6%，预计到2030年将达到65%。但我国城市化迅速发展的实践证明，随着城市人口的迅速增加、城市工业化水平的不断提高、城市数量的不断增加等，城市经济发展和城市生态环境保护之间的矛盾日益复杂尖锐，从而使得解决城市经济发展和城市生态环境保护，即建设生态城市的问题成为当前城市规划与管理的重点。

　　城市气候是最重要的城市环境要素之一。城市化过程中，城市下垫面性质的改变、空气组成的变化、人为热和人为水汽的影响，在当地纬度、大气环流、海陆位置、地形等区域气候因素作用的基础上，产生城市内部与其附近郊区气候的差异。其中，城市气候呈现出所谓"五岛"特征，即"热岛"、"湿岛"、"干岛"、"雨岛"和"混浊岛"。其中，城市热岛效应是城市气候不同于其以外地域的最明显特征之一。1918年，英国气象学者Howard在《伦敦的气候》一书中，把伦敦市区气温比周围乡村气温高的现象称为"Urban Heat Island"或"Hot-island Effect"，即"城市热岛"或"热岛效应"。这是人类首次对城市热岛效应这一特殊气候现象进行有目的、有文字的记载，也是人类关注和研究城市热岛的开端。其后，各国气象学家对其进行了广泛的研究，国内外大量的研究结果表明，世界上所有城市，无论规模大小、纬度高低、位于沿海还是内陆以及地形、环境如何，均存在城市热岛效应。城市热岛效应会给人们的健康带来极大的危害。在低纬度和中纬度地区的夏季，城市热岛效应会加快城市高温出现的频率，造成高温灾害；城市热岛效应还会影响城市大气污染物分布特征和局部小气候，导致城区环境综合质量下降；同时，为了减缓城市热岛负面影响所付出的经济消耗也很可观。北京作为中国的首都，是一个拥有超过$2\,000\times10^4$常住人口的特大城市，也是全国城市化速度最快的城市之一。改革开放的30多年来，北京的人口和城市建成区面积分别从 1980 年的 904.3×10⁴ 人和 346km²，增长为 2012 年的 2 069.3×10⁴ 人和 1 289.3km²，从而出现了以城市化为主要特征的大规模土地利用/覆盖变化。随着北京城市化的迅速发展，城市规模不断扩大，城市楼房向群落化、高层化发展，以沥青和水泥为主体的城市道路向高架、高速、"宽带"化发展。与此同时，随着国民经济的快速发展，工商企业、各种机动车辆的增多及冬季取暖、夏季空调降温的需要，耗费的能源也日渐增多，所排放的人为热也迅速增加。这些因素使得北京的城市热岛效应日益显著，城市热岛的范围也随之不断扩大。

在人工景观取代自然景观的城市化过程中，由于地表覆被材质的变化而导致了地表热辐射、热存储和热传递的一系列改变，并以城市热岛的形式表现出来。同时，城市生态系统内人口聚集、能源消耗等生产活动方式所产生的人为热量释放、传输等，也通过城市热效应表现出来。不论是地表辐射率改变而导致的地表显热与感热传输模式的变化还是人工热量空间配置的变化，都存在一个最终的热量平衡。表征这种热量平衡的最好指标无疑是环境温度。所以，对于在城市化过程中迅速改变的城市景观格局的生态过程而言，城市热岛效应无疑是一个具有代表性的综合体现。而 21 世纪是空间时代和信息时代，以全球定位系统(Global Positioning System，GPS)、遥感(Remote Sensing，RS)及地理信息系统(Geographic Information System，GIS)为代表的空间信息技术得到飞速发展，特别是在 GIS 空间分析技术的支撑下，各种不同时空分辨率的遥感监测数据被广泛应用到资源、环境、灾害、人文、社会等各个领域。定量遥感反演技术与空间信息建模技术的迅速发展使得快速获取定量的城市生态环境信息和客观评价与之相关的城市景观生态因子成为可能。其中，城市景观的热量特征是通过电磁波辐射形式进行相互作用的，可被遥感手段直接探测到。

所以，本书从生态城市规划角度出发，基于卫星遥感技术，综合集成定量遥感方法、城市地表通量模型、地理信息系统空间分析技术及相关理论知识，以北京市为主要研究区域，深入分析城市热场的时空分布与城市景观格局的互动关系，从而寻求城市化进程中城市内部的人地关系协调与均衡发展策略，为生态城市的规划与管理提供支持。

1.2　城市热场时空变化研究进展综述

1.2.1　城市热岛的定义及其形成机制

鉴于城市大气的不同层级及各种地表类型，甚至是亚地表都能够定义热岛，因此必须区分这些不同类型的热岛及其内在形成机制的差异。除非特别指明，城市热岛一般是指城市大气与周围郊区环境相比更加温暖这一现象，也称为大气热岛。我们可以同时在城市冠层(Urban Canopy Layer，UCL)和城市边界层(Urban Boundary Layer，UBL)上定义大气热岛。UCL 是城市大气从地表向上延伸至大约建筑物的平均高度处。而 UBL 则是位于 UCL 之上，并始终受城市地表影响的部分。UCL 热岛主要由在标准气象高度上或绑定在交通工具上的传感器测量得到。UBL 热岛则是由更专业的传感器平台，例如高塔、声呐、探空气球或者空基设备测量得到。这些测量都要求有代表性，因此测量仪器相对于周围环境的位置非常重要。同时，大气通量及诸如空气温度等要素的测量都受到湍流或源区的影响，而源区的形状是由传感器高度和大气湍流及其稳定性特征所决定的，因此可由源区模型来估计测量的准确性。在晴天无云、无风的晚上，城市和周围郊区的辐射降温差异最大时，大气热岛的表现最明显。图 1-1 是典型大气热岛的温度廓线。

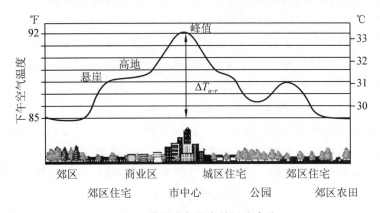

图 1-1　典型大气热岛的温度廓线

由遥感监测到的城市热岛称之为地表城市热岛(Surface Urban Heat Island，SUHI)，其实质是传感器所"看到"的热红外上行辐射的空间模式(大多是亮温或仅做了大气纠正的方向辐射温度)。遥感监测的"有效辐射源区"是传感器投影到地表的瞬时视场角(Instantaneous Field of View，IFOV)。该源区由几何特征决定，与大气热岛的源区差别极大。与大气热岛的直接现场测量相比，遥感所得 SUHI 是间接测量，需要考虑大气的影响及在传感器波长范围内影响辐射发射和反射的地表辐射特性。要得到准确的 SUHI，第一步是需要得到亮温；第二步是纠正大气的影响(主要是大气透过率及大气路径辐射的影响)；第三步是使用由大气辐射传输模型计算所得或直接测量到的大气下行辐射及对地表比辐射率的估计得到方向辐射温度。最后还需要对不在传感器视场内的那部分地表做粗略的纠正，也就是考虑地表三维结构的影响(即墙壁和植被所占城市地表的权重)。如果不进行这些纠正，或者错误地估计了误差，很可能会改变解释的结果(例如 SUHI 的幅度)或者错误计算导出的物理量(例如地表和空气的湍流通量)。

城市热岛是多种因素综合作用的结果。徐祥德等将其形成原因归纳为以下三个方面：(1)城市下垫面的影响。包括下垫面热物理性质、不透水性及几何形状(即街谷效应和地表粗糙度的增加)对城市热岛的影响。(2)人为热及污染的影响。城市人口生产生活中排放出的热量和废气均对城市近地面层的大气有加热作用。(3)气候条件的影响。地理位置不同的城市表现出不同的城市气候特征。即使同一城市，在不同的天气气候条件下，城市热岛效应也表现不同。

1.2.2　城市热岛研究进展

到目前为止，城市热岛的研究方法主要有地面观测、遥感监测及边界层数值模式模拟 3 种。地面观测是指以散布在城区和郊区有限的地方气象台、站或地面流动(巡回)观测资料进行城市气温及地表温度的观测。遥感监测则是利用航空或航天传感器对城市下垫面及其地表温度进行实时观测。边界层数值模式模拟是利用从简单的一维模式到复杂的三维中尺度模式等各种数值模式对一定区域面积和空间高度范围内的温、湿和风场进行空间数值模拟。下面分别介绍这 3 种方法的研究进展。

1. 城市热岛地面观测研究进展

在城市热岛地面观测研究中，大多数学者使用 Oke 所提出的城市热岛强度定义，即热岛中心气温(高峰)与同时间同高度(通常是距地 1.5m 高处)附近郊区气温的差值。目前，国内外城市中为了研究城市气候而设置的气象站点不多，也不可能每天进行流动观测，因此往往取城区某一代表性的观测站与郊区另一具有代表性的观测站的气温资料进行对比，以此来表示热岛强度的变化。

国外学者很早就开始利用地面气象观测资料研究城市热岛效应，这方面文献非常丰富。我国从 20 世纪 80 年代才开始真正起步，但发展较快。国内学者主要利用实测气象数据集中研究不同类型城市城市热岛的时空变化特征及其形成机制。其中，研究得最为充分的是上海和北京两个城市。表 1-1 是对典型文献的总结。

经过多年的发展，通过地面气象观测数据进行城市热岛研究的方法与手段已趋于成熟。大致可分为：(1)对城区和郊区气象站点的数据进行对比。这种方法需要城区站点具有城市的典型特征，郊区站点要靠近城市，且两类站点的气候特征须一致。(2)研究各个气象站点数据的历史序列，分析其随城市扩展的变化趋势。该方法需要对大量数据进行分析，因此发展出了许多特定的数据统计方法。(3)利用安装在交通工具上的传感器对城市和郊区周围的空气温度或地表温度进行实时观测对比。该方法能获取同步的对比观测数据，但需要仔细考虑当时的天气状况，设计合理的流动路线，同时确保数据的稳定性。前两种方法仍受到城区内气象站点数量及位置的限制,因而空间代表性不足;而后一种方法又无法保证稳定的数据来源。因此,应该将这几种方法联合起来使用。

表 1-1 国内外对城市热岛研究结果的总结(部分来源于 Arnfield)

城市热岛变化特征	参考文献
热岛的强度在晚上最大	Adebayo,Schmidlin,Ripley 等,Magee 等
热岛强度随城市/人口规模的增加而增大(上海、北京)	Park,Yamashita 等,Hogan 等,周淑贞等,张光智等,宋艳玲等,林学椿等,丁金才等
热岛强度在夏天或每年的暖季最大	Schmidlin,Philandras 等,Morris 等
热岛强度日变化和季节变化明显,平均热岛强度秋、冬季节较强,夏季较弱(上海)	周淑贞等,焦敦基等,邓莲堂等,江田汉等
热岛呈多时间、多中心的尺度结构,由各种尺度的热岛叠加而成(上海、北京)	江田汉等,张光智等
热岛强度随风速和云量的增加而降低	Ackerman,Kidder 等,Magee 等,Morris 等

2. 城市热岛遥感监测研究进展

1972 年,Rao 首先证实了可以通过分析卫星热红外遥感数据区分出城市,并使用 ITOS-1 卫星数据制作了美国大西洋中部沿海城市的地面热场分布图。从此以后,各种传感器平台(卫星、航空和地基)都用来进行地表城市热岛的遥感监测。随着航空及卫星遥感技术的不断进步,应用遥感同GIS、GPS 等技术结合的手段来监测和研究城市热岛效应的时空变化及其形成机制,成为城市热岛效应研究中应用最多、最有效和最直观实时的方法。表 1-2 列举了 20 世纪 80 年代末以来利用遥感研究地表城市热岛的国内外具有代表性的文献。

由表 1-2 可知,首先,绝大多数研究使用遥感来监测地表城市热岛的空间结构及其与城市地表特征之间的关系。其中大多数使用 AVHRR 或者 TM数据,结合 GIS 及土地利用/土地覆盖数据,尤其是 NDVI 或植被覆盖来评估亮温或者方向辐射温度的空间模式。少数研究使用航空遥感获取的高空间分辨率热红外影像评估地表城市热岛分布与地表特征或 NDVI 等之间的关系。随着传感器分辨率的提高,最近也有研究通过结合地表测量及遥感方向辐射温度来生成更能代表城市三维结构的辐射温度。

其次,有研究利用遥感耦合城市气候模型来研究城市地表能量平衡,从物理基础上深入理解热岛的生成机制。Hafner 等使用基于大气模型的输出与遥感得到的方向辐射温度之间的回归方程,模拟短波辐射的地表吸收和NDVI,从而进行地表热通量的参数化。

还有研究应用遥感来研究大气城市热岛和地表城市热岛之间的关系。有些研究结合遥感和地表的同步观测，某些还结合城市大气模型来研究地表温度与空气温度之间的关系，但大多都是经验关系。最近，卫星观测的夜间数据也被用于监测城市和郊区地表温度之间的差异。

表 1-2　利用遥感研究地表城市热岛的国内外文献总结（部分来源于 Voogt 等）

参考文献	平台：传感器	温度模式	研究目标
Balling 等	Sat：AVHRR	亮温	研究地表温度和土地利用之间的关系及其空间模式的日变化
Dousset	Sat：AVHRR	亮温	城区地表温度和空气温度之间的关系
Carnahan 等	Sat：Landsat TM	亮温	城市和郊区升温与降温之间的差异
Dousset	Sat：AVHRR，SPOT	亮温	城市土地利用分类及其与地表温度的关系
Kim	Sat：Landsat TM	亮温	城区地表能量平衡模拟
Stoll 等	航空：地基 IRT	方向辐射温度	不同地表类型地表温度与空气温度的评估
Gallo 等	Sat：AVHRR	亮温	使用 NDVI 来评估城市热岛
Quattrochi 等	航空：TIMS	方向辐射温度	不同城市地表类型白天和晚上的温度
Epperson 等	Sat：AVHRR，DMSP	亮温	用 NDVI 和晚上数据估计城市空气温度差值
Nichol	Sat：Landsat TM	方向辐射温度	与城市形态学有关的地表温度的空间模式
Ben-Dor 等	航空：TIrS	方向辐射温度	同步的城市地表及空气温度热岛分析
Nichol	Sat：Landsat TM	方向辐射温度	用墙壁与遥感温度融合创建城市三维温度
Hafner 等	Sat：AVHRR	亮温	与热惯量和湿度有关的 SUHI 与 UHI 模式
Quattrochi 等	航空：ATLAS	方向辐射温度	使用遥感与 GIS 评估城市热岛
周红妹等	Sat：AVHRR TM	亮温，气温	遥感、GIS 监测热岛分布特征和变化规律
陈云浩	Sat：TM	亮温	热岛空间变化分析
延昊等	Sat：AVHRR	方向辐射温度	热岛与地表反照率和植被指数的关系
程承旗等	Sat：TM	亮温	热岛强度与 NDVI 的关系
李延明等	Sat：TM，IKONOS	亮温	热岛与城市绿色空间演变特征
孙飒梅等	Sat：TM	相对亮温	以相对亮温来表示热岛强度
徐涵秋等	Sat：TM	亮温	用城市热岛比例指数（URI）研究热岛

卫星遥感数据时间同步性好、覆盖范围广的特点能使其克服地面观测数据空间代表性不足的缺点，从而能够研究城市热岛的平面布局及其内部结构，将城市热岛进一步推动至城市热场的研究。遥感反演的地表温度也在从最原始的 DN 值到亮温，再到方向辐射温度直至地表真实温度逐步发展。虽然城市热岛的形成、发展及其空间分布受多种因素的影响，结合 RS 与 GIS 仍能部分揭示城市热场的变化机制及其背后的主要驱动力因子。例如，多数研究结果都表明在天气晴朗、无风或微风的情况下，城市热场空间分布及其发展主要取决于城市格局和下垫面性质(土地利用类型、NDVI、植被覆盖度等)。

但 Voogt 等指出了遥感监测在城市热岛研究中面临的本质问题：(1)受遥感数据空间分辨率及单一角度观测的限制，遥感仅仅能"看"到真实城市表面的一部分，无法研究城市热场的垂直结构。最近发展出的传感器视场模型还无法将遥感与实质城市表面联系起来。(2)遥感所得地表辐射温度与城区－大气交界层实际温度，也就是所谓"地表真实温度"的关系。目前大多数研究，尤其是国内，直接使用亮温进行城市热岛的研究。但亮温同地表真实温度间的差异往往达到 5～6K，因而对热岛幅度的估计造成较大误差，甚至得出错误的结论。城市三维地表辐射的"有效各向异性"、城市地表发射率的不确定性及城区大气透过率的空间变化，均对地表真实温度的精确反演有很大影响。同时，城市异常复杂的下垫面也使得很难在卫星过境时刻同步验证地表真实温度。(3)遥感仅仅获取了时间断面信息，难以从机理上分析城市热岛的变化过程和驱动机制。虽然结合 RS 与 GIS，以及相关分析、分形数学、三角形法等数学统计方法，可以建立城市热岛与其各种可能影响因素的定量关系，但这些模型本质上仍基于统计意义的经验关系。(4)地表城市热岛与大气城市热岛间的区别。虽然表 1-2 中有些研究两者之间关系的文献，但绝大多数研究都认为两者有很大的差异。

3. 城市热岛边界层数值模式模拟研究进展

以热力学和动力学为理论基础的边界层数值模式是进行地表能量平衡与温度场时空变化分析的机理模型。随着计算机技术的高速发展，数值模式模拟已成为城市热岛研究的有效手段。Myrup 最早用简单的一维方程对城市热岛进行了模拟。国内的学者也从 20 世纪 80 年代开始通过城市边界层结构的动力、热力特征的研究来评估城市热岛效应。表 1-3 是对其中一些典型模型应用于城市热岛研究的总结。

由表 1-3 可以看出，边界层模式模拟经历了从简单的一维模式到更复杂、更精确的二维，直至三维中尺度模式的发展过程。国内研究虽然起步较晚，但却紧追国外发展步伐，目前已有并驾齐驱的势头。当前国内外研究城市热岛使用最广泛的边界层数值模式是三维中尺度模式，包括 MM5(The

Fifth-Generation NCAR/Penn State Mesoscale Model)、WRF(The Weather Research and Forecasting Model)及 RAMS(Regional Atmospheric Modeling System)等。但在以上模式中并不考虑城市特有的动力和能量特征及其对大气边界层(PBL)的影响,因此需要对中尺度模式进行城市冠层或城市边界层模型的改进,例如 Masson 的 TEB 模型、Dupont 等的 DA-SM2-U 模型及 Kusaka 等的单层模型,这已经成为使用中尺度模式研究城市气候的主要发展方向之一。同时,最近的研究也考虑城市中独有的人为热及复杂地形对城市热岛模拟的影响。国际上在这方面的工作已经取得了一定的进展,但主要集中在中小型城市。因此,在国内,尤其是大都会城市中,如何恰当使用并改进这些模型是当前研究的重要内容。

虽然使用边界层模式能够方便地模拟各种条件下的城区及其周围郊区温、湿、风场的时空变化,从而研究城市热岛,但以下因素限制了它的使用:(1)城市边界层严重复杂、非均匀的下垫面造成了 M-O 相似理论的局限,导致地气之间物质、能量、动量交换与均匀下垫面假设差异明显,使得目前缺乏明确的城市边界层理论概念模型。(2)有限的城市气象观测资料使得模式初试场资料难以获取,城市边界层的多尺度复杂性也对模式空间分辨率提出了更高的要求。(3)更关键的是模式结果难以检验。

表 1-3   利用边界层数值模式模拟城市热岛的国内外文献总结

参考文献	年份	模式类型	研究目标及主要特点
Myrup	1969	一维模型	最早的一维地表能量平衡模型,假定城区为"混凝土平板"
Tapper	1981	一维模型	加了多层土壤扩散方程及人为热通量项,但未考虑平流
边海等	1988	一维模式	加入了平流传输及人为热源项,模拟夜间城市热岛
Oke 等	1991	一维 SHIM 模型	首次加入了"城市峡谷"效应对地表能量平衡的影响,考虑了建筑物的热通量及"城市峡谷"内红外辐射项的单次反射
孙旭东等	1994	一维模式	评估城市人为热的增加对未来热岛强度的影响
Vukovich	1973	二维模型	二维线性化模型,模拟热岛环流,在模型中指定了部分参数
Bornstein	1975	二维模型 URBMET	双层、二维、流体静力学、Boussinesq、旋涡边界层模型,主要模拟气流通过温暖、粗糙的城市地区时的变化
叶卓佳等	1986	二维模式	模拟城市热岛及环流发展演变
李兴生等	1990	二维模式	研究了倾斜地形对城市热岛的影响

续表

参考文献	年份	模式类型	研究目标及主要特点
Yoshikado	1992	三维模型	使用了不同的粗糙长度和冷却速率来描述城市的影响,主要研究东京城市热岛环流与海风之间的相互影响
杨梅学等	1998	三维模式	模拟兰州市城关区复杂地形下的城市热岛效应
Taha	1999	中尺度模型	在 CSUMM 模型基础上,耦合 OHM 热存储模型,模拟热岛强度
桑建国等	2000	三维模式	求得热岛环流的理论模式,并分析温度场和流场的三维结构
Zehnder 等	2002	中尺度模型 MM5	对 MM5 模型进行简单修正,改进模拟菲尼克斯市热岛的性能
Rozoff 等	2003	中尺度模型	在 RAMS 模型基础上,耦合 TEB 城市冠层模型,模拟热岛对城市降雨、雷暴的影响
Kusaka 等	2003	中尺度模型	在 WRF 模型基础上,耦合一个简单的单层城市冠层模型及 LSM 模型,模拟休斯敦地区的热岛
李维亮等	2003	中尺度模型 MM5	模拟长三角地区海(湖)陆风、城市热岛等小尺度天气现象
杨玉华等	2003	中尺度模型 MM5	模拟北京冬季的热岛
陈燕等	2004	三维模式	模拟杭州地区的城市热岛现象
佟华等	2005	中尺度模型 MM5	研究楔形绿地规划对缓解城市热岛的作用
佟华等	2005	中尺度模型 MM5	在 MM5 中耦合城市边界层模型,模拟香港在复杂地形条件下的热岛、海风及污染扩散

4. 未来的研究发展方向

随着新一代空气温湿探头价格的下降,通过在城区内布置大规模的空气温湿度实测网络来获取稳定可靠且更具空间代表性的数据是当前利用地面观测数据进行城市热岛研究的最新动向。但国外类似的研究大多应用在欧美中、小型城市,对于国内北京、上海这种大都会城市,还难以长期实施。目前可以结合气象站点的长期观测、典型时间段内的流动观测及典型空间区域上的实测网络来获取更有代表性的资料。

当前新一代的 ASTER 传感器具有更高的分辨率及精度,结合与卫星像元尺度耦合的测量仪器——大孔径闪烁仪(Large Aperture Scintillometer,LAS)及新的能测量地表混合像元比辐射率的仪器,可以得到更精确的地表能量及辐射温度,从而进一步推动地表城市热岛的研究。而对遥感监测城市热岛的整体研究而言,未来必须在以下三个关键领域取得进展:(1)为用遥感描述城市地表确定恰当的地表辐射参数(例如非同温系统的发射率定义)和几何结构参数,并确保它们能适用于城市大气模型。(2)把冠层传输模型、传感器视场模型与地表能量平衡模型耦合起来更好地模拟和理解城市地表辐射的"有效各向异性"及 UCL 层内或者 UCL 层上的空气温度与地表辐射温度及地表能量平衡之间的联系。(3)进行大量的实地观测研究,目标是对卫星遥感所需的有效参数进行独立验证。

总之,虽然在对城市热岛研究的近一个世纪的时间内,城市热岛是被研究得最为充分的城市气候现象之一,但距离完全了解这一现象、提出并实施有效的缓解手段还有很长的路要走。只有充分结合上述三种方法的优缺点(例如,目前越来越多的模式采用卫星资料获取城市下垫面特征参数,用以描述城市边界层内物理过程),不断积累实验数据,发展更新更可靠的验证手段,提高各种模型的分辨率与精度,才能促进城市热岛研究工作的不断发展。

1.3　城市生态研究进展综述

1.3.1　城市景观生态研究进展

景观生态学(Landscape Ecology)一词首次由德国著名的生物地理学家 C. Troll 于 1939 年提出,其目的是为了协调统一生物学和地理学这两个领域中科学家的研究工作。20 世纪 80 年代以前,景观生态学的研究重心在欧洲,其中荷兰生态学家 Zonneveld 和以色列生态学家 Nvaeh 的一系列文章和著作,颇具代表性地将欧洲景观生态学的起源、背景、历史及主要论点作了系统总结和发展。Nvaeh 和 Liebeman 继承并进一步发展了欧洲景观生态学的概念,提出整体论和生物控制论。80 年代以后,景观生态学在北美逐渐兴起,其中代表人物有 Forman、Godron、Burgess 和 Sharpe、Risser、Watt 等。Forman 和 Godron 从景观的组成结构、功能动态及景观管理角度出发,认为景观生态学是研究景观结构、功能和变化的一门科学,这项研究对目前景观生态学发展影响很大。另外一些景观生态学家则强调空间格局、生态学过程与尺度之间的相互作用是景观生态学的核心所在。邬建国认为景观生态学不但是一门新兴科学,而且代表了集多方位现代生态学理论和实践为一体的、突出格局—过程—尺度—等级观点的一个新生态学范式。

景观格局特征可通过一系列景观格局指数方法和空间统计学方法进行研究。前者主要用于空间上非连续的类型变量数据,而后者主要用于空间上连续的数值数据。景观指数是指能高度浓缩景观格局信息,反映其结构组成和空间配置某些方面特征的简单指标。邬建国在研究景观格局分析方法时给出了 9 种常用的景观指数:斑块形状、丰富度、多样性、优势度、均匀度、形

状、正方像元指数、聚集度和分维数。而对于著名的景观格局分析软件
FRAGSTATS 来说，尽管在斑块、类型和指标三种水平上指数不同，但是
常用的就有 58 种。而关于景观生态学的文献中，绝大多数都涉及了利用景
观指数研究景观格局。车生泉等使用景观格局指数对上海市公园绿地景观格
局进行了分析，结果表明：上海城市公园绿地总体上趋于随机分布，公园平
均连接水平较低。陈浮、袁艺等人利用景观生态学方法对深圳市快速城市化
过程中土地利用景观演变特征进行研究。曾辉等人对珠江三角洲东部
324km² 强人类干扰区域内景观格局的异质性特征、空间自相关特征、景观
组分转移模式、景观动态变化特征进行了综合性的研究。在景观格局的研究
中，非常强调景观格局的空间异质性研究。邬建国认为，空间异质性是指某
种生态学变量在空间分布上的不均匀性和复杂程度。孙丹峰应用高分辨率
IKONOS 影像对北京房山区的景观格局尺度特征进行了小波与半方差比较分
析。但这些研究多集中在对土壤性质、森林结构和气温降水等自然景观方
面，对典型城市景观的空间异质性特征研究还很少。空间异质性依赖于尺
度，粒度和幅度对空间异质性的测量和理解有着重要的影响。上述文献都涉
及了不同类型景观格局的空间异质性。但是随着景观生态学研究的不断发
展，单纯计算景观指数的研究已经过时，上述文献在计算格局的同时，大部
分都对其过程或者其受人类活动干扰的特征进行了分析，有些文献还试图就
格局与过程之间的关系进行研究，但还不够深入，没有挖掘到真正的本质。

　　景观格局与过程的时空尺度变化是景观生态学最核心的内容。景观生态
学中的尺度最具复杂性和多样性，所以多尺度问题历来就是景观生态学的核
心问题。Wu 和 Qi 对世界上最主要的 4 种生态学期刊从 20 世纪 30 年代到 90
年代包含"尺度"、"等级结构"等相关词语的论文进行了统计，发现该类论文
随着时间的变化增长迅速，30 年代只有 2 篇，60 年代为 79 篇，而在 1991—
1996 年，6 年时间内就有 417 篇。由此可见尺度问题在生态学中受到的重视
程度。王晓东等分析了城市景观规划中若干尺度问题的生态学透视；赵文武
等更进一步具体探讨了景观指数的粒度变化效应；但是几乎所有生态学研究
和应用中，尺度问题都没有明确清晰的论述和充分量化。Francis 和
Klopatek 利用多分辨率的遥感影像，研究了美国亚利桑那州，弗拉格斯塔夫
北部的区域景观格局的尺度变化效应，结果显示景观指数（Landscape Met-
rics）在不同的粒度显示不同的结果，低分辨率影像显示景观破碎度和复杂性
更大。一些学者虽然已经认识到时空尺度的重要意义，并对此进行了典型案
例分析，但就如何选择合适的尺度对某一生态过程进行研究的问题，还没有
形成完整的理论和方法体系。上述景观生态的尺度问题研究都强调了尺度对
景观格局和过程的重要意义。选择合适的尺度对于景观生态的实践也是最基
本的要求；研究格局和过程对尺度变化的响应特征能够更好地理解景观格局

与过程之间的相互作用关系。但是上述研究中真正对景观尺度研究中尺度推绎的方法进行讨论的很少，所以尺度研究缺少统一、成熟的方法是当前的主要问题。

景观生态学自从它诞生的那一天起就与生态学过程有着密切的联系。景观生态学必须与生态学过程紧密结合在一起，才会有更大的发展前景。国外的景观生态学研究大多都与一定的生态学过程相关联。而国内许多文献仍然是简单的景观指数的计算和对格局的解释，对于指数的生态过程则不太关心。有些则对景观格局与其生态学过程不能很好地结合，导致格局和过程相脱节，显然也违背了景观生态学的基本原理。从景观格局的生态学过程的研究进展看，景观格局的生态学过程主要包括以下几个方面：一是传统的物种演替、生物个体迁移、群落的变化等；二是景观格局变化对生态环境的影响；三是景观格局的变化对人类生存、健康的影响；四是景观格局变化对生态系统内部物质、能量和信息流动方式的改变。由此可见，景观格局的生态学过程研究已从传统的生物学内涵得到很大的拓展，包括了生态与环境相关的所有内容。

景观生态学发展至今，研究范围不断扩展，包括农业景观、森林景观、草地景观、湿地景观、荒漠景观等，文献数量巨大，然而代表人类文明结晶的城市景观生态研究却相对较少。一般认为城市生态系统是城市居民与其周围环境相互作用形成的网络结构，也是人在改造和适应自然环境的基础上建立起来的特殊人工生态系统。城市是经济实体、社会实体和自然实体的统一，因此，城市生态系统又是一个自然—经济—社会复合系统。城市生态系统占有一定的环境地段，有其特有的生物和非生物组成要素，还包括人类和社会经济要素。这些要素通过物质—能量代谢、生物—地球化学循环以及物质供应和废物处理系统，形成一个有内在联系的统一整体。它的各要素在空间上构成特定的分布组合形式，这就是城市的景观生态模式。城市是一个非常特殊的生态系统，单从生态学角度对其探讨显然是不够的，由于人类活动在这一系统中的强烈支配作用，故还需借鉴经济学、社会科学、人文地理学等方面的研究成果。因此，研究者认为城市景观的生态学特征包括：以人为主体的景观生态单元、不稳定性、破碎性和梯度性，其过程更应该强调城市景观的物质流、能量流、人口流、信息流与价值流。

其中，城市景观类型划分也是困扰城市景观生态学发展的一个难题，核心原因是土地覆被和土地利用二者在功能上并不统一。肖笃宁、钟林生1998年提出了城市景观分类与评价的生态原则。李团胜在"北方工业城市景观生态特征与绿化系统的研究"课题中以沈阳市为例，探讨了沈阳市的景观分类方法，并分析了形成该市景观格局的生态过程与内在机制。第二个难题就是城市景观格局的生态过程问题。目前关于城市景观及其格局的生态过程研究主要包括以下几个方面：一是城市廊道的生态效应。李维敏 1999 年研究发现，广州城市廊道的发展使城市景观的破碎化加剧，人为影响不断向外扩张，大大提高了郊区的城市化速度，同时污染物沿延伸的廊道体系不断传送，污染范围扩大，给城市生态带来严重危害；而城市绿色廊道的存在有利于吸收、排放、降低和缓解城市污染，减少城市人口密度和交通流量，可以有效阻止建成区"摊大饼式"发展所造成的生态恶化。二是城市绿地的生态效应研究。城市绿地的生态功能主要体现在改善城市居民生活质量，维持城市生物多样性，为野生动物提供生境，参与自然生态系统物质能量循环等方面。三是城市水体的生态效应研究。Per Bolund, Sven Hunhammar 研究认为，游憩和文化价值是城市水体最具价值的生态功能，同时水体还有助于减小温度偏差，改善由于城市中大量的吸热表面和使用能源而造成的城市热岛效应。更多的人利用景观生态学的方法来研究城市内部的能量、物质、人口、环境等方面的内容。例如：Shu-Li Huang 在 GIS 的支持下，研究了台北市能量分布的空间等级结构及其与城市生态系统的关系。Edward A. Cook 则利用城市景观缀块的结构指数，很好地诊断了城市生态网络的结构与功能。在国内，陈云浩等人利用景观分析方法将热场作为热力景观，分别研究了上海及北京的城市热力景观的格局和机制，但是将热力过程作为显式的景观类型——热力景观来研究，还有待商榷，至少从人类直接的视觉上看，热场并不是一种"景观"，将其作为城市景观的生态环境效应，即格局产生的生态过程更为合理。

从上面对城市景观生态研究动态的综述可见，城市景观格局的生态学过程基本上都体现在生态环境的变化上，而对于种群结构、物种多样性生态学过程的研究则很少，因此，必须将城市的景观格局变化与城市的生态环境结合起来。而目前关于将城市景观格局、生态学过程与城市生态环境结合起来的综合系统的研究还不多，虽有一些关于城市生态环境的研究，但还是停留在单要素研究的基础上。目前国内已出现了城市生态以及城市生态环境研究方面较早的成果，虽然作者都强调利用系统的原理综合研究城市生态环境，但是由于城市生态系统研究的理论体系和框架没有建立起来，缺乏充分的技术手段，实际上还是对城市内各个单要素的孤立研究。

随着景观生态学的发展，其与地理学中"3S"（遥感、地理信息系统和全球定位系统的简称）技术的结合也越来越紧密。3S 是景观生态学研究中的重要技术工具。尤其在大空间尺度上，景观生态学研究所需的许多数据往往通过遥感手段来获取。而在收集、存储、提取、转换、显示和分析这些容量庞大的空间数据时，地理信息系统作为一个极有效的工具是不可或缺的。景观中的组分或过程的具体地理位置是空间数据的重要内容，往往不易精确而方便地测得，GPS 使这个问题迎刃而解。景观生态学发展的过程也是技术方法不断改进的过程。国际上，GIS 技术和数学模型在景观研究中的应用不断增加。现在，随着景观生态学研究不断深入，越来越离不开 RS、GIS 技术及其他数学建模方法了。随着近些年来 RS 与 GIS 技术的快速发展，在景观分析上的应用更为广泛、更为深入。总结过去景观生态学及城市景观生态环境的研究方法，大致包括如下几个层次：第一，用遥感影像作为数据源，获取景观格局矢量，用 GIS 进行统计，计算格局指数。第二，用遥感图像处理技术，自动获取栅格的格局分布，利用编程或者利用 FRAGSTATS 软件等自动计算各种景观指数。第三，在层次二的基础上，利用 GIS 的栅格计算及空间分析等高级功能分析景观格局的时空演变；利用 RS、GIS 结合的统计方法、空间插值方法等获取景观效应的空间分布格局，探讨景观格局与过程的关系。第四，在景观格局与过程分析中，逐渐以 RS 与 GIS 为基础，引入各种非线性方法，例如分形、小波、神经网络等，从不同层次、不同侧面对景观格局过程及尺度进行研究。

岳文泽认为，城市景观生态学研究的滞后有多层次的原因：第一，城市景观生态具有格局—过程的特征，但是由于城市更多的是一种人造景观，其格局更多地受到经济与社会过程的约束与控制，而用那些自然景观或人类干扰较小的景观生态过程很难解释，其格局与过程的关系非常复杂，往往是非线性、多因素反馈作用，存在着时滞效应并常常一种格局对应着多种过程。第二，景观生态学是一门跨学科的学科，而城市景观生态学是一门跨更多学科的领域，研究城市景观不仅需要传统景观生态学的地理学、生态学、环境学、GIS 等专业背景外，还需要城市经济学、城市规划学、社会学、人文地理、土地学、资源经济学等专业背景，要求更高。一些传统的自然科学领域的学者由于缺乏这方面的知识背景，而对其过程机制一筹莫展。第三，景观类型的划分。在更小的尺度上，城市往往作为单一的景观类型。而对于一个城市而言，其内部的空间异质性也同样是巨大的。但是城市景观类型不但与其生态功能，而且与其经济与社会功能紧密相关，因此，城市景观类型的划分也同其他的景观不同。过去的研究已经认识到城市景观的生态学过程主要体现为对城市生态环境变化影响。但是城市环境涉及要素过多，而且各个要素相互作用，传统的研究大多只是从表象上揭示某一种景观格局对某一环境要素的影响，而对其内在本质挖掘不足。上述有关城市生态环境的研究大多是各相关单要素的研究，缺少统一的理论体系和标准的研究范式。表现为城市生态环境中各个单要素研究差异很大，例如城市交通与城市气候这两个要素，二者从数据采集、分析实验到结果验证都差异很大，缺少统一的方法，把它们放到一起并不代表着它们可以有机统一起来。而且还有方法与数据获取技术方面的差异。过去由于技术落后，一些研究受到技术手段的限制，传统的城市生态环境研究主要采用代表路线观测和选点观测相结合的方法。然而，由于城市是一个复杂的巨系统，其下垫面类型也处在不断的变化中，各类下垫面土地利用、建筑密度、人口分布及其产生的生态环境效应差异巨大。因此，传统方法不可能全面、同步地反映地面的生态环境状况。例如气温、降水、噪声、水质、大气环境、土壤、植被等。定点观测数据在设置观测点的区域得到的数据是较准确的，但是存在两个明显的弊端，一是城市规模不断扩大，而由于财力、时间和精力等方面的限制，观测点的数量十分有限。二是传统方法对于没有设置观测点的区域数据往往都是利用插值获取，但是我们知道不论哪一种插值模型都是有偏估计，总是牺牲部分点的精度为代价，当城市规模达到很大，而观测点较小，例如上海现在城区面积超过600km^2，而气象观测点只有 10 个，这样对于一些没有观测点的数据误差往往是惊人的。因此，数据获取方式和采用的技术手段是限制研究结果的一个重要因素。

本书将城市作为一个生态系统，它具有其他各种景观系统的特征（空间异质性、尺度性和复杂性），因此可以借鉴景观生态学的研究范式：格局—过程—尺度，来研究城市景观格局及其产生的生态学过程问题。但是由于城市景观是一种高度复合的人工景观系统，与自然、半自然的其他景观系统有着天壤之别。一般景观生态学的过程实质上强调的是生态学（生物学）过程；而在城市内部，由于人的强干扰，其生态学（生物学）过程被大大弱化，更多强调的是经济过程、社会过程、环境过程等。人类自身及人类的经济与社会活动都对城市内部的热环境产生重要影响，所以研究城市景观生态系统必须充分考虑人及人类活动的作用。

1.3.2 城市生态及城市通量研究进展

1. 城市绿地生态效应研究进展

迄今为止，国内外对城市绿地生态效应的研究主要以绿地斑块为单位，使用自动气象站观测气象数据，或者更简便地使用通风干湿表观测绿地内部的温度、湿度等数据，都是点观测数据，而且没有观测导致温湿度变化的太阳辐射、能量通量、物质通量数据，因此不可能克服扰动大气环境和尺度转换上的弊病，存在很大的局限性和不确定性。

Chiesura A 研究了不同公园绿地对城市生态环境的影响。Feng Lia 从综合生态网络的角度，定性地分析了城市绿地对改善城市生态环境的作用。Jim C Y 综合分析了城市绿地对南京城市生态环境的调节作用。Gomez F 选择西班牙巴伦西亚市有树林与无树林、有草坪与无草坪的不同地区，观测太阳辐射、空气温度、下垫面温度、风速等参数，通过比较观测值研究城市绿地对生态环境的影响。Eliasson I 通过观测瑞典城市中的空气温度，分析了城市绿地对城市小气候的调节作用。Chi-Ru Chang 选择台北 61 个城市的公园绿地，观测公园绿地内部和公园绿地周边的空气温度，研究表明公园绿地空气温度明显低于公园绿地周边空气温度，具有"冷岛"效应；面积较大的公园绿地的平均降温效应高于面积较小公园绿地的，但这种关系并不是线性关系。Svensson M K 研究了瑞典城市不同下垫面温度对空气温度的影响。Yokoharia M 研究了夏季日本东京城市周边的稻田对城市住宅区空气温度的降温效应。Golden J S 通过观测城市植被冠层下路面温度，研究城市植被的降温效应。Gulya 通过观测城市不同地点的空气温度和相对湿度，研究绿地对观测值的影响。蔺银鼎在太原市区选择 6 个不同空间结构的绿地样地，使用温湿度记录仪观测了绿地周边的温湿度变化，用生态场强、场梯度和场幅作为城市绿地生态效应的主要评价指标，结果表明绿地面积、林分和生长量等绿地空间结构因子对绿地的生态场特征都不同程度地产生影响。郝兴宇在太原市区选择了 3 种不同的城市绿地（城市森林、灌丛、草坪），利用氢气球上悬挂测绳所系的温湿度记录仪对不同绿地周边温度时空变化进行测试，发现不同类型城市绿地热力效应不同，产生的局地环流强度也存在差异，对城市生态环境的改善效果也各不相同。周志翔通过对不同城市绿地空间格局的空气温度的观测，研究其不同的生态效应和调节小气候的作用。李辉比较分析了北京城市居住区 3 种不同种植结构类型的绿地（乔灌草型、灌草型和草坪型）对环境的降温增湿和 CO_2 调节作用，定量评估了 3 种绿地夏季的释氧固碳及降温增湿效应。王晓明以位于亚热带地区的城市公园绿地为例，选取了碳—氧平衡、水土涵养和小气候调节 3 方面的 CO_2—O_2 吸释量、群落蓄水量、保土量、蒸散量、蒸散耗热量等指标，对城市公园植被的不同群落结构类型进行了生态效应的定量评价。黄良美对南宁市 4 种功能区的不同绿地研究结果表明，在绿地生长热季期间，城市绿地的温度、湿度和光照强度等气象因子在晴稳天气下具有明显的微时空分布差异性和稳定的降温、增湿、遮阳效应，而雨天时具有一定的保温、防湿效应。秦耀民选取西安市乔灌草、乔草、灌草、乔木、灌木和草坪 6 种片状绿地，定点定时测定绿地中心和对照点的光强、湿度、温度、噪声、空气中细菌数，研究其降温效应、增湿效应、降噪效应、灭菌效应。李晶通过观测西安不同绿地的空气温度和相对湿度进行研究，结果表明混合型的立体结构绿地生态效应要强于单一结构绿地。王成通过观测城镇不同类型绿地的空气温度和相对湿度进行研究，研究结果表明绿色植被的组成及空间结构决定绿地生态效益的优劣。黄良美定量分析了城市绿地结构对绿地功能的影响。鲍淳松研究了杭州城市园林绿化对小气候的影响。

　　2. 涡度相关系统观测水热通量和 CO_2 通量研究进展

　　迄今为止，国内外涡度相关观测主要围绕森林生态系统、草地生态系统、农田生态系统、湿地生态系统等的水热通量、CO_2 通量测量，分析各通量时间尺度、空间尺度的变化，研究下垫面与大气之间能量、物质的输送，通过研究能量平衡问题来评估涡度相关系统观测通量值的可靠性，使用涡度相关观测通量值评价其他模型估算值的准确性。但利用涡度相关技术连续观测研究城市生态系统鲜见报道。

从 20 世纪 90 年代起，国外涡度相关通量测量技术进入长期观测阶段。在全球范围内，建立了 150 多个通量观测点，形成全球通量观测网络 Flux-Net。Wilson 等研究了 FluxNet 不同站点（森林、草地、牧场、农田）的能量和 CO_2 不平衡问题及可能原因。Massman 等研究了 Ame-riFlux 涡度相关系统测量的显热与潜热通量值被低估，从而导致能量不平衡的问题。Twinea 在美国 Southern Great Plains 使用四台涡度相关系统研究了显热与潜热通量测量值偏低导致的能量不平衡问题。Baldocchi 使用涡度相关系统对下垫面与大气的能量交换观测了 4 年时间，分析结果表明，能量通量和物质通量的时间波动具有许多不同的时间尺度。Baldocchi 观测了小麦、马铃薯、大豆、温带阔叶林和北方针叶林不同冠层的水汽通量。Jansson 根据涡度相关法测定的蒸散量，评价 SVAT 模型以日平均气象资料作为输入数据模拟的森林蒸散量。Grelle 和 Halldin 研究了森林表面蒸发的季节变化、森林生态系统的能量、水和碳交换。Lamaud 观测了森林冠层底部的湍流交换，研究了其对整个冠层尺度湍流交换的贡献。Wang Kai-Yun 使用集成阻抗/能量模型研究了芬兰 Scot 松林的显热通量、潜热通量、水汽通量的季节变化情况。Scott 使用涡度相关系统观测了河流边林地的水汽通量和 CO_2 通量，研究通量的年变化和季节变化。Rannik 分别观测了松林和空旷地上的 CO_2 通量和水汽通量，通过比较分析研究 CO_2 和水汽的"源"与"汇"。Berbigier 研究了 Euroflux 林地 CO_2 通量和水汽通量的年变化和季节变化特征。Rannika 使用涡度相关系统和廊线技术估算林地与大气之间的 CO_2 输送量。Bakera 使用涡度相关系统观测农田的 CO_2 通量，利用物质守恒定律研究改进 CO_2 平衡问题。Yoshiko 比较了涡度相关系统观测的日本柏树林 3 年的显热通量、潜热通量数值，得出了通量年变化不大的结论。Barr 分析了加拿大 3 块林地连续 5 年的涡度相关系统观测的显热通量、潜热通量、CO_2 通量的能量平衡问题和改进方法。Castellvi 比较了涡度相关系统观测的显热通量、潜热通量与使用 Surface Renewal(SR)分析估算值的能量平衡情况。Richardson 比较了 AmeriFlux 中 5 个林地样点、1 个草地样点、1 个农田样点的涡度相关系统观测的显热通量、潜热通量，分析了塔上观测数值的随机误差。Ayumi 研究了 5 个不同下垫面涡度相关系统连续观测一年的显热通量、潜热通量值，比较其季节变化。李菊利用涡度相关技术研究了江西千烟洲人工针叶林生态系统的水汽通量变化特征，并结合气象要素的观测，进一步分析了净辐射、温度、水分、热量等环境因子对水汽通量的影响。王旭使用涡度相关系统观测鼎湖山针阔混交林的林冠上层和林冠下层的能量分量，研究旱季能量平衡问题。刘允芬利用涡度相关技术观测江西人工针叶林生态系统的能量通量，研究能量通量各个组成部分的日变化进程，得出能量平衡率一般在 60％～98％。王安志应用涡度相关法和空气动力学法对长白山阔叶红松林的显热、潜热通量进行了测算，并对两种方法得到的结果进行了对比，结果表明两种方法得到的显热和潜热通量结果相差不大。沈艳分析了江西千烟洲人工针叶林生态系统涡度相关观测的 CO_2 通量，发现该生态系统是大气重要的碳汇。刘辉志使用涡度相关系统观测半干旱地区农田和退化草地的水汽和 CO_2 通量，分析和比较不同下垫面物质和能量通量交换过程的差异。郭晓峰分析了涡度相关系统观测的非均匀农田能量收支的基本状况，并讨论了造成显著能量"不平衡"的原因。汪宏宇、何奇瑾使用涡度相关系统观测盘锦湿地芦苇生态系统 CO_2 通量、显热通量和潜热通量，结果表明芦苇湿地具有较强的碳汇作用，并将涡度相关法观测的水热通量与廓线法、波文比能量平衡法计算值进行比较。Song Gu 分析了青海—西藏高原草地与大气的能量交换情况，研究草地生态系统气候的影响因素。

1.4　研究区域概况

1. 自然地理情况

本文的主要研究区域为北京市主城区。北京市是中华人民共和国首都，介于北纬 39°26′～41°03′，东经 115°25′～117°30′之间。全市总面积为 16 410.54 km²。其中市区面积 1 368.32 km²，建成区面积 1 289.3 km²。山地面积 10 317.5 km²，平原面积 6 390.3 km²。全市平均海拔为 43.5 m，平原海拔高度在 20～60 m，山地一般海拔 1 000～1 500 m。北京的气候为典型的暖温带半湿润大陆性季风气候，夏季高温多雨，冬季寒冷干燥，春、秋短促。以 2007 年为例，全年平均气温 14.0℃，1 月平均气温－1.5℃，7 月平均气温 26.9℃。年极端最低气温－11.7℃，极端最高气温 37.7℃。全年无霜期 218d，西部山区较短。1949—2011 年，北京历年降水量在 242～1 406 mm 之间，其变率达 0.58，出现旱涝无常的状况。降水季节分配很不均匀，全年降水的 80％集中在夏季 6、7、8 三个月，7、8 月有大雨。

曾经的北京及华北春季多发沙尘暴，经过多年治理，取得显著成效。2009 年北京全年空气质量达到二级和好于二级的天数为 285d，比上年增加 11d，占全年总天数的 78.1％。

北京市城市园林绿化步伐加快。2009 年末，北京城镇人均公园绿地面积 14.5 m²，城镇绿化覆盖率达到 44.4％，全市林木绿化率达到 52.6％。

2. 社会经济情况

北京市全市常住人口 2069.3×10^4 人(截至 2012 年年底),全市人口密度 1 261 人/km^2。北京外来和流动人口超过一亿,居全国之冠。北京的本地人口与外来及流动人口的比例是 1:16,是全国外来人口比例最高的城市。北京市 2010 年地区生产总值为 $16\ 251.9 \times 10^8$ 元,比上年增长 8.1%,人均地区生产总值 81 658 元/人。

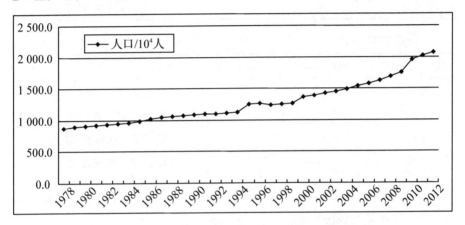

图 1-2　北京市常住人口(1978—2011 年)

新中国成立以来,北京的行政区划范围经过五次调整,直到 2010 年形成了今天 14 区、2 县的格局。截至 2010 年,北京共有 140 个街道办事处、142 个建制镇、35 个建制乡、2 554 个社区居委会和 3 955 个村民委员会。其中地处北京二环路以内的东城区、西城区两个区是传统上的内城区,而随着城市的扩张,朝阳区、海淀区、丰台区和石景山区也被认为是城内地区。规划中北京市城区的范围是北京五环路以内。近年来随着城市化进程的加快,先后有数个近郊县改为区。由于北京市政治、文化中心的定位,工业重心正在逐渐外移。2010 年 7 月 1 日,国务院正式批复了北京市政府关于调整首都功能核心区行政区划的请示,同意撤销北京市原东城区、崇文区,设立新的北京市东城区;撤销北京市原西城区、宣武区,设立新的北京市西城区。以下为 2010 年调整后的北京市各分区情况。

① 首都功能核心区

首都功能核心区	面积/km^2	人口/10^4 人	邮政编码	驻地
东城区	42	96	100010	钱粮胡同 3 号
西城区	51	132	100032	二龙路 27 号

②城市功能拓展区

城市功能拓展区	面积/km²	人口/10⁴ 人	邮政编码	驻地
海淀区	431	211	100089	长春桥路 17 号
朝阳区	465	183	100020	日坛北街 33 号
丰台区	306	104	100071	丰台街道文体路 2 号
石景山区	86	36	100043	石景山路 18 号

③城市发展新区

城市发展新区	面积/km²	人口/10⁴ 人	邮政编码	驻地
通州区	912	65	101100	新华大街
顺义区	1 021	57	101300	府前中街 5 号
房山区	1 994	77	102488	良乡镇政通路 1 号
大兴区	1 040	59	102600	黄村镇兴政街
昌平区	1 352	51	102200	城北街道

④生态涵养发展区

生态涵养发展区	面积/km²	人口/10⁴ 人	邮政编码	驻地
怀柔区	2 128	28	101400	怀柔镇府前街 15 号
平谷区	1 075	40	101200	平谷镇府前大街
门头沟区	1 455	24	102300	大峪街道
密云县	2 227	43	101500	鼓楼街道
延庆县	1 993	28	102100	延庆镇

1.5　研究目标与主要研究内容

从以上综述，结合北京城市特征，在已有大量地面实验数据、波谱库数据和遥感影像数据的支持下，对 ASTER 和 ETM＋/TM 热红外波段反演所得地表温度进行验证，并利用混合像元分解和决策树分类等算法对北京城区下垫面的土地利用/土地覆盖景观格局的变化进行分析，最后得到北京城区热场在不同时间尺度和空间范围内的变化，以及相关景观生态影响因子。本研究具体包括以下内容。

（1）对卫星过境时刻的地表温度验证数据进行处理，利用黑体源野外标定红外辐射计测定值，并进行天空下行辐射值的纠正，确保获取的温度数据正确可靠，用于卫星反演地表温度的同步验证。

（2）对实测各种地表类型的温度日变化数据进行处理，拟合出日变化曲线，用于城市热场日变化的分析。

（3）对多个波谱库数据进行处理，拟合得到各种地表类型在 ASTER 及 ETM＋/TM 各波段上的比辐射率值，以及 $8\sim14\mu m$ 的宽波段比辐射率，并与实际测量的地表比辐射率数据比较，用于反演地表温度及其验证。

（4）验证 ASTER 温度/比辐射率产品，同时使用单波段算法对 ETM＋/TM 影像进行地表温度反演，并比较、验证不同算法的精度。

（5）对在小汤山和海淀公园实测的地表能量平衡和地表通量数据进行处理，结合使用卫星资料的 SEBS/SEBAL 模型，用于验证卫星影像反演各类地表参数（地表温度、反照率、NDVI、植被覆盖率等）的精确性。

（6）在对卫星影像反演结果进行验证之后，利用混合像元分解/决策树分类算法对 ASTER 及 ETM＋/TM 可见光波段进行城区土地利用/土地覆盖变化的分析，重点在于城区绿地及不透水地表之间的比例变化。

（7）选择典型日期，利用影像分类及地表温度反演结果，结合不同地表类型温度日变化的实测数据，分析城区热场的日变化，同时对比白天、晚上地表城市热岛和大气城市热岛的差异。

（8）选择系列影像，对 2004 年不同季节的城区热场及从 2000—2005 年夏季城区热场变化进行比较，分析城区热场随下垫面相关影响因子变化的原因。

（9）从植被覆盖、绿地布局结构、下垫面覆盖类型结构等多个角度来研究城市绿地对城市热场的影响，对研究区地表温度热场进行评价与分析。

（10）研究绿地布局结构对城市热场的影响，考虑到 TM 遥感影像的分辨率不足以用来获取绿地的详细布局结构，在研究区内选取一系列具有不同下垫面结构及绿地布局结构的功能小区来代表研究区，小区土地利用/覆盖信息的提取以当年高分辨率的 QuickBird 影像为数源，采用人机互助的方法获得；景观生态软件 FragStats 3.3 被用来获取计算典型小区绿地布局结构指数。

（11）对研究区的城市地表温度热场从两个不同的空间尺度上进行评价与分析。

1.6 研究总体框架及技术路线

图 1-3 显示了本书结构框架，体现了各章节之间的关系。

图 1-4 是本书研究的技术路线。

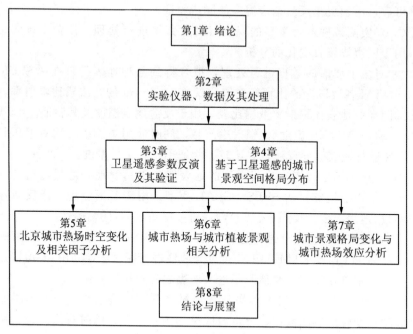

图 1-3　研究结构框架

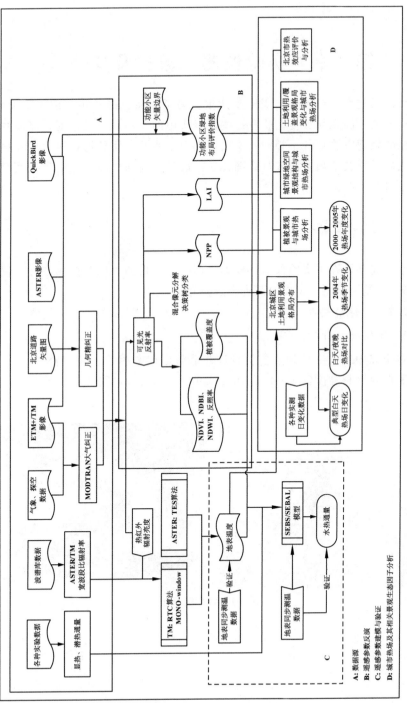

图 1-4　研究技术路线

A: 数据源
B: 遥感数反演
C: 遥感参数建模与其相关景观生态因子分析
D: 城市热场及其相关景观生态因子分析

第2章 实验仪器、数据及其处理

在进行北京市热场时空变化及其相关因子的研究分析中，使用了大量、多种类型的地面观测数据。获取这些数据所用的实验仪器及过程，以及对这些数据的处理方法都各不相同。下面首先介绍实验所用仪器，然后对实验数据的获取过程及处理方法进行详细描述，最后对地面气象和探空数据及其处理方法进行说明。

2.1 实验仪器

本研究涉及许多实验仪器，根据它们的使用目的可以分为热红外类仪器和气象/通量类仪器，下面对其进行逐一介绍。

2.1.1 热红外类仪器

1. 红外辐射计(红外测温仪)

本研究中绝大部分地表实测及同步验证温度数据均使用四台 Raytek 标准型和低温型测温仪(Raytek Corporation，Germany)(图 2-1)，其技术参数如表 2-1 所示。

图 2-1　红外辐射计

表 2-1　手持式红外辐射计技术参数(Raytek MX4TM TD)

技术指标	取　值	
	标准型	低温型
温度范围	−30～900℃	−50～500℃
仪器精度	环境温度 25℃ 时，读数的 ±0.75% 或 ±0.75K，取大值	目标温度−5～500℃，读数的 ±1%或±1℃；目标温度−30～ −5℃，±1.5℃；目标温度 −50～−30℃，±2℃；
显示分辨率	0.1℃	0.1℃
光学分辨率	60∶1	60∶1
光谱响应范围	8～14μm	8～14μm

2. 标准黑体辐射源

在进行地表温度观测之前和之后，均需要使用标准黑体辐射源进行温度的标定。本研究所用的是一台可自动控温标准黑体源(BDB15，SR93，SHI-MADEN CO.，LTD，Tokyo，Japan)(图 2-2)，其技术参数如表 2-2 所示。

图 2-2　标准黑体辐射源

表 2-2　标准黑体辐射源(BDB15)红外温度技术参数

技术指标	取值
温度设定范围	室温～150℃
辐射面直径	100mm
控温精度	±0.1℃
温度分辨率	0.1℃
控温稳定度	优于±0.2℃/h
预热时间	30 min
使用环境	温度：0～40℃，相对湿度：≤80%

3. 热像仪

本研究所用热像仪是由美国 FLIR SYSTEMS 公司生产的 PM695 型热像仪（图 2-3），其技术参数如表 2-3 所示。

图 2-3　热像仪

表 2-3　热像仪（THERMACAM PM695）技术参数

技术指标	取值
测温范围	0～500℃
测温精度	±2℃，±2％（读数范围）
视场角/最小焦距	24°×18°/0.5m
空间分辨率	1.3 mrad
电子变焦功能	1～4 倍连续放大
波长范围	7.5～13 μm
大气穿透率校正	自动，基于目标距离，大气温度及相对湿度
光学穿透率校正	自动，基于内部传感器信号
辐射率自动校正	通过预定义的物质辐射系数表校正辐射系数
操作环境	温度范围：−15～50℃，10％～95％，非冷凝

4. 方向比辐射率测定仪

本研究所使用的是一台中国科学院地理科学与资源研究所自制的比辐射率测定仪。该方向比辐射率测定仪装置的基本结构示意图，如图 2-4 所示。

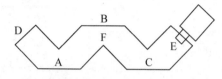

图 2-4　"W"型热辐射多次反射测定仪侧视示意图

A、B、C：目标物　D：辐射源入射口（配有镀金盖）　E：红外辐射计镜头　F：腔体

该系统由目标物、腔体、红外辐射计镜头 3 部分组成。A、B、C 三处可

图 2-5 方向比辐射率测定仪

放置目标物，D 处为辐射源入射口，E 为红外辐射计镜头，F 为腔体。测定仪的基本原理是直接利用天空下行辐射作为辐射源，不需要寻找其他热源或电源装置。因为天空下行辐射是从贴近地面的底层大气到顶层大气的整个圆锥柱视场内的大气热红外辐射的积分值，底层大气与目标物温差引起大气本身的辐射增温和湍流增温很小；又因为腔体的作用，目标物表面的风速很小，底层大气与目标物温差引起目标物本身的辐射降温和湍流降温也很小，所以，测量过程中辐射源与被测物的温度改变均可忽略不计。天空下行辐射是发散的，当下行辐射到达 D 处时，平行管道使大部分的下行辐射平行入射到 A 处，小部分下行辐射会入射到管壁，并经管壁的多次反射最终到达红外辐射计。管道使辐射集中并且朝设计好的方向传送，方便测量。红外辐射计的输出值是经过黑体源定标的，它代表黑体源全波段的发射能量，不需要辐射源及环境的比辐射率，就可以得到全波段黑体等效出射辐射度，计算方便，这也是该实验装置的一大特点。该仪器是 45°角观测，所以称为方向比辐射率测定仪。

5. 固定式红外测温系统

本研究使用六台北京博达昌正科技公司的 BODACH SUP03 红外测温系统(图 2-6)进行固定地点、24 h 连续的地表温度观测。该系统的组成如表 2-4 所示。

图 2-6 固定式红外测温系统

表 2-4　固定式红外测温系统的构成

序号	组成部件	型(货)号	性能
1	红外测温仪	IRTA—301ALT	温度范围：-20～100℃，距离系数：30：1 精度：读数的±1%或±1℃，发射率：0.95 光谱范围：8～14 μm，响应时间：200ms
2	数据处理装置	BD—08—R	通信输出：RS232，直接接 PC 机，采样周期：1s 记录间隔：1s～4 min 之间可调 存储长度：1.5 d(间隔 1s)～360 d(间隔 4 min)
3	便携式可充电电池	BT6M13AC	含充电器，额定容量(20hr)：1.3Ah
4	数据软件包	IRwin	显示，分析软件
5	其他	电缆，安装支架	

2.1.2　气象/通量类仪器

1. 自动气象站

本研究共使用了 2 套不同配置的自动气象站，图 2-7 分别是这两套仪器的安装图片，它们的配置、技术参数及架设标准如表 2-5 所示。

图 2-7　自动气象站

表 2-5　自动气象站配置、技术参数及架设标准

仪器(产地)	型号/技术参数	架设标准(离地面)
三维超声风速仪(美国)	Model 81000 型	两层:1.5m,3.5m
风速/风向(美国)	034B—L 型	2m
空气温湿度(美国、芬兰)	HMP45C 型	两层:1.5m,3.5m
CNR1 净辐射仪(荷兰)	180°,0.3～3μm,5～50μm	1.4m
红外表面温度仪(美国)	IRT/C. sv,60°,6.5～14μm	45°,1.5m
红外表面温度仪(美国)	IRTS—P,17°,6～14μm	45°,1.5m
土壤水分仪(美国)	CS616 型	地下 5,10,20,40,60cm

续表

仪器(产地)	型号/技术参数	架设标准(离地面)
土壤温度探头(美国)	Model 107 型	0,5,10,20,40,60,80cm
土壤温度探头(美国)	TCAV 型	地下 2,6cm
土壤热流量板(美国,荷兰)	HFT3、HFP01	地下南边 8cm;北边 3~4cm
雨量计(美国)	TE525MM 型	置地
光量子探头(美国)	LI190SB 型	2m
数据采集器(美国)	CR23X,CR23Xtd	防水箱内

2. 涡度相关系统

涡度相关系统包括 CSAT3 三维超声风速仪,测量水平与垂直方向上风速和温度瞬时脉动量,LI-7500 红外 CO_2/H_2O 分析仪测量湿度和 CO_2 的瞬时脉动量(图 2-8),HMP45C 空气温湿度计测该高度空气温度和湿度。CNR-1 净辐射仪测量向上、向下短波辐射与向上、向下长波辐射(图 2-9)。HFP01 土壤热流板测量土壤热通量。数据采集器 CR5000 自动、连续采集数据并存储在计算机中(表 2-6)。其主要观测数据见表 2-7。

图 2-8 三维超声风速仪和
红外 CO_2/H_2O 分析仪

图 2-9 净辐射仪

表 2-6 涡度相关系统各种传感器的规格和性能

传感器名称	型号	制造商	观测要素	精度
三维超声风速仪	CSAT3	Campbell Scientific Inc., USA	风速瞬时脉动量 温度瞬时脉动量	±0.002 m/s ±0.005 ℃
红外 CO_2/H_2O 分析仪	LI-7500	Licor Inc., USA	湿度瞬时脉动量 CO_2 瞬时脉动量	±0.01 g/kg ±0.01μmol/mol
空气温湿度计	HMP45C	Campbell Scientific Inc., USA	空气温度 空气湿度	<0.5 ℃ ±2%RH(20℃)
净辐射仪	CNR-1	Kipp&Zonen, The Netherlands	向下、向上短波辐射,向上、向下长波辐射	2%
土壤热流板	HFP01	Hukseflux, The Netherlands	土壤热通量	2%
数据采集器	CR5000	Campbell Scientific Inc., USA		

表 2-7　涡度相关系统所观测主要数据

序号	变量符号	数据名称	单位
1	Fc_wpl	经过 wpl 变换的二氧化碳通量	mg/(m²·s)
2	LE_wpl	经过 wpl 变换的潜热通量	W/m²
3	Hs	用超声虚温计算得到的显热通量	W/m²
4	Ux_Avg(1)	水平风速 Ux 均值	m/s
5	Uy_Avg(1)	水平风速 Uy 均值	m/s
6	Uz_Avg(1)	水平风速 Uz 均值	m/s
7	co2_Avg(1)	二氧化碳密度均值	mg/m³
8	h2o_Avg(1)	水蒸气密度均值	g/m³
9	Ts_avg(1)	超声虚温均值	℃
10	press_Avg(1)	大气压均值	kPa
11	rho_a_Avg(1)	空气密度均值	kg/m³
12	h2o_hmp_Avg(1)	由 HMP45C 得到的水蒸气密度均值	g/m³
13	t_hmp_avg(1)	由 HMP45C 得到的空气温度均值	℃
14	rh_hmp_Avg(1)	由 HMP45C 得到的空气相对湿度均值	%
15	e_hmp_Avg(1)	由 HMP45C 得到的水蒸气分压均值	kPa
16	DR_Avg(1)	向下短波辐射均值	W/m²
17	UR_Avg(1)	向上短波辐射均值	W/m²
18	DLR_Avg(1)	向下长波辐射均值	W/m²
19	ULR_Avg(1)	向上长波辐射均值	W/m²
20	Rn_Avg(1)	净辐射均值	W/m²
21	G_1_Avg(1)	♯1 土壤热通量均值	W/m²
22	G_2_Avg(1)	♯2 土壤热通量均值	W/m²

3. 移动式温湿度探头

本研究使用了多个 Rotronic 公司生产的 HygroWin 3 型温湿度探头，用于在实验场地的不同位置测量空气温湿度。图 2-10 是仪器的示意图及安装图片。

图 2-10　移动式温湿度探头

4．Licor6400 便携式光合测定仪

Licor6400 便携式光合测定仪（Licor Inc.，USA）测定叶片的光合速率、蒸腾速率等生理指标，同步记录空气温度、湿度等环境因子（图 2-11）。其可以控制所有相关的环境条件，如 CO_2、H_2O、叶片和叶室温度、光照强度等。其根据参考气体与叶室气体气体 CO_2 浓度差、气体流速、叶面积等参数计算光合作用，根据参考气体与叶室气体 H_2O 浓度差、气体流速、叶面积等参数计算蒸腾速率。Licor6400 便携式光合测定仪观测的主要数据，见表2-8。

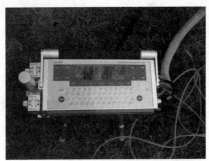

图 2-11　Licor6400 便携式光合测定仪

表 2-8　Licor6400 便携式光合测定仪观测的主要数据

序号	变量符号	数据名称	单位
1	$CO_2S\_\mu mol$	样本室 CO_2 浓度	$\mu mol/mol$
2	H_2OS_mmol	样本室 H_2O 浓度	$mmol/mol$
3	$RH\_S\_\%$	样本室相对湿度	％
4	Tair℃	样本室空气温度	℃
5	Tleaf℃	叶片温度	℃
6	Photo	光合速率	$\mu mol/(m^2 \cdot s)$
7	Trmmol	蒸腾速率	$\mu mol/(m^2 \cdot s)$
8	Cond	气孔导度	$\mu mol/(m^2 \cdot s)$

5．LAI-2000 植物冠层分析仪

LAI-2000 植物冠层分析仪利用一个"鱼眼"光学传感器（视野范围 148°）进行辐射测量来计算叶面积指数和其冠层结构（图 2-12）。冠层以上和冠层以下的测量用于决定 5 个角度范围内的光线透射，LAI（叶面积指数，Leaf Area Index）是通过植被冠层的辐射转移模型来计算的。

6．CE318 自动追踪太阳光度计

CE318 自动追踪太阳光度计是一种高精度的野外太阳光度计，可以测量各个波段在不同角度（天顶角/方位角）时太阳和天空的辐亮度，用于反演水

汽、臭氧及气溶胶的特性，对卫星遥感数据的大气纠正非常有用(图 2-13)。

图 2-12 LAI-2000 植物冠层分析仪　　图 2-13 CE318 自动追踪太阳光度计

CE318 自备电动机，具有自动观测功能。整个设备由光学头、电子箱和机械臂组成。光学头有两个通道：无透镜的太阳准直仪和有透镜的天空准直仪，对太阳的追踪由一台四分位的象限仪完成。电子箱包括两个微处理器，一个用来实时处理所获得的数据，另一个用于仪器的姿态控制。在自动模式下，可利用湿度传感器探测降水，并且可以驱动该设备保护光学头。机械臂在步进电动机的控制下，在天顶角和方位角两个平面上转动。测量天空和太阳的辐亮度时可以设定不同的测量顺序，以满足各种需要。

2.2　实验数据及其处理

本研究使用上面描述的实验仪器，在 2004—2008 年进行了各种相关的实验，下面分别描述每次实验的详细情况，并介绍所获取实验数据的处理方法。

2.2.1　2004/2005 年小汤山星—地同步实验

作为国家基础研究发展规划项目(973)重点项目"地球表面时空多变要素的定量遥感理论及应用"大型星—地同步实验中的一部分，2004/2005 年夏季在小汤山国家精准农业示范基地举行了两次大型的星—地同步实验。

该实验场(40°10′~40°12′N，116°26′~116°28′E，海拔高度 40m)属半湿润季风气候，春季干旱多风，夏季炎热多雨，秋季晴朗少雨，冬季寒冷干燥，年平均气温在 11.8℃左右，年平均地温在 14.5℃左右，年平均降水量600mm 左右，雨水集中在 7、8 两月。冬季盛行西北风，夏季盛行东南风。土壤为潮褐土和褐潮土。选取的实验场地是在小汤山实验基地东面长约1 000 m、宽约 400m 的平坦地表，中间的道路将其分成南、北两个区域。实验观测项目包括地表通量的观测、气象要素的观测、地表温度的测定、移动式空气温湿度的观测和下垫面参数的观测等。

2004 年实验时间为 5 月 28 日—7 月 7 日。实验地北边 500 m 从 5 月 28 日—6 月 15 日为长势较好俗称"刺疤秧"的杂草植被(平均株高 26cm)，南边 500m 为裸地或刚出苗的玉米地；6 月 16 日—7 月 7 日，北边为裸地(犁过)，南边为玉米地(株高 50～150cm)。

2005 年实验时间为 5 月 1 日—6 月 10 日。期间实验场地下垫面的变化如图 2-14 所示。

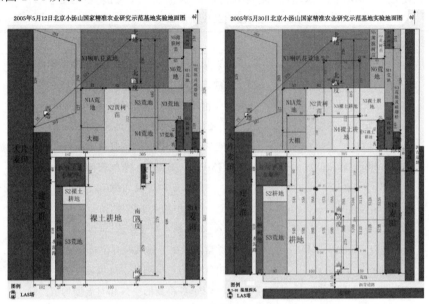

图 2-14　2005 年小汤山实验场地下垫面变化示意图

2004/2005 年实验中仪器的布置，分别如图 2-15 所示。

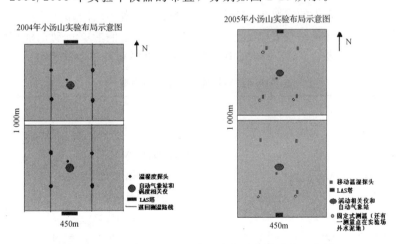

图 2-15　2004/2005 年小汤山实验仪器分布示意图

下面分别介绍这两次实验中各类观测项目及其所获取数据的处理方法。

2.2.1.1　地表通量的观测及其数据处理

在 2004/2005 年的实验中，分别在实验场地的南、北两部分的中间位置架设了涡度相关仪，开展 TM 像元尺度上的地表通量连续观测。涡度相关仪采样频率设定为 25Hz，它能够自动记录并计算所需的显热、潜热值，我们一般使用 10 min 的平均值。最后分析所需数值类型，如表 2-9 所示。

表 2-9　涡度相关仪所测数值类型

数值名称	类型(单位)
Day	日期(YY－MM－DD，年－月－日)
Time	观测时间(HH－MM，小时－分钟)
Fc _ wpl	经过 wpl 变换的二氧化碳通量(mg/($m^2 \cdot s$))
LE _ wpl	经过 wpl 变换的潜热通量(W/m^2)
Hs	用超声虚温计算得到的显热通量(W/m^2)
h2o _ hmp _ Avg(1)	由 HMP45C 得到的水蒸气密度均值(g/m^3)
Ts _ avg(1)	超声虚温均值(℃)
Wnd _ spd(1)	平均水平风速(m/s)
Uz _ avg(1)	垂直风速均值(m/s)
Wnd _ dir _ compass(1)	罗盘坐标系下的风向方位角(degrees)
t _ hmp _ avg(1)	由 HMP45C 得到的空气温度均值(℃)
rh _ hmp _ Avg(1)	由 HMP45C 得到的空气相对湿度均值(%)
co2 _ Avg(1)	二氧化碳密度均值(mg/m^3)

2.2.1.2　气象要素的观测及其数据处理

在 2004/2005 年的实验中，分别在实验场地的南、北两部分的中间位置架设了两台自动气象站装置(位于涡度相关仪旁)，它们能够自动记录实验场地的气象要素。表 2-10 列举研究中所常用的气象要素及其数值类型。

表 2-10　自动气象站所测数值类型

数值名称	类型(单位)
Day	日期(YY－MM－DD，年－月－日)
Time	观测时间(HH－MM，小时－分钟)
Ta _ AVG	空气温度(℃)
RH _ AVG	空气相对湿度(%)
WS _ S _ WVT	风速(m/s)
WD _ D1 _ WVT	风向方位角(度，正北为 0，顺时针)
Pvapor _ AVG	水气压(kPa)

续表

数值名称	类型（单位）
Rn _ AVG	净辐射（W/m²）
DR _ AVG	向下短波辐射（总辐射）（W/m²）
UR _ AVG	向上反射短波辐射（W/m²）
DLR _ AVG	向下长波辐射（W/m²）
ULR _ AVG	向上长波辐射（W/m²）
G _ 1 _ AVG、G _ 2 _ AVG	土壤热通量（W/m²）

2.2.1.3　地表温度和比辐射率的观测及其数据处理

在 2004/2005 年的小汤山实验中，分别使用了多种仪器及不同的观测方法对地表温度和比辐射率进行了观测，下面分别介绍各种方法的观测规范及其数据处理方法。

1. 地表温度巡回观测（2004 年）

2004 年在实验场地的南、北两部分各取了两条样带，共 4 条样带。在每个样带上，每隔 2 m 设置一个观测点，进行红外辐射计观测，样带的分布见图 2-16，样带下垫面状况见表 2-11。因为每走完一条样带需要 15 min，为了解决时间差问题，采用了巡回观测的方法，以使 4 条样带的数据具有可比性。观测采用垂直向下的方式，观测高度为 1 m，观测时避开阴影。

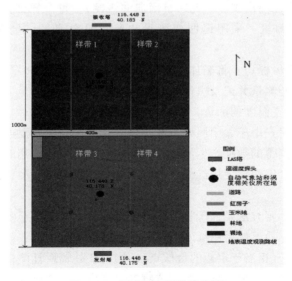

图 2-16　巡回测温样带示意图

表 2-11 样带下垫面概况

样带序号	长度/m	观测点数	下垫面状况
1	454	228	6 月 15 日前，裸地和野草混合，6 月 15 日后基本裸地
2	492	247	6 月 15 日前基本为长势很好的野草，6 月 15 日后基本裸地
3	508	255	6 月 15 日前基本为裸地，6 月 15 日后有一些玉米苗
4	506	254	6 月 15 日前为裸地和玉米苗混合，6 月 15 日后为长势很好的玉米苗

红外巡回测温的观测规范，如下所示。

(1)测前黑体标定。将黑体温度调至低于或等于室内温度，用红外辐射计对准黑体中心测量并记录黑体温度和红外辐射计的温度。

(2)观察并记录太阳视面状况、能见度、云状、云量。

(3)测前天空温度测定。测温前先观测天空温度，即红外辐射计进行四个方位角(正东、正南、正西、正北)和四个天顶角(0°、15°、45°、53°)的观测。先观测垂直方向上(太阳天顶角为 0°)的天空温度，然后按东、南、西、北四个方位对天空温度进行观测，每个方位分别测 15°、45°、53°三个角度的红外温度值，同时记录下测量时间。

(4)巡回观测红外温度。按图 2-16 的四个样带，四人同时从中间出发进行测量(南区自北向南观测，北区自南向北观测)。每个样带长约 500 m，按 2 m 间隔进行测量。采用巡回式测量，来回两次测量尽量保证在同一个点处。

(5)测后黑体标定。将黑体的温度调至较高点(例如 70℃)，用红外辐射计对准黑体中心测量并记录黑体温度和红外辐射计的温度。

(6)测后天空温度的测量，要求同(3)所述。

野外观测时，由于太阳照射，红外辐射计的机壳内壁温度和调制片温度不一致，会使测得的数据产生漂移；另外，红外辐射计使用时间长了，也会产生漂移现象。因而，使用红外辐射计进行野外观测时，黑体源的标定工作非常重要。

黑体源的标定方法是：①将黑体源遮阴或将其温度调至室温，读取黑体源自身的温度(y_1)，然后用红外辐射计测量黑体的温度(x_1)，获取第一组标定数据(x_1, y_1)(相当于定标的最低点)；②用红外辐射计测量野外地物表面温度，作为 x 值；③将黑体源朝阳或将其温度设置为高温(例如 70℃)；④读取黑体自身的温度，作为 y_2 值，然后用红外辐射计测量黑体的温度，作为 x_2 值，获取第二组标定数据(x_2, y_2)(相当于定标的最高点)。我们假定在 t_1

到 t_2 这个时间段内，被测物温度变化和黑体温度变化是线性关系，如图 2-17 所示。根据获取的两组标定数据 $(x_1，y_1)$ 和 $(x_2，y_2)$ 我们可以求出直线的斜率，建立直线方程。将用红外辐射计获取的物体温度值 (x) 代入直线方程就可求得经过标准黑体源订正的物体红外表面辐射温度 (y)。研究表明，非均匀下垫面辐射温度未经标准黑体源标定与标定后的差值的绝对值在 $0.1 \sim 1℃$ 之间。

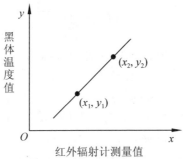

黑体温度值

红外辐射计测量值

图 2-17 黑体标定示意图

红外辐射计接收到的辐照度，不仅包括目标物体本身发出的红外辐射，而且包括一部分周围环境辐射的贡献量，即

$$M(T) = \varepsilon B(T_s) + (1-\varepsilon)E \tag{2-1}$$

其中，$M(T)$ 为红外辐射计接收到的目标物表观出射辐射度 (W/m^2)；T 为红外辐射计测量到的表面辐射温度 (K)；ε 为目标物的比辐射率（无量纲）；$B(T_s)$ 为普朗克函数；T_s 为物体的温度 (K)；E 为环境辐照度 (W/m^2)，通常是指以被测物为中心的天穹平均出射辐射，在周围没有高大地物影响时，主要是大气和云的辐射，即环境辐射主要是大气下行辐射 R_{ld} (W/m^2)。如果不考虑大气下行辐射，则所求非均匀下垫面地表辐射温度会小于真实地表温度，差值在 $0.2 \sim 1.5℃$ 之间。

对大气下行辐射，可利用观测到的天空温度求取。如果忽略天空温度在方位角上的变化，也就是仅随着高度角而变化，则可以用任意一个方位角作 $0°$ 到 $90°$ 积分，所得值再除以高度角的积分，即天空下行辐射。可用下式表示：

$$\bar{E} = \frac{\int_0^{\frac{\pi}{2}} E_e(\beta)\sin\beta\cos\beta d\beta}{\int_0^{\frac{\pi}{2}} \sin\beta\cos\beta} \tag{2-2}$$

近似可用下式表示：

$$\bar{E} = \frac{\sum_\beta E_e(\beta)\sin\beta\cos\beta}{\sum_\beta \sin\beta\cos\beta} \tag{2-3}$$

上式是天空各部分的加权平均，$\sin\beta\cos\beta$ 是加权因子，β 是观测高度角。

由上面的分析可见，根据红外辐射计推算地表（真实）温度，必须知道三要素：物体的出射辐照度、地物的比辐射率和大气下行辐射。

将斯蒂芬-波尔兹曼定律代入公式（2-1），得：

$$\sigma T^n = \varepsilon\sigma T_s{}^n + (1-\varepsilon)R_{ld} \tag{2-4}$$

变形为：

$$T_s = \sqrt[n]{\frac{\sigma T^n - (1-\varepsilon)R_{ld}}{\varepsilon\sigma}} \tag{2-5}$$

n 不仅取决于波长范围，而且取决于目标物的表面温度，因此在求算（2-5）式时须采用迭代方法，这样给实际应用增加了复杂性。然而，红外辐射计的读数是经过黑体源定标的，这意味着仪器的输出值代表了黑体源全波段的发射能量，以红外辐射计所测定的 $M(T)$ 及 E 均是全波段黑体等效出射辐射度，因而 $n \approx 4$，这样就简化了 T_s 的计算过程。

2. 多角度多方向地表红外辐射温度观测（2005 年）

2005 年分别在小汤山实验场地南、北涡度相关仪附近，以及打谷场（水泥地）上进行了多角度多方向的地表红外辐射温度观测。其测量规范如下。

（1）观察并记录太阳视面状况、能见度、云状、云量和地面湿润状况。

（2）用黑体校对红外辐射计，观测天空温度，向正东、正南、正西、正北四个方位分别测量 37°、45°和 90°高度角的天空温度。

（3）选择有代表性的地表，从正东、正南、正西、正北四个方位分别以 45°高度角瞄准该表面读取红外辐射温度。

（4）黑体校对红外辐射计。

该数据的黑体标定及地表真实温度的求取过程和上面一致。图 2-18 是 2004/2005 年采用不同方法进行地表温度观测的图片。

(a) 地表巡回测温　　　　(b) 地点多角度多方向观测　　　　(c) 天空温度测量

图 2-18　2004/2005 年采用不同方法进行地表温度观测的图片

3. 不同地表类型的方向比辐射率测量

在 2004/2005 年的小汤山实验中，使用方向比辐射率测定仪分别测量了实验场地内的土壤、植被和水泥地等下垫面的方向比辐射率。

　　方向比辐射率计的测量分为四步：(1)加盖加镀金板；(2)加盖不加镀金板；(3)去盖加镀金板；(4)去盖不加镀金板。加盖相当于制造了一个热环境，去盖相当于制造了一个冷环境。利用自然条件来获取冷热环境，避免了仪器需要附加热源的不便之处。其测量及计算地物方向比辐射率的原理如下所述。

　　加盖(热环境)和加镀金板，红外辐射计测量到的镀金板出射辐射度M_{GJ}为：

$$M_{GJ} = \varepsilon_J T_{J1}^4 + (1-\varepsilon_J)(E_Q + E_C + E_G) \tag{2-6}$$

　　不加盖(冷环境)和加镀金板，红外辐射计测量到的镀金板出射辐射度M_{TJ}为：

$$M_{TJ} = \varepsilon_J T_{J2}^4 + (1-\varepsilon_J)(E_Q + E_C + E_T) \tag{2-7}$$

式中，M_{GJ}为加盖和加镀金板时测到的镀金板出射辐射度(W/m^2)，M_{TJ}为不加盖但加镀金板时测到的镀金板出射辐射度(W/m^2)，ε_J为镀金板的比辐射率(无量纲)。T_{J1}和T_{J2}为两次测量镀金板的真实温度计的辐照度(W/m^2)。E_G为盖子的辐照度(W/m^2)。由于两次测量的时间间隔很短，镀金板的温度近似为不变，即$T_{J1} \approx T_{J2}$，则(2-6)式减去(2-7)式得：

$$M_{GJ} - M_{TJ} = (1-\varepsilon_J)(E_G - E_T) \tag{2-8}$$

镀金板为标准鉴定板，其比辐射率ε_J已知，于是可以求得镀金板和天空辐射照度之差：

$$E_G - E_T = \frac{M_{GJ} - M_{TJ}}{(1-\varepsilon_J)} \tag{2-9}$$

这里，很巧妙地利用辐射可减原理，化简了未知数T_J，E_T，E_Q，E_C。同理，将镀金板换成被测物体时，可以得到方程组：

$$M_{m1} = \varepsilon_m T_{m1}^4 + (1-\varepsilon_m)(E_Q' + E_C' + E_G') \tag{2-10}$$

$$M_{m2} = \varepsilon_m T_{m2}^4 + (1-\varepsilon_m)(E_Q' + E_C' + E_T') \tag{2-11}$$

式中，M_{m1}为加盖和加镀金板时测到的被测物体出射辐射度(W/m^2)；M_{m2}为不加盖但加镀金板时测到的被测物体出射辐射度(W/m^2)；ε_m为被测物体的比辐射率(无量纲)；T_{m1}和T_{m2}为两次测量被测物体的真实温度(K)；E_T'为天空环境辐照度(W/m^2)；E_Q'为"W"形腔体内的环境辐照度(W/m^2)；E_C'为红外辐射计的辐照度(W/m^2)；E_G'为盖子的辐照度(W/m^2)。

　　同样，由于两次测量的时间间隔很短，被测物体温度近似为不变，即$T_{m1} \approx T_{m2}$，则(2-10)式减(2-11)式得：

$$E_G' - E_T' = \frac{M_{m1} - M_{m2}}{1-\varepsilon_m} \tag{2-12}$$

　　假定测量物体与测量镀金板时的环境辐照不变，那么，有$E_G - E_T = E_G' - E_T'$，联立表达式(2-9)、(2-7)，得：

$$\varepsilon_m = 1 - \frac{(1-\varepsilon_J)M_{m1} - M_{m2}}{M_{GJ} - M_{TJ}} \qquad (2\text{-}13)$$

其中，M_{m1}，M_{m2}，M_{GJ} 和 M_{TJ} 为出射辐射度，红外辐射计是经过黑体定标的，不需要镀金盖和天空的比辐射率，直接将其温度读数进行 4 次方或 n 次方（视具体波段而定）就得到该温度下黑体的出射辐射度。

4. 固定式地表温度测量

在 2005 年小汤山实验后期，从 6 月 1 日上午至 6 月 10 日上午在打谷场（水泥地）、南面玉米地、北面小树苗地、裸地及杂草地共放置了 6 台固定式红外测温系统，其中，除水泥地之外的其他 5 台均与移动式温湿传感器一一对应放置，图 2-19 是仪器的放置图片。

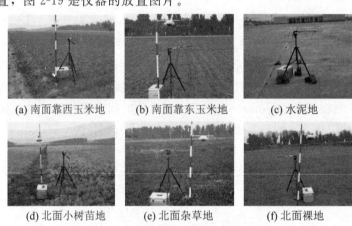

(a) 南面靠西玉米地　　(b) 南面靠东玉米地　　(c) 水泥地

(d) 北面小树苗地　　(e) 北面杂草地　　(f) 北面裸地

图 2-19　固定式地表温度测量实验图片

固定式红外测温系统直接记录地表温度，而移动式温湿度传感器也直接记录空气温湿度，图 2-20 是仪器设置及数据导出的界面示意图。

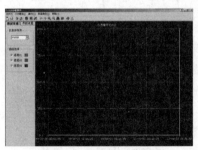

(a) 固定式红外测温系统软件　　　　(b) 移动式温湿度传感器软件

图 2-20

5. 下垫面参数观测

在 2004/2005 年的小汤山实验中，还进行了一些下垫面参数的观测，包括植被叶面积指数的测量、植被株高的观测、地物光谱的测定以及拍摄下垫面的数字图片等，为日后模型的输入及结果的分析作准备。图 2-21 是示意图。

(a) 叶面积指数观测(LAI2000)

(b) 植被株高观测(卷尺)

(c) 地物光谱测定(ASD2.0)

(d) 下垫面图片(数码相机)

图 2-21　下垫面参数观测实验示意图

2.2.2　北京市海淀公园绿地水、热、CO_2 通量观测实验

北京市海淀公园水热 CO_2 通量观测实验时间为 2005 年 10—12 月和 2006 年 4 月—2008 年 3 月，是北京市自然科学基金重点基金项目"北京城市绿地对水、热、CO_2 通量调节功能的遥感定量研究"(4051003)实施的重要组成部分。

2.2.2.1　实验目的与内容

本次实验的主要目的是为定量地研究北京城市绿地水热通量和 CO_2 通量，为定量地分析城市绿地的降温增湿、释氧固碳、调节城市小气候的生态效益提供所需要的观测实验数据。

具体的实验内容如下。

(1)连续观测城市绿地的潜热通量、显热通量、水汽通量、CO_2 通量、净辐射、土壤热通量等数据，连续观测城市绿地的水平风速、垂直风速、气温、相对湿度等环境因素数据，分析城市绿地水热通量和 CO_2 通量变化规律，分析环境因素(光辐射、温度、湿度、风速、降水、能见度等)对城市绿地水热通量和 CO_2 通量的影响关系，为建立城市绿地生态效益定量评价模型提供数据。

（2）观测太阳辐射下城市不同下垫面温度变化特征，为遥感反演城市地面温度提供地面验证数据。

（3）测量城市绿地不同植被类型的光合作用速率、蒸腾速率和环境因子的日变化趋势，比较叶片尺度和冠层尺度水汽通量等测量值。

（4）为遥感反演北京城市水热通量分布提供验证数据。

2.2.2.2　实验场地概况

实验场地主要设在北京市海淀公园（39°59′7″N，116°17′20″E，海拔40m）。

海淀公园位于北京市西北四环万泉河立交桥的西北角，东起万泉河路，西至万柳中路，南到西北四环路，北至新建宫门路，地跨畅春园、西花园及泉宗庙等皇家园林遗址，西邻颐和园等名胜古迹，东面毗邻北京大学（图2-22）。占地面积40 ha，其中园林绿化30 ha（图2-23）。公园中乔木有垂柳、毛白杨、刺槐、金丝垂柳、洋白蜡、国槐、桧柏、千头椿、银杏等；灌木有沙地柏、贴梗海棠、迎春、碧桃、北京丁香、大叶黄杨等；各种苗木40余万株；还有大片的可踩踏草坪，主要种类为高羊茅草坪、高羊茅草地早熟禾混播，常绿期超过280d。海淀公园是典型的乔灌草镶嵌结构的城市公园绿地（图2-24）。

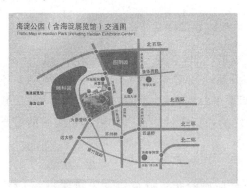

| 图2-22　北京市海淀公园交通位置图 | 图2-23　北京市海淀公园景观示意图 |

(a) 林地　　　　　　　　　　(b) 灌木

(c) 草坪   (d) 稻田

图 2-24 北京市海淀公园

2.2.2.3 北京城市气候特征

北京城市属半湿润季风气候，主要特点是四
季分明（图 2-25）。春季干旱多风，夏季炎热多
雨，秋季晴朗少雨，冬季寒冷干燥。年平均气温
11～13℃（图 2-26），年平均地温在 14.5℃ 左右。
年降水量为 400～500 mm，雨水集中在 7、8 两
月（图 2-27，表 2-12）。风向有明显的季节变化，
冬季盛行西北风，夏季盛行东南风。土壤为潮褐
土和褐潮土。四季气候特征如下所示。

图 2-25 北京市遥感图像

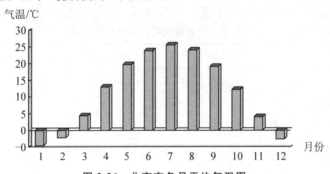

图 2-26 北京市各月平均气温图

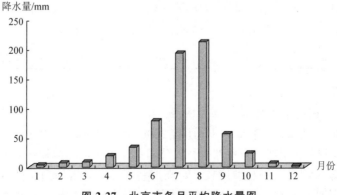

图 2-27 北京市各月平均降水量图

春季气温回升快，昼夜温差大，干旱多风沙。春季随着太阳高度角的逐渐增大，白昼时间加长，地面所得热量超过支出，因而气温回升迅速，月平均气温可升高 6～9℃，3 月平均气温 4.5℃，4 月为 13.1℃。白天气温高，而夜间辐射冷却较强，气温低，是昼夜温差最大的季节。一般气温日较差 12～14℃，最大日较差达 16.8℃。此外，由于春季冷空气活动仍很频繁，急剧降温，出现"倒春寒"天气，易形成晚霜冻。并多大风，8 级以上大风日数占全年总日数的 40％。当大风出现时常伴随浮尘、扬沙、沙暴天气。春季降水稀少。

夏季酷暑炎热，降水集中，形成雨热同季。夏季各月平均气温都在 24℃以上。最热月份虽不是 6 月，但极端最高气温多出现在 6 月。进入盛夏 7 月，是全年最热月份，平均气温接近 26℃，高温持久稳定，昼夜温差小。夏季降水量占全年降水量的 70％，并多以暴雨形式出现。

秋季天高气爽，冷暖适宜，光照充足。入秋后，北方冷空气开始入侵，降温迅速。因此，初霜冻的过早来临时有发生。

冬季寒冷漫长。冬季长达 5 个月，若以平均气温 0℃以下为严冬，则有 3 个月（12 月—翌年 2 月）。隆冬 1 月份平均气温为 −4℃以下，极端最低气温为 −27.4℃。冬季降水量占全年降水量的 2％，常出现连续一个月以上无降水（雪）记录。冬季虽寒冷干燥，但阳光却多，每天平均日照在 6 h 以上。

表 2-12　北京市观象台历史气象信息

	1 月	2 月	3 月	4 月	5 月	6 月	7 月	8 月	9 月	10 月	11 月	12 月
平均气温/℃	−3.7	−0.7	5.8	14.2	19.9	24.4	26.2	24.9	20.0	13.1	4.6	−1.5
各月降水量/mm	2.7	4.9	8.3	21.2	34.2	78.1	185.2	159.7	45.5	21.8	7.4	2.8
平均相对湿度/％	44	44	46	46	53	61	75	77	68	61	57	49
日照百分率/℃	65	65	63	64	64	59	47	52	63	65	62	62
极端最低气温/℃	−18.3	−16.0	−15.0	−3.2	2.6	10.5	16.6	11.4	4.3	−3.5	−1.06	−15.6
极端最高气温/℃	12.9	17.4	26.4	33.0	36.8	39.2	39.5	36.1	32.6	29.2	21.4	19.5
累年最多降水量/mm	21.0	26.3	40.5	79.0	119.6	236.3	459.2	297.7	116.3	132.5	43.4	16.3
累年最少降水量/mm	0	0	0	0.4	1.8	4.0	26.5	41.0	4.2	3	0	0

2.2.2.4　实验方法

1. 涡度相关系统观测实验

实验时间为 2005 年 10—12 月和 2006 年 4 月—2007 年 3 月（图 2-28）。在北京市海淀公园中部土丘顶部树林和公园边缘土丘顶部树林建立了两个 16 m 高的微气象观测塔。土丘坡度较小，高度将近 5 m。塔周边主要为较高的垂柳和少量较低的松柏，垂柳的叶面积指数在乔木中相对较小。涡度相关系统架设在微气象观测塔上 10 m 高度（林冠层上 1.5～1.8 m），全自动连续测量显热、潜热、CO_2 通量（图 2-29）。

(a) 公园中间涡度相关系统　　　(b) 观测塔位置　　　(c) 公园边缘涡度相关系统

图 2-28　北京市海淀公园通量观测塔位置示意图

(a) 春季，公园中部塔

(b) 夏季，公园中部塔　　　　　　　　(c) 夏季，公园边缘塔

(d) 秋季，公园中部塔　　　　　　　　(e) 秋季，公园边缘塔

(f) 冬季，公园中部塔　　　　　　(g) 冬季，公园边缘塔

图 2-29　北京市海淀公园通量观测实验四季图

CSAT3 三维超声风速仪测量水平与垂直方向上风速和温度瞬时脉动量，LI－7500 红外 CO_2/H_2O 分析仪测量湿度和 CO_2 的瞬时脉动量，HMP45C 空气温湿度计测量该高度空气温度和湿度。CNR－1 净辐射仪架设高度为 9.5～9.8 m，测量向上、向下短波辐射与向上、向下长波辐射。两块 HFP01 土壤热流板埋放在地下 2～3 cm 处，测量土壤热通量。数据采集器 CR5000 自动、连续采集数据并存储在计算机中。

采样频率为 10 Hz，每 10 min 输出 1 组平均值，正值表示物质和能量向大气方向传输。潜热和显热均经过 WPL 校正。CO_2 通量进行了水汽和显热通量影响的订正，负值表示由于光合作用等下垫面吸收大气中的二氧化碳，正值表示下垫面向大气释放二氧化碳。

当用涡度相关技术观测 CO_2 等微量气体成分的湍流通量时，需要考虑因热量或水汽通量的输送而引起的微量气体的密度变化。如果测量的是某成分相对于湿空气的质量混合比，则需要对显热和水汽通量的影响进行校正。如果直接在大气原位置测量某组分的密度脉动或平均梯度，就需要分别对热量和水汽通量的影响进行 WPL 校正。

2. Licor6400 便携式光合测定仪实验

2006 年 6－10 月，在北京市海淀公园、北京师范大学，选择晴天或少云天气，选取冠层中部、向阳面的当年生枝条的 5～8 片中位正常生长成熟叶片，利用北京师范大学动力科吊车升降机平台使用 Licor6400 便携式光合仪观测不同植被类型单叶片的光合作用速率、蒸腾速率、气孔导度等生理指标的日变化趋势，并同步记录空气温度、湿度等环境因子(图 2-30)。测量数据的时间间隔为 0.5 h。

3. 红外测温仪、热像仪、移动式温湿度探头实验

2005—2006 年，在海淀公园及周边，使用固定式(测量数据的时间间隔为 1 min)和手持式红外测温仪(测量数据的时间间隔为 0.5 h)对太阳辐射下的草坪、裸土、沥青路面、水泥地、石板路面、水体以及树林内草地和裸土

(a) 观测平台

(b) 观测槐树

(c) 观测垂柳

(d) 观测草地

(e) 观测白杨

(f) 观测碧桃

图 2-30 北京市海淀公园光合测定仪实验

测量地表辐射温度，测量前对红外测温仪进行黑体标定(图 2-31)。同时白天使用热像仪拍摄不同下垫面地表温度图像，拍摄的时间间隔为 0.5 h(图 2-32)。同时使用移动式温湿度探头测量空气温湿度。

2005 年 8 月 19—22 日在北京师范大学生地楼顶，使用热像仪连续 24 h 不间断地对楼下树冠、草坪、沥青路、水泥地、小石板路、操场、汽车及墙壁等目标进行了间隔约 20 min 的观测。同时，使用固定式红外测温系统连续观测草坪、水泥地、柏油路等下垫面的温度变化，测量数据的时间间隔为 1 min。

在 Landsat TM5 卫星上午 10：40 左右过境时间，使用手持式红外测温

(a) 观测草地   (b) 观测水泥地

(c) 观测路面   (d) 观测草地及空气温湿

图 2-31 北京市海淀公园红外测温

(a) 北京师范大学东操场

(b) 北京市海淀公园草地

图 2-32 热像仪图像

仪在 10：30—10：50 时间段巡回观测玉渊潭公园、北海公园和后海水体的温度，以验证由遥感图像反演的地表温度。因为在城区很难找到与 TM5 热红外波段 120m 像元尺度相匹配的土壤、植被及不透水地表等下垫面，只能选取面积较大的水体进行温度验证。

4. 叶面积指数实验

2005 年 10—12 月、2006 年 4—10 月，使用叶面积指数观测仪 LAI2000 和 TRAC 在北京市海淀公园、朝阳公园、天坛公园、陶然亭公园、龙潭公园等进行了叶面积指数 LAI 实验测量（图 2-33）。

图 2-33　北京市海淀公园叶面积指数实验

对使用 LAI2000 观测，选择完全漫射光的天气测量，如果是晴天天气则需根据情况加盖相应角度的盖帽并背对太阳。选择不同树种的 30 m×30 m 样方，以每个正方形样区的对角线为测量路线，共两条对角路线，每条测量路线各测五个点。

对使用 TRAC 观测，须选择晴好无云天气。每个样区取四条测量路线，每条测量路线长度 30 m，每隔 10 m 记录一次数据。测量角度须与太阳光垂直。同时需要记录环境参数，包括开始和结束时间的太阳高度角、方位角、地理位置、编号、高程、坡度、坡向及样方内树种分布。用数码相机拍摄下垫面、周围环境及树冠情况。记录天气情况、观测人员等。

5. 太阳光度计实验

在 Landsat TM5 卫星上午 10：40 左右过境时间，使用 CE318 自动追踪太阳光度计测量各个波段在不同角度（天顶角/方位角）时太阳和天空的辐亮度，观测大气中的水汽、臭氧及气溶胶，用于卫星遥感数据的大气纠正（图 2-34）。

图 2-34　北京市海淀公园太阳光度计实验

2.2.3　其他小型实验

本研究所用数据，除了前两节所述的大型实验数据之外，还有一些专门用途的小型实验，包括地表温度同步验证实验、城市不同下垫面方向比辐射率测量、城市不同下垫面地表温度日变化等，下面分别对其进行介绍。

1. 地表温度同步验证实验

卫星反演的地表温度必须与实际地表温度进行同步验证其精度后才能直接使用。由于在城区很难找到与 TM5 热红外波段 120m 像元尺度相匹配的土壤、植被及不透水地表等下垫面，故只能选取面积较大的水体进行温度验证。我们选取的是玉渊潭公园水体及北海或后海的水体。

针对 TM5 卫星过境时间在上午 10：40 左右，地表正处于升温过程这一特点，我们设计了从 10：30—10：50 之间的巡回测温，取其平均值来消除地表升温造成的误差。测温规范及数据处理均可参考 2.2.1.3 节。

同时由于要求在 TM5 卫星过境时刻天空晴朗以减少大气效应对温度反演造成的影响，故虽然 2004—2005 年期间进行了多次同步观测，但最终有效的数据只有 2005 年 10 月 29 日及 2005 年 11 月 14 日这两天。图 2-35 是实验地点在 TM5 影像上的位置示意图。

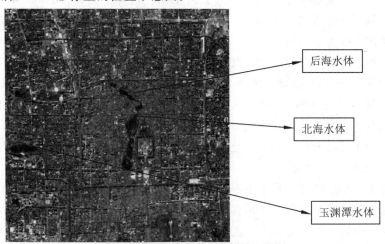

图 2-35　同步验证水体测温位置示意图
(2005-10-29 Landsat TM5，4，3，2 波段合成)

2. 北京城市不同下垫面方向比辐射率测量

在 2004/2005 年的小汤山实验中，我们测量了一些植被和裸地等自然地表的方向比辐射率，但对于北京城区来说，大部分是各种不透水的人造地表，它们的方向比辐射率和自然地表有较大的差异，对于城区的地表温度反演有很大的影响，因此有必要了解这些人造地表的方向比辐射率。

2005 年 8—10 月，我们在北京师范大学校园内挑选了典型的柏油路面、水泥地路面、大理石板路面、柏油屋顶及草坪等下垫面，使用 2.2.1 节中介绍的方向比辐射率测定装置进行了多次方向比辐射率的测量，时间选择在晴朗的夜晚，因为要利用这时的天空下行辐射作为冷辐射源。比辐射率的测量方式和计算比辐射率的方法在 2.2.1 节中均做了介绍，这里不再赘述。图 2-36 是 2005 年北京师范大学校园内进行测量和小汤山实验的示意图。

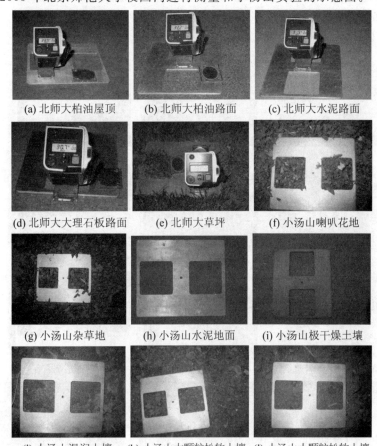

(a) 北师大柏油屋顶　　(b) 北师大柏油路面　　(c) 北师大水泥路面

(d) 北师大大理石板路面　(e) 北师大草坪　　(f) 小汤山喇叭花地

(g) 小汤山杂草地　　(h) 小汤山水泥地面　(i) 小汤山极干燥土壤

(j) 小汤山湿润土壤　(k) 小汤山大颗粒松软土壤　(l) 小汤山小颗粒松软土壤

图 2-36　2005 年北京师范大学校园内进行比辐射率测量和小汤山实验的示意图

3. 城市不同下垫面地表温度日变化

为了对卫星反演的地表城市热岛进行时间尺度上的扩展，需要了解城市不同下垫面地表温度日变化的规律。除了使用固定式红外测温系统定点在不同下垫面上进行连续的观测之外，还利用热像仪在高楼屋顶对下垫面进行拍摄，因为可以获取包括树冠、汽车、墙壁等使用其他仪器难以获取的地表温度日变化数据。我们从 2005 年 8 月 19 日晚—8 月 22 日晚在北京师范大学生地楼屋顶架设热像仪，对楼下树冠、草坪、柏油路、水泥地、小石板路、操场、汽车及墙壁等目标进行了间隔约 10～20 min 的连续观测。同时，辅助以固定式红外测温系统布置在草坪、水泥地、柏油路等下垫面上进行间隔 1 min 的连续观测。

　　对热像仪拍摄的热像图，可使用配套的专门软件读出热像图上不同区域的平均温度值。根据热像图拍摄的时间，就可以获取城市不同下垫面地表温度随时间连续变化的曲线。固定式红外测温系统数据的读取可参考 2.2.1 节。图 2-37 是这次实验的一些示意图。

(a) 从屋顶进行热像图拍摄　(b) 从屋顶看到的楼下情景　(c) 与楼下情景相应的热像图

(d) 柏油屋顶上的测温系统　(e) 与d相应的热像图　(f) 西操场及宿舍楼

(g) 草坪上的红外测温系统　(h) 与g相应的热像图　(i) 东操场及石瓦屋顶

(j) 大理石板上的测温系统　(k) 水泥地上的测温系统　(l) 柏油路上的测温系统

图 2-37　城市不同下垫面地表温度日变化示意图

2.3　地面气象、探空数据及其处理

　　本研究除了用到上面所描述的实验数据之外，还有一部分是北京市 21 个气象台站以及在观象台观测到的探空数据，主要用于卫星影像的大气纠正

及北京市大气热岛的分析。下面将首先介绍这 21 个气象台站的位置及下垫面状况，然后介绍对探空数据的处理，以便能在大气模型 Modtran 中使用。

2.3.1　北京市气象台站的位置及其下垫面状况

为了准确地使用北京市 21 个常规气象站点的资料，需要知道这 21 个站点的基本信息，以及观测站周围 200 m 风浪区范围的下垫面情况。经过我们的实地考察以及在 TM 影像上的仔细观察，下面用表 2-13 介绍这些站点的基本信息，用表 2-14 介绍这些站点周围的下垫面状况以及它所在行政区主要的土地利用/土地覆盖类型。

表 2-13　北京 21 个气象观测站基本信息表

台站号	名称	经纬度	海拔高度/m	台站类型
D54399	海淀区气象站	116°17′E，39°59′N	45.8	一般站
D54433	朝阳区气象站	116°29′E，39°57′N	35.3	一般站
D54514	丰台区气象站	116°15′E，39°52′N	55.2	一般站
D54513	石景山区气象站	116°12′E，39°57′N	65.6	一般站
D54431	通州区气象站	116°38′E，39°55′N	43.3	一般站
D54569	房山区气象站	116°08′E，39°45′N	46.6	一般站
D54597	霞云岭气象站	115°44′E，39°44′N	407.7	一般站(高山站)
D54389	顺义气象站	116°37′E，40°08′N	28.6	一般站
D54499	昌平区气象站	116°13′E，40°13′N	76.2	一般站
D54505	门头沟气象站	116°07′E，39°55′N	91.8	一般站
D54501	斋堂气象站	115°41′E，39°58′N	440.3	一般站(高山站)
D54406	延庆县气象站	115°58′E，40°27′N	487.9	一般站
D54410	佛爷顶气象站	116°08′E，40°36′N	1224.7	一般站(高山站)
D54511	北京市观象台	116°28′E，39°48′N	31.3	基本站
D54424	平谷区气象站	117°06′E，40°09′N	28.1	一般站
D54419	怀柔区气象站	116°38′E，40°22′N	75.7	一般站
D54412	汤河口气象站	116°38′E，40°44′N	331.6	一般站(高山站)
D54594	大兴区气象站	116°21′E，39°43′N	37.6	一般站
D54421	上甸子气象站	117°07′E，40°39′N	293.3	大气本底站(高山站)
D54413	永乐店气象站	116°47′E，39°43′N	14.0	一般站
D54416	密云气象站	116°52′E，40°23′N	71.8	基准气候站

表 2-14　北京 21 个气象台站下垫面情况描述

站名	东	南	西	北	备注
海淀区气象站	草坪	草坪	草坪	北边是展览馆和路,建筑物为主	在万柳公园北面
朝阳区气象站					
丰台区气象站	100m 宽平房,然后是大路	草坪极好的小土包	草坪和楼房	办公楼和道路,道路的两边都是房子	
石景山气象站	建筑物	40m 紧挨着永定河引水渠	建筑物	建筑物	
通州区气象站	建筑物	建筑物	建筑物	建筑物,在西北方向有一大片树林	观测场在屋顶上
房山区气象站	建筑物	建筑物	西面有树和水沟	建筑物	
霞云岭气象站					
顺义气象站	六环路和一条水渠	平房	办公楼平房和道路	楼房	
昌平区气象站	办公楼和住宅区	斜坡草坪和公路	树林,西南面是环岛立交桥	新盖的一座高楼	
门头沟气象站	有 10m 宽的草坪和篮球场	木料库	草坪和作物	办公楼和房子	
斋堂气象站	以房子为主	悬崖,悬崖下面是斋堂镇的房子	房子和树	以树为主的平房,远处是山	在半山腰
延庆县气象站	以平房为主,有树,远处为楼房	有约 40m 宽的草坪,然后就是房子	房子	河面很宽的妫水河,与河隔 7m 的路,高出路面 10m。然后是草坪	
佛爷顶气象站	植被覆盖不是很好的丘陵	植被覆盖不是很好的丘陵	植被覆盖不是很好的丘陵	植被覆盖不是很好的丘陵	在山顶上
北京市观象台	草坪覆盖好的斜坡和五环路	草坪好的斜坡和五环路	路和房子	房子	在 100m×200m 的大草坪,布满仪器
平谷区气象站	有一个草坪过渡带,然后是房子	土包和杂物	施工现场,在动土盖房子	有一个 100m 宽的草坪及种植区过渡,然后是办公楼和路,再远处是树林	
怀柔区气象站	一个像元的办公楼	京密引水渠	西面是低下去近 30m 的平地,为小树苗、草坪	灌丛,有一铁路线,西南是植被覆盖极好的小山包	在山坡上
汤河口气象站	低地	低地	低地	是平房和平地	在山顶上

续表

站名	东	南	西	北	备注
大兴区气象站	空地	空地	公路和一片60m宽的林子	办公楼，北面是10m宽的林子，再北是公路	
上旬子气象站	植被覆盖的山坡	有房子和平地，东南西面是斜坡	上旬子村（在低处）	山	在山腰上
永乐店气象站					
密云气象站	杂草	杂草，远处是公路	杂草，远处是楼房	北面是办公楼，远处是房子	

本研究所使用的地面气象数据主要是 21 个站点每天 8：00、14：00、20：00 这三个时刻的气象要素值，主要使用的气象要素值包括风速、风向、本站气压、露点温度、空气温度及能见度等。

2.3.2 探空数据及其处理

本研究所使用的探空数据是北京市观象台每天 8：00 和 20：00 这两个时刻的探空数据。表 2-15 是通常所用的探空数据示例。

表 2-15 常用探空数据示例

气压/kPa	高度/10m	温度/℃	露点/℃	风向	风速/(m·s^{-1})
1 027	9 999	1	—10	315	1
1 005	9 999	6	—20	9 999	9 999
1 000	25	6	—21	310	6
925	88	1	—22	305	10
850	156	—5	—23	315	7
832	9 999	—6	—24	9 999	9 999
700	306	—12	—21	305	15
690	9 999	—13	—21	9 999	9 999
670	9 999	—14	—33	9 999	9 999
576	9 999	—18	—51	9 999	9 999
500	557	—27	—51	300	27
400	714	—39	—62	290	32
373	9 999	—43	—65	9 999	9 999
300	906	—49	—70	275	48
290	9 999	—50	—71	9 999	9 999

续表

气压/kPa	高度/10m	温度/℃	露点/℃	风向	风速/(m·s⁻¹)
250	1 026	−50	−71	270	53
200	1 171	−52	−73	275	54
163	9 999	−52	−74	9 999	9 999
150	1 357	−53	−74	275	45
109	9 999	−61	9 999	9 999	9 999
100	1 612	−61	9 999	275	40

由表 2-15 可知，一般观象台提供的探空数据会出现很多空值的情况，所以实际上能使用的探空数据一般只有 10 层左右。同时，因为 Modtran 输入格式的需要，我们用以下公式将露点温度转换成相对湿度。

$$饱和水汽压 \quad e_a = e°(T_0) = 0.611\exp\left(\frac{17.27T_0}{T_0 + 237.3}\right) \tag{2-14}$$

$$实际水汽压 \quad e_d = e°(T_d) = 0.611\exp\left(\frac{17.27T_d}{T_d + 237.3}\right) \tag{2-15}$$

其中，T_0 和 T_d 分别为空气温度和露点温度。

$$则相对湿度： RH = \frac{e_d}{e_a} \times 100\% \tag{2-16}$$

第 3 章　卫星遥感参数反演及其验证

3.1　引言

卫星遥感是获取环境信息和分析评估环境变化的重要现代化手段，特别是当前高分辨率卫星热红外遥感技术的发展完善，为全面分析、研究和监测城市地表热场时空分布变化提供了可靠的手段。通过卫星热红外影像反演地表温度可以为城市热环境质量评价和热源调查提供准确、丰富的信息，是用卫星遥感方法研究城市地表热场分布状况的最有价值的资料。同时，利用卫星遥感可见光影像可以得到城市下垫面 NDVI、植被覆盖度以及土地利用/土地覆盖等信息，综合这些遥感资料能够研究城市地表热场时空分布变化对城市生态效益的影响，通过考虑城市热场时空分布特征与城市化发展引起的下垫面类型、格局变化的关系，评估城市化发展的不同因素对地表热场分布的作用，从而建立定量化研究城市的科学手段，为各级部门提供相应的决策依据。

然而在卫星遥感反演地表参数的过程中，受到反演模型、度量范围、尺度效应、信息传递和定量化分析中的种种不确定性影响，不确定性问题始终存在。虽然有许多减少反演不确定性的方法，但最终都需要经过同步的地表验证或者模型的验证才能够可靠地应用到各个领域中。

因此本章将详细阐述利用先进星载热发射和反射辐射器（Advanced Spaceborne Thermal Emission and Reflection Radiometer，ASTER）及 Landsat ETM＋/TM 影像反演地表温度、地表窄波段反射率、地表反照率、NDVI 和植被覆盖度等地表参数的模型及算法，并利用地表同步实测数据或者模型进行验证，确保其应用到北京城区热场及其相关影响因子研究中的可靠性。

3.2　ASTER 地表参数反演及其验证

1999 年 12 月 18 日，美国成功地发射了地球观测系统（Earth Observing System，EOS）的第一颗先进的极地轨道环境遥感卫星 TERRA（EOS—AM1）。搭载于其上的 ASTER，是一台宽波段扫描辐射计，分成 VNIR、SWIR、TIR 三个模块，分别由美国、日本、法国和澳大利亚公司研制，为辐射分辨率、光谱分辨率和空间分辨率都更高的辐射器，同时可以立体成像。其星下点扫描宽度为 60km，扫描中心点对短波红外和热红外通道来说可在±106km 的横跨轨迹范围上进行指向选择；对可见光通道在±314km 上进行指向选择，这样无须变轨即可获得较机动的高分辨率影像。表 3-1 是 ASTER 遥感影像数据的技术指标。

ASTER 影像热红外波段空间分辨率为 90m，远高于 NOAA/AVHHR (1.1km)四、五通道和 TM 5(120m)卫星六通道热红外波段的分辨率，热红外通道几乎覆盖了整个热红外波段，且获取的图像近似正射，数据可比性强，对于准确地研究区域热场分布尤为有效。其可见光波段 15m、近红外波段 30m 的较高分辨率，便于识别地物的类型，可提高地表的分类精度。以 ASTER 可见光、近红外、热红外影像数据为主要信息源，以各种参考资料为辅助信息源，结合 GIS 逻辑运算和综合分析技术，可以对北京市城区地表热场时空分布特征、形成机制及其与下垫面类型、格局的关系进行综合分析。

根据 ASTER 传感器热红外多波段的特点，人们专门设计了温度和比辐射率分离(Temperature and Emissivity Separation，TES)算法同步反演地表温度和地表比辐射率，该算法理论上精度在±1.5K(±0.015)之内。下面 3.2.1 节将详细描述该算法，并介绍 ASTER 地表温度和地表比辐射率产品的生成过程，然后在 3.3 节中介绍如何利用地表同步观测数据对产品进行验证。

表 3-1　ASTER 数据技术指标

仪器	ASTER		
名称	先进星载发射/反射辐射计		
制造	美国、日本、法国和澳大利亚		
卫星	EOS－AM1		
波段	VNIR	SWIR	TIR
	Band 1:0.52~0.60 μm Nadir looking	Band 4:1.600~ 1.700 μm	Band 10:8.125~ 8.475μm
	Band 2:0.63~0.69 μm Nadir looking	Band 5:2.145~ 2.185 μm	Band 11:8.475~ 8.825 μm
	Band 3:0.76~0.86 μm Nadir looking	Band 6:2.185~ 2.225 μm	Band 12:8.925~ 9.275 μm
	Band 3:0.76~0.86 μm Backward looking	Band 7:2.235~ 2.285 μm	Band 13:10.25~ 10.95 μm

波段	VNIR	SWIR	TIR
		Band 8:2.295~ 2.365 μm	Band 14:10.95~ 11.65 μm
		Band 9:2.360~ 2.430 μm	
地面分辨率/m	15	30	90
倾视角	±24°;±318km	±8.55°;116km	±8.55°;116km
扫描宽幅/km	60	60	60
量化/bit	8	8	12
立体像对/m	15		
覆盖天数/d	16		

3.2.1　ASTER 地表温度及比辐射率产品的生成方法

3.2.1.1　ASTER 地表温度和比辐射率生成算法

1. 表温度和比辐射率反演算法回顾

用卫星遥感数据来反演地表温度已有很长的历史,可以追溯到 20 世纪 60 年代初期所发射的 TIROS-II。20 世纪 60 年代末,人们开始使用卫星热红外波段反演海洋表面温度(Sea Surface Temperature,SST)。随着遥感技术的不断发展,用气象卫星资料(如 NOAA/AVHRR、GMS 等)获取海面温度的技术逐渐趋于成熟。受 SST 研究成果的鼓舞,对地面温度(Land Surface Temperature,LST)的研究越来越引起人们的兴趣。LST 是 SST 研究的继承和发展,与比较均一的海面相比,陆地表面的情况要复杂得多。在已知比辐射率的前提下,科研工作者利用各种对大气辐射传递方程的近似和假设,提出了许多不同的陆地表面温度反演算法,这些反演算法总的来说可归纳为四种:单一通道法、多通道法(分裂窗法)、单通道多角度法和多通道多角度法。

(1)单一通道法是利用卫星传感器上单独的一个热红外通道(一般选在大气窗口内)获得的辐射能,借助于探空或卫星遥感确定的大气廓线(温度、湿度、压力),结合辐射传输方程来修正大气和比辐射率的影响,从而得出地表温度。

(2)多通道法(分裂窗法)是目前最广泛应用的方法。它起源于 20 世纪 70 年代,最初用来确定海水表面温度,后来被推广到反演陆地表面温度。分裂窗法是利用在大气窗口 10~14 μm 内,两个相邻通道(一个在 11 μm 附近,一个 12 μm 附近)上大气吸收作用的不同,通过两通道测量的各种组合来剔除大气影响。

(3)单通道多角度法是建立在同一物体由于不同角度观测时，所经过的大气路径不同而产生的大气吸收不同的基础上的。由于大气吸收体的相对光学物理特性在不同观测角度下保持不变，大气的透过率仅随角度的变化而变化，所以像分裂窗法一样，大气的作用可以通过单通道在不同角度观察下所获得的亮温的线性组合来消除。该算法最早用于海水表面温度反演，直到1991年，ERS-1卫星的成功发射，才使得在同一卫星上多角度(双角度)的热红外观测成为现实。然而，由于传感器不同角度的地面分辨率不同，以及陆地表面状况在空间上极不均匀和复杂的地物类型，所以直到现在，陆地表面温度的反演还研究得很少。

(4)多通道多角度法是多通道法和多角度法的组合。它现只被用于AT-SR数据进行海水表面温度的反演。目前研究者正试图用这种方法来分解同一像元内的植被温度和土壤温度。

以上研究是在假设比辐射率已知的前提下进行的。实际上，在自然条件下，由于地球表面形态和结构成分在空间上变化很大，卫星像元内点与点之间的比辐射率可能相差很大，因此，有必要对地表比辐射率的反演进行研究。到目前为止，有三种不同的测量或测定比辐射率的方法：(1)根据可见光和红外光谱信息来估计；(2)根据热红外光谱最小比辐射率与最大相对比辐射率之差的统计关系来确定；(3)假定比辐射率不变或者与温度无关的热红外波谱指数不变的条件下，利用多时相数据来确定。下面将重点介绍第二种适用于ASTER传感器的温度和比辐射率分离算法。

2. ASTER的温度和比辐射率分离算法

对于热红外遥感反演地表参数，温度和比辐射率的分离是关键。热红外遥感与可见光/近红外遥感的最主要区别在于：在地表是均匀朗伯体的假设下，可见光/近红外波段与遥感有关的地表参数只有反射光谱，但热红外波段需要比辐射率光谱和温度两组参数才能描述地表的状态，这样对于 N 个观测值始终存在 $N+1$ 个未知量，属于数学上的欠定问题。Gillespie 等综合分析了现有的多种温度发射率分离方法，并根据 ASTER 热红外数据特点提出了新的 TES 算法。所有的这些相关研究从原理上分析，都可以概括为在某种假设的前提下，组成第 $N+1$ 个方程，从而可以解方程同时获得温度和比辐射率。这些假设随测量条件和应用领域的不同，其合理性和适用性也不尽相同。此外，这些研究工作主要是针对热红外多波段数据进行的，由于通道数及波段设置的限制，各种方法都具有一定的局限性。

TES 算法是对 NEM(Normalized Emssivity Method)、RAT(Ratio Algorithm)和 MMD(Min-Max Difference)三种算法的综合运用，吸收了三种常规算法的优点，并针对其不足之处做出相应改进。它首先利用 NEM 算法估算温度和发射率，然后利用 RAT 算法计算发射率的波段比值，作为发射率波形的无偏估计，最后利用 MMD 算法计算最小发射率值，进而获得发射率谱。张霞等人用 132 种地物的实验室光谱曲线，建立了适合于热红外多波段的发射率经验关系，以此修正 TES 算法中的 MMD 模型，并对比实验室实测波谱和反演的比辐射率波谱，验证了此算法的可靠性。下面分别介绍各个模块。

(1)NEM 模块

NEM 模块主要运用迭代的方法去除大气下行辐射，估算地表温度。常规 NEM 算法仅设定一个发射率最大值 0.97，这对发射率较高的水体和郁蔽植被(通常为 0.985)必定会导致较大误差。针对这一不足，TES 算法增加了一个迭代过程，一方面力求尽可能精确地消除大气下行辐射的影响；另一方面可以灵活调整最大发射率的值，降低发射率的估计误差。

该模块首先假定 ASTER10～14 五个热红外波段的最大发射率为 $\varepsilon_{\max}$，以便计算地表归一化温度和其他波段的发射率。实际处理中，先假定 $\varepsilon_{\max}$ 为 0.99(接近于发射率较高的植被和水体)，由以下公式可迭代求解归一化温度 T' 和归一化比辐射率 ε'_b：

$$R'_b = L'_b - (1 - \varepsilon_{\max}) S_{b\downarrow} \tag{3-1}$$

$$T_b = \frac{c_2}{\lambda_2} \left(\ln \frac{c_1 \varepsilon_{\max}}{\pi R'_b \lambda_b^5} + 1 \right)^{-1} \tag{3-2}$$

$$T' = \max(T_b) \tag{3-3}$$

$$\varepsilon'_b = \frac{R'_b}{B_b(T')} \tag{3-4}$$

其中，$S_{b\downarrow}$ 为下行辐射，L'_b 为波段辐射亮度，R'_b 为经过大气纠正后的波段辐射亮度，式(3-2)是普朗克定律，归一化温度 T' 是五个波段亮度温度的最大值，$B_b(T')$ 是黑体辐射定律。通过归一化发射率 ε'_b 可重估 R'_b，然后开始迭代，这个过程直到相邻迭代次数中 R'_b 的变化小于阈值限制或者超过迭代次数的限制时结束。

(2)RAT 模块

常规 RAT 算法应用相邻波段发射率的比值，能够保持发射率谱特征，但它获得的仅是发射率谱的形状，而非真实值；另外，由于它无从获得真实地表温度，所以谱形不可避免地会有偏差。TES 算法使用相对发射率 β_b 来改进这一不足，相对发射率 β_b 由 NEM 模块获得的归一化比辐射率 ε'_b 计算：

$$\beta_b = \frac{\varepsilon'_b}{5^{-1} \sum \varepsilon'_b} \tag{3-5}$$

（3）MMD 模块

常规 MMD 算法运用了发射率的经验关系，即最小发射率与发射率自身最大最小值之差的经验关系。尽管这一线性关系很显著，但是会造成误差的传递，TES 算法用相对发射率比值的最大最小值之差代替常规 MMD，这样既能够最大限度地保存发射率谱的形状，也可以避免误差传递，因而能提高反演精度。β_b 光谱值与真实的光谱值之间有一定的关系，根据最小比辐射率 ε_{min} 与 MMD 之间建立的发射率经验关系式将 β_b 转化为 ε_b（图 3-1）。Hook 等通过多条实验室发射率光谱回归建立了 ε_{min} 与 MMD 经验关系。具体公式如下：

$$MMD = \max(\beta_b) - \min(\beta_b) \tag{3-6}$$

$$\varepsilon_{min} = 0.994 - 0.687 MMD^{0.737} \tag{3-7}$$

$$\varepsilon_b = \beta_b \left(\frac{\varepsilon_{min}}{\min(\beta_b)} \right) \tag{3-8}$$

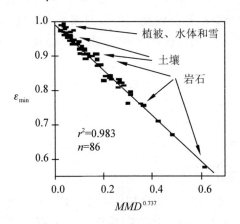

图 3-1 ε_{min} 与 **MMD** 指数经验关系

该关系建立在 86 条岩石、土壤、植被、水体和雪的实验室反射率波谱之上（由 J. W. Salisbury 提供，1995）。95％的样点值都在回归线±0.02的范围以内，对应的温度误差相当于在 300K 时为±1.5K。两者遵循简单的指数定律：

$$\varepsilon_{min} = 0.994 - 0.687 MMD^{0.737}$$

由以上介绍可以总结出 TES 算法的基本框架（图 3-2）、TES 算法流程（图 3-3）。

3.2.1.2 ASTER 地表温度及比辐射率产品的生成方法

本研究所用的数据均是从 ASTER On-Demand Data Gateway 获取的在线生成产品（lpdaac. usgs. gov/asterondemand/index. html），但从 2005 年 8 月起，该网站停止提供在线产品的生成服务。其中，ASTER 地表温度和地

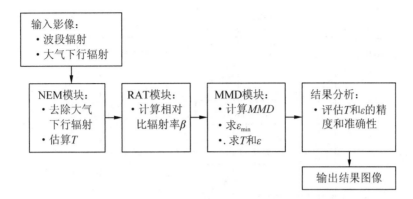

图 3-2　TES 算法的基本框架

表比辐射率产品分别是 Level 2 的 AST08 地表温度（Surface Kinetic Temperature）产品和 AST05 地表比辐射率（Surface Emissivity）产品。在线生成时，是使用 Level 2 的 AST09T 地表出射辐射（TIR Surface Radiance）产品和 NCEP 实时生成的大气廓线及大气下行辐射为输入，采用的算法即为 TES 算法。图 3-4 是以上所提及的三种产品的示意图。

3.3　ASTER 地表温度产品的验证

虽然由 3.2.1.1 节可知 TES 算法反演地表温度和比辐射率的理论精度是 $\pm 1.5K(\pm 0.015)$，但具体生成产品的时候，受到大气纠正、地形起伏等多方面不确定性的影响，其地表温度产品的精度仍然有待地表同步观测的验证。

ASTER 搭载在 EOS-AM1 卫星平台上，其中，Terra 卫星轨道宽度是 185km，而 ASTER 传感器的成像宽度是 60km，卫星周期是 16d。这意味着 ASTER 要等 Terra 卫星至少过境三次才能获取 185km 宽度的图像，因而要重复同一个 60km 宽度的区域需要 48d，如果遇到有云，那么就至少要 96d。同时，由于 ASTER 属于科学实验性质，并不像 Landsat TM 卫星那样进行例行观测，很多数据都需要提前预订，并和全世界的科学家一起排队。因而 ASTER 数据源的获取相对困难，既限制了 ASTER 的广泛应用，也使得在某个固定区域对 ASTER 产品的性能进行验证极其困难。非常幸运的是，我们在 2004 年 6 月 12 日的小汤山实验中，获取了同步验证的数据。下面将详细阐述对 ASTER 地表温度产品的验证过程及结果。

在 2.2.1 节中，我们已经介绍了小汤山实验场地的大致情况和巡回测温及测温数据的处理方法。下面将详细介绍 2004 年 6 月 12 日 ASTER 卫星过境时刻（一般在上午 11 点 10 分左右），实验场地的情况以及巡回测温数据。

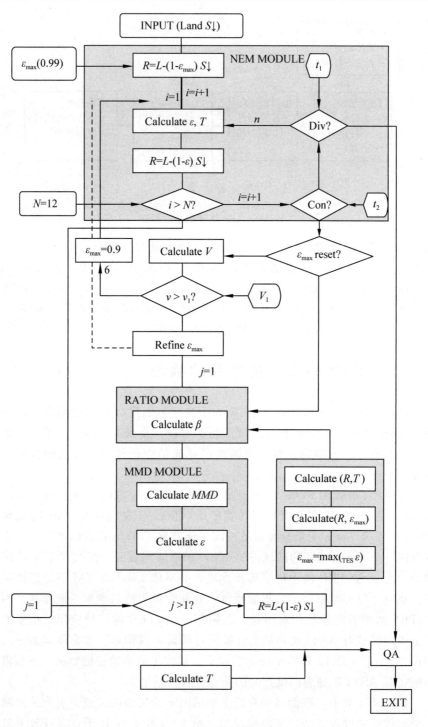

图 3-3　TES 算法流程图

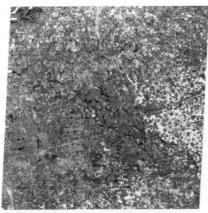

a. 2004年10月28日ASTER数据AST08产品

b. AST05(band 10 12 14合成)　　　c. AST09T(band 10 12 14合成)

图 3-4　ASTER 产品的示意图

图 3-5 是小汤山实验场地及巡回测温范围在遥感影像上的位置示意图。

北京市2004年6月12日ASTER影像(3, 2, 1波段合成)

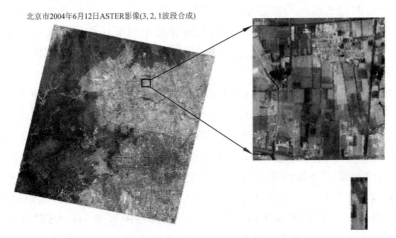

图 3-5　小汤山实验场地(右上)巡回测温场地(右下)

为了便于比较，ASTER 短波近红外和热红外波段都被重采样成 15m 分辨率。对于小汤山同步地表测温长约 1 000m，宽约 360m 的场地而言，我们截取了 24×72 个可见光和短波近红外像元及相应的 24×72 个地表温度产品像元(已重采样)进行下垫面和地表温度对比。根据实验观测日志，当天南面观测场的西边在浇水，北面观测场的东南角也在浇水。实验员当天从 10 点 55 分到 11 点 25 分分成四条路线进行了巡回测温。彩图 1 分别是测温线路在可见光影像上的位置及在卫星反演地表温度影像上对应的代表区域。

我们认为每条测温线的数据平均值代表着地表温度产品上 12×36 个像元(原始尺度是 2×6 个像元)上的平均温度，表 3-2 则是这两种数据的对比。

表 3-2 测温线数据和地表温度产品的比较

测温线	测温线平均温度	产品地表温度均值/℃	测温线温度均方差	产品地表温度均方差
NW	37.1℃(247 个点)	36.3	6.0	2.0
NE	36.3℃(228 个点)	37.1	4.9	1.1
SW	35.7℃(253 个点)	35.6	5.0	1.6
SE	37.2℃(255 个点)	37.2	7.3	2.7

由上表我们可得出以下几点结论。

(1)SW 和 NE 两条测温线路和相应地表温度产品区域的温度平均值和均方差值较小，这和观测日志上记录的浇水情况相一致。

(2)对于小汤山测温场地这种非均匀下垫面，使用巡回测温的方法进行地表温度验证的效果依赖于多个像元尺度上的平均，就整个测温场地的平均值而言，ASTER 地表温度产品的精度是可以接受的。

(3)由测温线温度均方差值及相应地表温度产品均方差值之间较大的差异可知，ASTER 热红外波段 90m 的空间分辨率的采样平均大大低估了下垫面的非均匀性，同时也给准确地评估 ASTER 地表温度产品单个像元尺度上的精度带来了很大的困难。

我们曾经多次在 ASTER 预期过境时刻选择均匀的水体进行地表温度的验证，但由于 ASTER 数据极难获取及天气原因，始终无法得到同步的影像数据，所以只能用在非均匀下垫面上的数据进行验证。虽然验证结果表明其平均精度在可以接受的范围之内，但当有必要应用单个像元时，需要谨慎。

ASTER 除了能得到地表温度产品之外，还能够获取地表比辐射率的产品。但地表比辐射率产品本身是 5 个 ASTER 热红外窄波段的比辐射率值，由于在野外同步实测地物比辐射率光谱有较严格的要求(在 ASTER 卫星过境时刻，有强烈太阳直射光的情况下，测量结果会有较大的误差)，所以难以像地表温度那样进行同步验证。而使用方向比辐射率测量仪得到的是 8～

$14\mu m$ 宽波段上的比辐射率，也无法和地表比辐射率产品进行直接比较。因此，下节拟利用多个波谱库数据进行分析，并在此基础上对地表比辐射率产品进行初步的验证。

3.4 波谱库数据处理及其应用

陆地表面窗口比辐射率($8\sim14$ μm)是估算地表长波净辐射、地表辐射能量及用热红外波段遥感数据反演地表温度的关键参数。在晴空条件下，该窗口内的大部分地表出射辐射都直接进入大气之中，因此，了解该窗口内地表比辐射率的信息对地气辐射能量研究至关重要。然而，在该窗口内($8\sim14$ μm：$1250\sim714$ cm^{-1})陆地地表比辐射率的变化很大，例如该范围内裸地和岩石比辐射率可以从 0.65 变化至 1。地表比辐射率和地表长波净辐射是成正比的，10%的比辐射率估算误差就会造成地表长波净辐射 10%的估算误差。因而，依赖于地表辐射能量平衡计算的区域或全球气候模型对地表辐射率的变化尤为敏感。

但由于缺乏地表比辐射率空间变化的信息，在地表能量平衡和数值天气预报模式的参数化中，总是使用一个统一的常数来确定地表比辐射率。Wilber 等使用地表分类及相应的从波谱库中计算得到的比辐射率值生成了全球陆地地表窗口比辐射率图。该方法的优点是能得到全球尺度的比辐射率图，但实际上，对比辐射率空间差异很大的岩石和土壤，总是被看做是一种地表类型，例如在分类图中把土壤分为荒地、沙漠和裸地等。Prabhakara 和 Dalu(1976)使用 100km 分辨率的 NIMBUS—4 红外干涉光谱仪(Infrared Interferometer Spectrometer，IRIS)进行地表辐射率制图。ASTER 传感器可用 TES 算法估算 5 个波段的比辐射率波谱，其空间分辨率也高达 90m，在局地尺度地表能量平衡的研究中能够发挥更大的作用。但是利用 ASTER 地表比辐射率产品得到的 5 个窄波段比辐射率波谱与实际所需的宽波段陆地窗口比辐射率值还需要进行一定的转换。下面将详细阐述将宽波段陆地窗口比辐射率表示为 ASTER 数据中 5 个窄波段比辐射率线性组合的方法。

3.4.1 ASTER 窄波段比辐射率到宽波段比辐射率的转换

陆地窗口比辐射率 $\varepsilon_{8\sim14}$ 可以表示为 ASTER 5 个窄波段比辐射率 $\varepsilon_{ch.n}$(ASTER 第 $10\sim14$ 波段的中心波长分别为 8.29，8.63，9.08，10.66，$11.29\mu m$)的线性组合：

$$\varepsilon_{8\sim14} = \sum_{ch=10}^{14} a_{ch}\varepsilon_{ch.n} + c \tag{3-9}$$

其中，a_{ch} 和 c 是线性回归的系数。而 $\varepsilon_{8\sim14}$ 可以表示为：

$$\varepsilon_{8\sim14} \equiv \frac{\int_{\lambda=8}^{\lambda=14} \varepsilon(\lambda) B(\lambda, T) d\lambda}{\int_{\lambda=8}^{\lambda=14} B(\lambda, T) d\lambda} \qquad (3\text{-}10)$$

其中，$\varepsilon(\lambda)$ 是波长 λ 处的比辐射率，B 是 Planck 函数，T 是地表温度。

ASTER 第 n 波段的比辐射率 $\varepsilon_{ch.n}$ 可表示为：

$$\varepsilon_{ch.n} \equiv \frac{\int f_{ch.n}(\lambda) \varepsilon(\lambda) B(\lambda, T) d\lambda}{\int f_{ch.n}(\lambda) B(\lambda, T) d\lambda} \qquad (3\text{-}11)$$

其中，$f_{ch.n}(\lambda)$ 为 ASTER 传感器的波段响应函数。

具体到我们所使用的波谱库，由于波谱库中的比辐射率波谱及波谱响应函数本身都是离散的，因此，上两式又可表示为：

$$\varepsilon_{8\sim14} \equiv \frac{\sum B_i(\lambda_i, T_s) \varepsilon_i(\lambda_i) \Delta\lambda_i}{\sum B_i(\lambda_i, T_s) \Delta\lambda_i} \qquad (3\text{-}12)$$

$$\varepsilon_{ch.n} \equiv \frac{\sum f_{ch.n}(\lambda_i) B_i(\lambda_i, T_s) \varepsilon_i(\lambda_i) \Delta\lambda_i}{\sum f_{ch.n}(\lambda_i) B_i(\lambda_i, T_s) \Delta\lambda_i} \qquad (3\text{-}13)$$

其中，i 代表波谱曲线中的第 i 个值，T_s 是地表温度，一般假设为 300K。

在本研究中，我们使用的波谱库包括来自 ASTER 波谱库的 JHU(Johns Hopkins University)波谱库、JPL(Jet Propulsion Laboratory)波谱库及来自 MODIS 波谱库的 UCSB(University of California, Santa Barbara)波谱库。其中，JHU 和 JPL 波谱库中提供的是方向反射率波谱 ρ_λ。因此，需要使用 Kirchhoff 定律将其转换为比辐射率 $\varepsilon_\lambda = 1 - \rho_\lambda$，UCSB 波谱库直接提供的是比辐射率波谱。

Ogawa 等进行类似工作时，首先使用 150 条 JHU 的波谱进行线性组合系数的拟合，然后使用 107 条 UCSB 的波谱进行验证，结果表明，获取的 $8\sim12\mu m$ 窗口比辐射率误差在 0.02 以内。下式是它拟合所得结果：

$$\varepsilon_{8\sim12} = 0.014\varepsilon_{10} + 0.145\varepsilon_{11} + 0.241\varepsilon_{12} + 0.467\varepsilon_{13} + 0.004\varepsilon_{14} + 0.128$$

$$(3\text{-}14)$$

而梁顺林等收集了超过 1 000 条比辐射率波谱，也进行了窄波段比辐射率到宽波段比辐射率的转换，其中对 ASTER 数据拟合的线性公式如下式：

$$\varepsilon_{8\sim14} = 0.296\,6 + 0.186\,8\varepsilon_{10} + 0.037\,2\varepsilon_{12} + 0.207\,7\varepsilon_{13} + 0.262\,9\varepsilon_{14} \quad (3\text{-}15)$$

其中，由于第 11 波段和其他波段的相关性很高，故没有使用第 11 波段。

在他们的研究中，为了尽可能增加拟合公式的适用范围，都使用了大量岩石的比辐射率波谱，而在针对北京地区的研究中，包含岩石的地区是很少见的。同时，他们的研究都没有包括城市人造地物的波谱，而本研究最主要针对的就是城区比辐射率。因此，在本研究中，首先使用所有波谱库自然地表的波谱数据，包括植被 8 条、水(雪、冰)16 条、土壤 121 条共计 145 条波谱进行回归模拟，然后使用包括 53 条人造地物波谱在内的 198 条波谱进行回归模拟，与前人的研究结果和 2004 年在小汤山的实测数据进行比较与验证。公式 (3-16) 和公式 (3-17) 分别是根据自然地表波谱拟合和包括人造地物波谱在内的所有波谱进行拟合所得公式：

$$\varepsilon_{8\sim14} = 0.146\varepsilon_{10} - 0.094\varepsilon_{11} + 0.266\varepsilon_{12} + 0.408\varepsilon_{13} + 0.146\varepsilon_{14} + 0.124 \tag{3-16}$$

$$\varepsilon_{8\sim14} = 0.197\varepsilon_{10} - 0.124\varepsilon_{11} + 0.231\varepsilon_{12} + 0.577\varepsilon_{13} - 0.046\varepsilon_{14} + 0.160 \tag{3-17}$$

表 3-3　两次拟合的相关系数和误差

波谱种类	R^2	$RMSE$	$Range$
自然地表	0.941	0.006 1	0.84~1.00
自然地表＋人造物	0.955	0.006 1	0.84~1.00

由图 3-6 可知，在不使用岩石波谱情况下的自然地表波谱拟合所得公式与加上岩石波谱所得公式有较大差异，而由图 3-7 加上人造地物情况下拟合所得公式与只使用自然地表波谱进行拟合所得公式差异很小。

下面将公式 (3-15)、(3-16) 和 (3-17) 应用至实际 ASTER 地表比辐射率产品，得到 8~14μm 的宽波段比辐射率值，进行比较。由于 2004 年 6 月 12 日城区部分云量较多，故使用 2004 年 8 月 31 日的 ASTER 地表比辐射率产品进行分析。我们首先在可见光影像上选取水体、城区和植被这三种典型下垫面，然后分别使用公式 (3-15)、(3-16) 和 (3-17) 将相应区域的窄波段比辐射率转换为宽波段比辐射率，最后对这三种结果的均值和方差进行比较。图 3-8 为选取的典型下垫面示意图，表 3-4 即为比较的结果。

表 3-4　三种转换方法结果的比较

公　式	水体		城区		植被	
	均值	方差	均值	方差	均值	方差
公式 (3-15)（梁顺林等计算结果）	0.988	0.012	0.975	0.011	0.984	0.001 5
公式 (3-16)（自然地表）	0.987	0.016	0.972	0.015	0.986	0.001 8
公式 (3-17)（自然＋人造地表）	0.987	0.016	0.974	0.014	0.986	0.002 1

由表 3-4 的结果可以看出，虽然就纯净端元波谱来说，公式 (3-15) 和其余两个公式拟合的结果有较大的差异，但应用到 90m 分辨率的 ASTER 地表比辐射率产品中时，这种差异几乎消失了。这应该是 90m 分辨率单个像元内

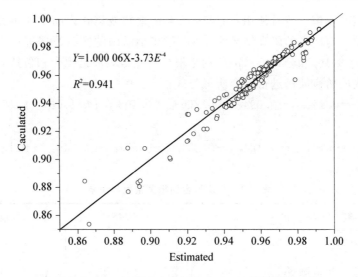

使用公式(3-12)计算值和使用公式(3-16)预估值的比较

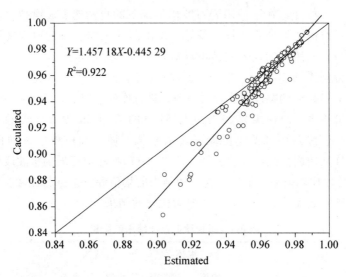

使用公式(3-12)计算值和使用公式(3-15)预估值的比较

图 3-6

非均匀性导致的结果。正是由于在可见光 15m 分辨率看来是纯净的下垫面，在 90m 分辨率上却出现很强的混合效应，使得原本应该有较大差异的窄波段端元比辐射率波谱在转换成宽波段比辐射率波谱后，都趋于一致。因此，对待 ASTER 地表比辐射率产品应该和其地表温度产品一样，它们在某个区域内的平均值的精度是可以接受的，但具体对待单个像元的值时，需要谨慎处理。

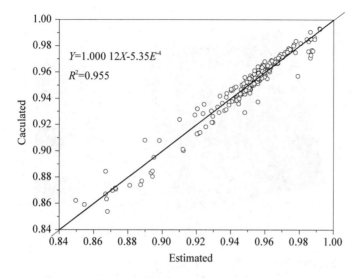

使用公式(3-12)计算值和使用公式(3-17)预估值的比较

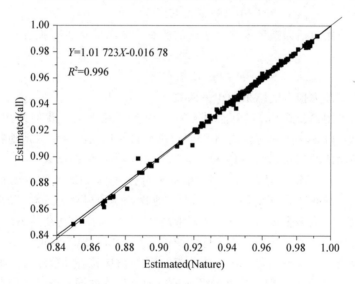

使用公式(3-17)计算值和使用公式(3-16)预估值的比较

图 3-7

3.4.2 TES 算法内经验公式的讨论

由 3.4.1 节可知，我们已经得到了 ASTER5 个热红外波段的比辐射率波谱，其中包括 145 条自然地表波谱及 53 条人造地物波谱。而初始的 TES 算法中使用的经验公式是用 86 条包括植被、水体、土壤和岩石在内的 AS-TER 5 个热红外波段的比辐射率波谱拟合得到的。同样，在本研究所涉及的北京地区，很少有裸露岩石的存在，却存在很多的人造地物。因此，我们可

北京市2004年8月31日ASTER影像(3, 2, 1波段合成)

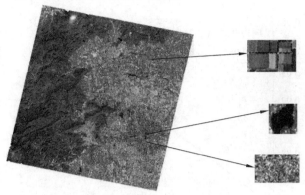

图 3-8　三种典型下垫面示意图

以重新拟合出适用于本研究的经验公式。

首先，我们只使用 145 条自然地表波谱进行拟合，所得公式如下：

$$\varepsilon_{min} = 0.994 - 0.692\,5\ MMD^{0.769\,5} \tag{3-18}$$

然后使用包括人造地物波谱在内的所有 198 条波谱进行拟合，所得公式如下：

$$\varepsilon_{min} = 0.994 - 0.700\ MMD^{0.755\,8} \tag{3-19}$$

图 3-9 即为拟合的结果和相关系数。

由上可知，公式(3-18)和公式(3-19)的差别并不大，我们使用公式(3-19)与初始 TES 算法中的公式(3-7)同时进行自然地表波谱和人造地物波谱计算值和预测值的比较，图 3-10 和图 3-11 即分别为比较的结果。

由图 3-10 可知，对自然地表，新的拟合公式与 TES 算法内的初始拟合公式性能差异很小，而由图 3-11 对人造地物，新的拟合公式与 TES 算法内的初始拟合公式大多数情况下都会略微高估 ε_{min}，从而整体高估 ASTER 5 个波段的比辐射率值，最终会略微低估城市人造地物的地表温度。不过数值模拟试验表明，对城市人造地物的地表温度低估值应该在 1℃ 以内。由于难以找到 90m 分辨率的纯净人造地物像元进行地表温度的同步验证，因此，我们只能使用 ASTER 在线生成的地表温度和地表比辐射率产品进行研究。

3.4.3　对 ETM＋/TM 热红外窄波段比辐射率和 8～14μm 宽波段比辐射率的研究

地物热红外波段的比辐射率的知识对反演地表温度至关重要，而热红外宽波段的比辐射率对地表能量平衡的研究必不可缺。如前文所述，目前主要有三种通过卫星遥感进行地表比辐射率反演的方法，针对只有单个热红外波段的 ETM＋/TM 影像，最适合使用第一种方法，即根据可见光和近红外光谱信息，认为 ε 是 NDVI 的函数，也叫做 NDVI 阈值法。目前运用比较广泛的经验公式主要有以下几种：

$$(1)\varepsilon = 1.009\ 4 + 0.047\ln(NDVI) \tag{3-20}$$

$$(2)\varepsilon = \varepsilon_v f + \varepsilon_g(1-f) + 4\Delta\varepsilon f(1-f) \tag{3-21}$$

其中，ε_v 为植被覆盖地表比辐射率，取值 0.985；ε_g 为裸地表面比辐射率，取值 0.95；$\Delta\varepsilon$ 取值 0.02；

f 表示地表植被覆盖率，为 $f = \left(\dfrac{NDVI - NDVI_{min}}{NDVI_{max} - NDVI_{min}}\right)^2 \tag{3-22}$

（3）覃志豪对第二种方法进行了改进，对于土壤植被混合像元的地表发射率，采用下式计算：

$$\varepsilon = fR_v\varepsilon_v + (1-f)R_s\varepsilon_s + \mathrm{d}\varepsilon \tag{3-23}$$

对于植被建筑物混合像元的地表发射率，采用下式计算：

$$\varepsilon = fR_v\varepsilon_v + (1-f)R_m\varepsilon_m + \mathrm{d}\varepsilon \tag{3-24}$$

其中，f 为植被覆盖率，R_v，R_s，R_m 分别是指植被、土壤和建筑物的温度比例，定义为 $R_i = (T_i/T)^4$，其中 i 分别代表植被、土壤和建筑物。$\mathrm{d}\varepsilon$ 考虑了两种地物之间的热辐射相互作用，在地表相对比较平整的情况下，一般可以取 $\mathrm{d}\varepsilon = 0$。

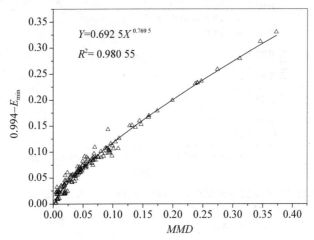

使用自然地表波谱拟合的结果

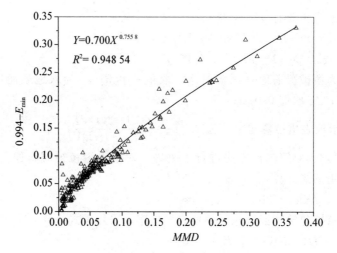

使用所有地物波谱拟合的结果

图 3-9

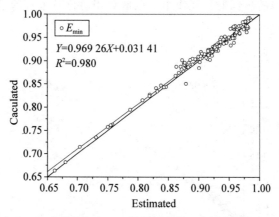

公式(3-19)对自然地表波谱的拟合，X 轴是拟合值，Y 轴是用公式(3-12)的计算值

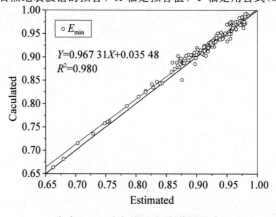

公式(3-7)对自然地表波谱的拟合

图 3-10

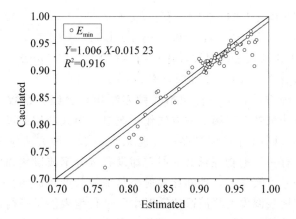

公式(3-19)对人造地物波谱的拟合，X 轴是拟合值，Y 轴是用公式(3-12)的计算值

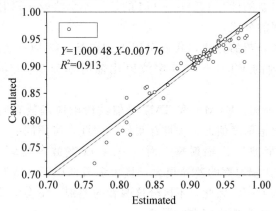

公式(3-7)对人造地物波谱的拟合

图 3-11

对于植被，取 $\varepsilon = 0.986$；对于水体，取 $\varepsilon = 0.995$；对于建筑物，取 $\varepsilon = 0.97$；对于土壤，取 $\varepsilon = 0.972\,15$（以上为 TM 热红外波段比辐射率值）；而 R_i 可由下面的公式来计算：

$$R_v = 0.933\,2 + 0.058\,5f \tag{3-25a}$$

$$R_s = 0.990\,2 + 0.106\,8f \tag{3-25b}$$

$$R_m = 0.988\,6 + 0.128\,7f \tag{3-25c}$$

(4)先求 $SAVI = \dfrac{(1+L)(\rho_4 - \rho_3)}{(L + \rho_4 + \rho_3)}$ \qquad (3-26)

其中，L 是常数，当 L 为 0 时，即 $SAVI = NDVI$，通常取 $L = 0.5$。

然后有 $LAI = -\dfrac{\ln\left(\dfrac{0.69 - SAVI_{ID}}{0.59}\right)}{0.91}$ \qquad (3-27)

当 $NDVI>0$ 且 $LAI<3$ 时，有：$\varepsilon_{NB}=0.97+0.003\ 3LAI$ (3-28)

$$\varepsilon_0=0.95+0.01LAI \qquad (3-29)$$

其中，ε_{NB} 为 TM 第六波段窄波段比辐射率（$10.4\sim12.5\mu m$），ε_0 是宽波段比辐射率（$8\sim14\mu m$）；当 $LAI>3$ 时，有 $\varepsilon_{NB}=\varepsilon_0=0.98$。

对以上 4 种方法，第一种和第四种方法均包含经验系数，适用范围较窄。第三种方法虽然针对第二种方法作了改进，但在应用的过程中，却要对地物进行分类，同时也有相当多的经验系数。第二种方法应用起来非常方便，而且也具有一定的物理意义，但它却没有区分窄波段比辐射率和宽波段比辐射率的差异。实际上，地物比辐射率是随波长变化的函数，对相同的地物，用于反演地表温度的窄波段比辐射率和进行地表能量平衡研究的宽波段比辐射率之间的差异可能相当大。因此，下面拟在对波谱库数据模拟结果的基础之上，提出新的针对 ETM＋/TM 的热红外窄波段比辐射率和 $8\sim14\mu m$ 宽波段比辐射率的公式。

由 3.4.1 节介绍的方法，我们可以得到包括 145 种自然地表波谱和 53 种人造地物在内的 ETM＋/TM 窄波段比辐射率和 $8\sim14\mu m$ 宽波段比辐射率。

由图 3-12 可知，ETM＋和 TM5 虽然波段响应函数有所差异，但其热红外波段内的比辐射率值的相关性却很好。因此，可用同一个公式来表达这两种传感器的窄波段比辐射率。而 $8\sim14\mu m$ 宽波段比辐射率和 $10.4\sim12.5\mu m$ 窄波段比辐射率的差异很大，且大多数情况下，宽波段比辐射率要小于窄波段比辐射率。因此，不区分这两者的差别，将会给地表温度反演和地表能量平衡的研究造成较大的误差。

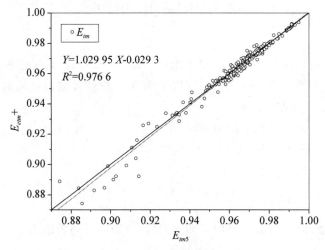

ETM＋和 TM5 窄波段比辐射率的相关性

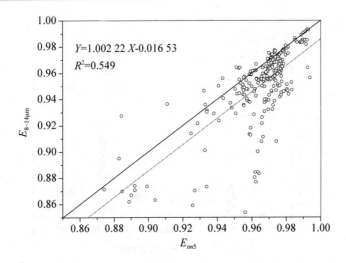

宽波段比辐射率和 TM 窄波段比辐射率的相关性

图 3-12

下面我们分别对水体、植被、土壤和人造物(主要包括大理石、沥青、混凝土、柏油、石砖和石棉瓦等)这四种类型进行分析。

由图 3-13 可以看出,各种地表类型的 TM 窄波段比辐射率相对比较集中,因而可以使用均值作为每种地表类型的代表值同时确保误差在可接受范围之内,但其宽波段比辐射率,尤其是土壤和人造地物,较为分散,使用均值作为每种地表类型的代表值时可能会有较大的误差。

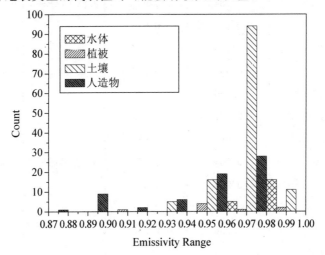

TM 窄波段比辐射率直方图

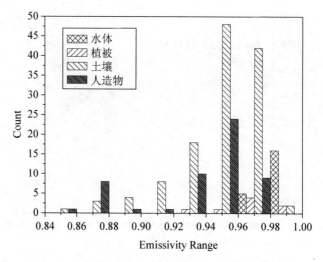

宽波段比辐射率直方图

图 3-13

由表 3-5 可以确定各种地表类型窄波段比辐射率 ε_b 和宽波段比辐射率 ε_o 的取值。

表 3-5　各种地表类型的宽波段比辐射率值和窄波段比辐射率值的统计

种类（波谱数）	宽波段（均值）	ETM+/TM（均值）	宽波段（方差）	ETM+/TM（方差）
水体(11)	0.984	0.989	8.890 11E−4	9.484 56E−4
冰(1)	0.971	0.972		
霜(1)	0.985	0.992		
雪(8)	0.982	0.982	0.008 08	0.007 45
落叶林冠层(1)	0.990	0.990		
针叶林冠层(1)	0.977	0.973		
草地(1)	0.983	0.985		
干草(3)	0.964	0.952	3.121 04E−4	0.001 05
干枯树木(1)	0.956	0.941		
土壤(126)	0.947	0.969	0.025	0.01
大理石(1)	0.936	0.933		
沥青、混凝土、柏油路(16)	0.951	0.960	0.015	0.01
石砖(19)	0.949	0.960	0.012	0.01
石棉瓦(14)	0.903	0.915	0.041	0.036

(1)水体的 ε_b 可取 0.99，其 ε_0 取 0.985 最妥。在冬天，水体结冰时，两种比辐射率均可取 0.972；对地面积雪，两种比辐射率也均可取为 0.982。

(2)对于植被，鉴于在北京城区植被以草地和落叶林为主，当春、夏、秋季节时，ε_b 和 ε_0 取值为 0.985 时，误差最小；在北京城区冬天时，ε_b 可取 0.945，ε_0 可取 0.955；而 2004 年和 2005 年夏季我们在北师大及小汤山草地（野草地）的实测宽波段方向比辐射率均值分别为 0.990 及 0.985，故认为这种取值较为可靠。

(3)对于土壤，绝大多数土壤的 ε_b 为 0.970，但其 ε_0 取值要视具体研究地点的土壤情况而定，最好能有实测值。根据 2002、2004 和 2005 年小汤山方向比辐射率的实测资料，我们认为在北京 ε_0 取 0.975 时误差最小。

(4)对于人造地物，情况则较为复杂。对于大理石，2005 年北师大的方向比辐射率的实测值为 0.94，故其 ε_0 和 ε_b 都可取 0.933；对于石砖，其 ε_0 和 ε_b 可分别取 0.950 和 0.960（对北师大石砖路面的实测数据为 0.965，在基本 ε_0 的误差范围之内）；对于石瓦，其比辐射率的差异最大，难以给定一个最佳值，幸好北京城区采用石瓦作为屋顶的建筑物较少，故暂且忽略不计；对于占据城区人造地物大部分面积的沥青、混凝土和柏油路面，ε_b 和 ε_0 可分别取 0.960 和 0.950。因此，总的来说，对城区人造地物，ε_b 和 ε_0 可分别取作 0.960 和 0.950，此时的误差应该最小。但根据 2004 年和 2005 年我们在北师大和小汤山的实际测量，北师大和小汤山水泥路面的宽波段方向比辐射率为 0.968，北师大柏油屋顶的为 0.967，而沥青路面的为 0.970，该 ε_0 取值会造成多至 0.02 的误差，因此，在使用 TM 数据估算城区地表能量平衡时，可能会带来更大的误差。

综上所述，我们在使用 ETM+/TM 数据反演地表温度和进行地表能量平衡研究时，可以使用新的比辐射率生成公式。对于主要由植被和裸地构成的自然地表，有：

$$\varepsilon_b = \varepsilon_{vb} f + \varepsilon_{gb}(1-f) + 4\Delta\varepsilon f(1-f) \tag{3-30}$$

$$\varepsilon_0 = \varepsilon_{v0} f + \varepsilon_{g0}(1-f) + 4\Delta\varepsilon f(1-f) \tag{3-31}$$

其中，在春、夏、秋季 ε_{vb} 为植被覆盖地表 TM 窄波段比辐射率，ε_{v0} 为 8～14μm 宽波段比辐射率，均取值为 0.985；而在冬季，ε_{vb} 和 ε_{v0} 分别取值为 0.945 和 0.955；ε_{gb} 为裸地表面 TM 窄波段比辐射率，取值 0.970，ε_{g0} 取值为 0.975；$\Delta\varepsilon$ 取值 0.01，代表植被和土壤之间的多次散射。

对于主要由植被和人造地物构成的城区地表，有：

$$\varepsilon_b = \varepsilon_{vb} f + \varepsilon_{mb}(1-f) + 4\Delta\varepsilon f(1-f) \tag{3-32}$$

$$\varepsilon_0 = \varepsilon_{v0} f + \varepsilon_{m0}(1-f) + 4\Delta\varepsilon f(1-f) \tag{3-33}$$

其中，ε_{vb} 和 ε_{v0} 取值同上；ε_{mb} 为人造地物 TM 窄波段比辐射率，取值 0.960，ε_{m0} 取值为 0.950；$\Delta\varepsilon$ 取值 0.02，代表植被和人造物之间的多次散射。

3.5　ETM＋/TM 地表参数反演及其验证

由美国 1972 年发射的系列陆地资源卫星有力地推动了卫星遥感的飞速发展。目前经常使用的 Landsat ETM＋/TM5 分别是这一系列的 7 号(1999年发射，2003 年故障)和 5 号星(1993 年发射至今)，虽然它们仅有一个热红外波段用于地表温度的反演，但相对 ASTER 数据，其具有以下优点：(1)其成像宽度是 185km，只要是晴天，基本能保证 16 d 获取一景数据，时间分辨率明显优于 ASTER；(2)Landsat ETM＋/TM 已经有二十多年的历史，积累了丰富的图像资料，有利于城市地表温度的时间动态演变研究。

在使用 ETM＋/TM 进行地表参数的反演之前，首先必须进行一系列的预处理(包括辐射纠正、几何纠正和大气纠正等)，然后才能选择合适的算法进行地表参数的反演，最后还需要进一步的地表同步实验或利用模型进行模拟验证。

3.5.1　ETM＋/TM 影像的预处理

1. 辐射纠正

遥感影像的辐射纠正是把图像的 DN 值转换成表观辐亮度的过程。即有：

$$L=\frac{L_{\max}-L_{\min}}{DN_{\max}-DN_{\min}}(DN-DN_{\min})+L_{\min} \qquad (3-34a)$$

$$或\ L=GAIN \cdot DN+BIAS \qquad (3-34b)$$

其中，L 表示对应于像元的表观辐亮度，$L_{\min}$ 表示传感器测量的最小表观辐亮度，$L_{\max}$ 表示传感器测量的最大表观辐亮度；DN、$DN_{\min}$、$DN_{\max}$ 分别表示图像像元的灰度值、最小灰度值和最大灰度值。对 ETM＋/TM 来说，$DN_{\max}-DN_{\min}=255$，故增益 $GAIN=(L_{\max}-L_{\min})/255$，偏置 $BIAS=L_{\min}$。

由于 ETM＋发射时间较晚，且 2003 年以后数据基本无法使用，故其传感器辐射衰减较小，可直接使用影像头文件中的信息。但 TM5 从 1993 年发射使用至今，早已超过了其内部定标仪器的设计使用年限，致使近年来其基于星上内部定标仪器的辐射定标算法越来越不准确。因此在对 TM5 进行辐射纠正时，需要使用 USGS 于 2003 年提供的新算法，见表 3-6。

2. 几何纠正

ETM＋/TM 的几何纠正包括投影转换和配准两部分。在本研究中，使用北京市道路交通矢量图(差分 GPS 绘制，精度在 1m 左右)对影像进行配准，确保绝大多数影像的几何误差在 0.5 个像元以内。为了便于比较，对 ETM＋的热红外波段进行重采样至 30m 分辨率，一起进行几何纠正。而 TM5

表 3-6 USGS 提供的新算法所使用的 $L_{\max}$ 和 $L_{\min}$ 的固定值

Band	$L_{\min}$	$L_{\max}$
1	−1.52	193.00
2	−2.84	365.00
3	−1.17	264.00
4	−1.51	221.00
5	−0.37	30.20
6	1.237 8(没有改变)	15.303 2(没有改变)
7	−0.15	16.50

的原始数据本身即已把热红外波段重采样至 30m 分辨率,故可以同时进行几何纠正。

3. 大气纠正

大气纠正是指为消除在传感器获取地表信息的过程中,大气分子、气溶胶等大气成分吸收和散射的影响而进行的辐射校正。大气对卫星遥感地表参数反演的影响非常重要,如果不进行大气纠正,往往会得到误差较大甚至是错误的结果。常用的大气纠正方法有基于大气辐射传输方程校正法和基于经验或者统计的校正法这两类。本研究对所使用的 ETM+/TM 影像均利用大气廓线和辐射传输模型 Modtran 4.0 进行了大气纠正。下面分别介绍对可见光、近红外波段和热红外波段进行大气纠正的原理及步骤。

(1)可见光和近红外波段的大气纠正

在实际的大气纠正工作中,我们可以采用简化的大气辐射传输方程:

$$L(\mu_v) = L_0(\mu_v) + \frac{\rho_t}{1 - \rho_t S} F_d \tau(\mu_v) \tag{3-35}$$

其中,$L(\mu_v)$ 是传感器接收到的辐射亮度,$L_0(\mu_v)$ 是路径辐射项,$\mu_v = \cos(\theta_v)$,θ_v 是传感器天顶角,$F_d = \mu_s F_0 \tau(\mu_s)$ 是太阳下行总辐射,F_0 是大气层顶的太阳辐照度,$\mu_s = \cos(\theta_s)$,θ_s 是太阳天顶角,$\tau(\mu_s)$ 是太阳和目标之间的透过率,S 是大气的半球反照率,$\tau(\mu_v)$ 是传感器和目标之间的透过率(包括直射透过率和散射透过率),ρ_t 是目标的真实反射率。

在已知观测条件下(太阳和传感器的几何参数,大气廓线等),可以设定一组 ρ_t 值及相应的传感器高度,通过 Modtran 4.0 模拟得到一组辐射亮度,再经过简单的代数运算就可以求出大气纠正所需的参数(路径辐射项、大气透过率、大气半球反照率和大气下行总辐射):

$$\rho_t = \frac{L(\mu_v) - L_0(\mu_v)}{F_d \tau(\mu_v) + S[L(\mu_v) - L_0(\mu_v)]} \tag{3-36}$$

(2)热红外波段的大气纠正

对热红外波段，其大气辐射传输方程如下所示：

$$L_{sensor}(T_b) = [\varepsilon B(T_s) + (1-\varepsilon)L_{atm}^{\downarrow}]\tau + L_{atm}^{\uparrow} \tag{3-37}$$

其中，$L_{sensor}(T_b)$ 为传感器接收的热红外辐射亮度（$\mathrm{W \cdot m^{-2} \cdot sr^{-1} \cdot \mu m^{-1}}$），$T_b$ 是亮度温度，ε 为地表比辐射率（无量纲），T_s 是地表温度（K），$B(T_s)$ 为 Planck 黑体辐射亮度（$\mathrm{W \cdot m^{-2} \cdot sr^{-1} \cdot \mu m^{-1}}$），$L_{atm}^{\downarrow}$ 和 $L_{atm}^{\uparrow}$ 分别是大气下行辐射和大气上行辐射（$\mathrm{W \cdot m^{-2} \cdot sr^{-1} \cdot \mu m^{-1}}$），$\tau$ 为从目标到传感器的大气总透过率（无量纲）。

由公式(3-37)可看到，要从传感器的辐射亮度值中反演出地表温度，必须知道一个地表参数和三个大气参数，即(1)地表比辐射率，是波长的函数，它既依赖于地表的组成成分又与物理状态（如含水量、粗糙度）和视场角等因素有关；(2)大气总透过率，大气下行辐射亮度和大气上行辐射亮度。将大气廓线代入 Modtran 4.0 中，即可得到以上三个大气参数，从而完成大气纠正。

3.5.2 ETM＋/TM 地表温度反演及验证

3.5.2.1 ETM＋/TM 地表温度反演算法

利用 ETM＋/TM 单个热红外波段反演地表温度目前主要有两大类方法，一种即是直接使用辐射传输方程（Radiative Transfer Equation，RTE）求解地表温度；另一种是以覃志豪和 Jiménez-Muñoz&Sobrino 的方法为代表的单窗算法。下面分别介绍这两种方法。

1. 辐射传输方程法

辐射传输方程法也称大气校正法，根据辐射传输方程(3-37)，利用大气廓线和 Modtran 4.0，得到三个大气参数，然后结合地表比辐射率 ε，即可以得到 $B(T_s)$，再利用 Planck 辐射公式求出 T_s，即

$$B(T_s) = \frac{c_1}{\lambda^5(e^{\frac{c_2}{\lambda T_s}} - 1)} \tag{3-38}$$

结合 ETM＋/TM 波段的特征，可将其转换为：

$$T_s = \frac{K_2}{\ln\left(1 + \dfrac{K_1}{B(T_s)}\right)} \tag{3-39}$$

其中，c_1 和 c_2 为辐射常数，分别取值 $1.191\,043\,56 \times 10^8$ $\mathrm{W \cdot m^{-2} \cdot sr^{-1} \cdot \mu m^{-1}}$ 和 $1.438\,768\,5 \times 10^4$ $\mathrm{\mu m \cdot K}$；λ 为波长（μm）。K_1 和 K_2 为发射前的预设的常量。对于 TM5 数据，$K_1 = 60.776$ $\mathrm{m \cdot W \cdot cm^{-2} \cdot sr^{-1} \cdot \mu m^{-1}}$，$K_2 = 1\,260.56$ K，对于 ETM＋数据，$K_2 = 1\,282.710\,8$ K，$K_1 = 66.6093$ $\mathrm{m \cdot W \cdot cm^{-2} \cdot sr^{-1} \cdot \mu m^{-1}}$。

本研究中，地表比辐射率的求解方法参见 3.4.3 节。

辐射传输方程方法的优点是物理基础明确，计算结果精度较高，但其缺点主要在于难以获取实时且具有空间代表性的大气廓线。

2. 单窗算法

覃志豪等根据热红外辐射传输方程，通过一系列假设，建立了适用于从 ETM＋/TM 第 6 波段反演地表温度的算法。由于该方法适用于仅有一个热波段的遥感数据，故称为单窗算法。之后 Jimënez-Muñoz&Sobrino 提出了另一种利用 TM6 反演地表温度的单窗算法。该方法比覃志豪等的单窗算法更简化，仅需要一个大气参数，即大气水汽含量。由于这两种算法的推导过程、基本假设和主要结论类似，而国内应用较多的是覃志豪的算法，故下面只介绍覃志豪单窗算法的主要结论。

覃志豪等通过引进大气平均温度的概念，提出以下单窗算法：

$$T_s = \frac{1}{C}\left[a(1-C-D)+(b(1-C-D)+C+D)T_{sensor}-DT_a\right] \quad (3\text{-}40)$$

其中，a，b 为常数，分别为 $a=-67.3554$，$b=0.4586$，$C=\varepsilon\tau$，$D=(1-\tau)[1+(1-\varepsilon)\tau]$；$\varepsilon$ 是地表发射率，τ 是大气总透过率，T_{sensor} 是亮温（K），T_a 是大气平均温度。对中纬度夏季，有 $T_a=16.0110+0.92621T_0$，对中纬度冬季，有 $T_a=19.2704+0.91118T_0$。其中，T_0 是近地表空气温度（K）。

τ 可以根据大气总水汽含量 $w(\text{g/cm}^3)$ 来估算。对较高的空气温度，在夏季，如果 w 落在 $0.4\sim1.6\text{g/cm}^3$ 之间，则 $\tau=0.974290-0.08007w$；如果 w 落在 $1.6\sim3.0\text{g/cm}^3$ 之间，则 $\tau=1.031412-0.11536w$。对较低的空气温度，在夏季，如果 w 落在 $0.4\sim1.6\text{g/cm}^3$ 之间，则 $\tau=0.982007-0.09611w$；如果 w 落在 $1.6\sim3.0\text{g/cm}^3$ 之间，则 $\tau=1.053710-0.14142w$。

该算法的主要优点在于可以仅利用近地面的大气湿度和平均气温来估计大气参数。在大多数情况下，各地气象观测站均有这些地表观测数据，从而不需要直接进行大气纠正。但该算法的主要缺点也正是由于它主要利用 Modtran 中的标准大气廓线进行模拟简化，虽然理论的模拟精度在 1.5K 以内，但实际应用中的误差往往会远超 1.5K。

由于覃志豪等在文章中没有给出通过近地面气象要素求取大气总水汽含量的方法，在本研究中对比了两种求解的方法，分别是：

$$w = 1.7442\,e_d \quad (3\text{-}41)$$

其中，w 单位为 0.1g/cm^3；e_d 是实际水汽压，单位为 hPa，可通过下式求取：

$$e_d = RH \cdot e_a = RH \cdot 0.611 \cdot \exp\left(\frac{17.27 T_0}{T_0+237.3}\right) \quad (3\text{-}42)$$

其中，RH 是近地面的大气相对湿度；

$$w = 46.5 e_a/T_0$$

其中，饱和水汽压 $e_a = e^* (T_0) = 0.611 \exp\left(\dfrac{17.27T_0}{T_0 + 237.3}\right)$

由于公式(3-42)只考虑了近地表空气温度的作用，所以其误差较大。在实际应用中，我们使用公式(3-41)来求取大气水汽含量。

3.5.2.2 ETM+/TM 地表温度反演结果的验证

在进行北京城区热场时空变化及其相关影响因子的研究中，需要知道准确的地表温度。因此，我们搜集了 2001—2005 年之间的地表温度同步验证数据，分别对利用辐射传输方程和单窗算法反演地表温度的结果进行验证。下面分别介绍 ETM+ 和 TM 的反演结果及其验证。

1. ETM+ 的地表温度反演结果及其验证

2001 年 4 月 1 日和 4 月 17 日这两天 ETM+ 过境北京时刻前后，我们在怀柔水库进行了水体表层辐射温度的测量，图 3-14 是怀柔水库在 ETM+ 影像上位置的示意图，表 3-7 是反演地表温度和同步验证数据的对比，彩图 2 是地表温度反演结果的示意图。

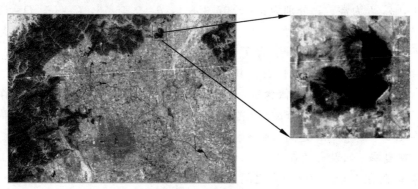

图 3-14 怀柔水库示意图

表 3-7 地表温度反演结果与同步验证数据的比较

日 期	验证温度/℃	RTE 方法反演结果/℃	单窗算法反演结果/℃
2001-04-01	11.9	10.2	8.5
2001-04-17	19.4	17.8	15.7

由以上结果可知，对 ETM+ 的水体温度反演，RTE 法会低估水体温度，差值在 2℃以内；单窗算法也会低估水体温度，误差更大，差值在 4℃以内，并且随着地物比辐射率的降低，温度差值会越来越大。因此，在本研究中，对于 ETM+ 影像，均采用辐射传输方程的方法进行地表温度的反演。

2. TM5 的地表温度反演结果及其验证

2002 年 4 月 12 日和 2004 年 7 月 6 日 TM5 卫星过北京的前后15 min内，

我们在小汤山国家精准农业实验基地内 1 000 m×360 m 的场地内进行了地表温度的巡回测量。2005 年 10 月 29 日和 2005 年 11 月 14 日 TM5 卫星过北京的前后 15 min 内，我们对后海、北海公园和玉渊潭公园内的水体进行了表面温度测量。对巡回测量的温度，我们使用当天 TM5 影像反演所得比辐射率进行了比辐射率的纠正。图 3-15 是温度验证地点在 TM5 影像上的位置。表 3-8 是反演地表温度和同步验证数据的对比。彩图 3 是地表温度反演结果的示意图。

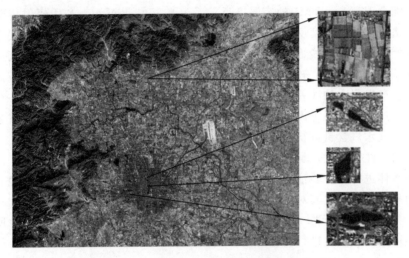

图 3-15　温度验证地点在 TM5 影像上的位置

（由上而下分别为：小汤山、后海、北海公园和玉渊潭公园）

表 3-8(a)　2005 年水体温度反演结果与同步验证数据的比较

日　期	验证地点	验证温度/℃	RTE 方法 反演结果/℃	单窗算法 反演结果/℃
2005-10-29	北海公园	15.0	13.5	10.7
2005-10-29	玉渊潭公园	13.8	12.5	10.0
2005-11-14	后海	9.3	8.2	5.3

表 3-8(b)　2004 年和 2002 年小汤山非均匀地表温度反演结果与同步验证数据的比较

日　期	验证路线	纠正用比 辐射率	验证温度 /℃	RTE 结果 /℃	单窗结果 /℃
2004-07-06	北东 NE	0.990	33.4	34.7	21.1
2004-07-06	北西 NW	0.984	37.3	36.7	23.2
2004-07-06	南东 SE	0.994	31.1	33.7	20.1
2002-04-12	整体	0.976	28.6	30.8	25.4

（注：2004 年验证路线请参考 3.3 节，2002 年是只有一条测温线路，故代表整个测温场地。纠正用比辐射率是采用测温线路所代表区域内 TM5 反演地表比辐射率的平均）

　　由以上结果可知，对像元较为纯净的水体温度反演，RTE 法和单窗算法均低估水体温度，RTE 法差值在 2℃ 以内，而单窗算法误差更大，差值在 4℃ 以内。对裸地和植被混杂的非均匀地表的温度反演，RTE 法可能会低估，也可能会高估地表温度，平均作用的差值在 2℃ 以内，而随着地物比辐射率的降低，单窗算法会严重低估地表温度，差值可能会超过 10℃。因此，在本研究中，对于 TM5 影像，均采用辐射传输方程的方法进行地表温度的反演。

　　综合 ETM＋/TM5 地表温度反演及其验证结果可知：利用辐射传输方程方法进行地表温度反演的精度较为可靠；对水体温度估计误差的主要来源是所使用的大气廓线不是实时的大气廓线；利用单窗算法进行地表温度反演的误差较大，虽然它较直接用亮度温度所产生的误差要小，但在实际应用中还是会产生很大的误差。其误差的主要来源于求取地表温度的公式。在简化参数的过程中，只考虑了大气模型中的标准廓线。同时，利用近地表气象要素对大气水汽含量进行估算时，会造成大气透过率的较大误差。

　　值得注意的是，虽然在利用辐射传输方程方法进行地表温度反演、同时利用水体进行同步验证的情况下，误差能保持在 2℃ 以内，但是随着地表比辐射率的变化，尤其对比辐射率相对较小的城区，这种误差会越来越大。因此，根据四次 ETM＋/TM5 水体同步验证的结果，我们提出了一种对所有下垫面的反演温度进行纠正的方法。

3. 地表温度反演结果的纠正

　　地表温度反演结果纠正方法的基本假设在于，将地表温度反演结果的误差来源归咎于辐射纠正的误差，即认为是卫星传感器表观辐亮度的误差使得地表温度反演结果不准确，这样我们就能对所有比辐射率情况下的地表温度反演结果进行纠正。

　　首先，我们假定对于 ETM＋/TM5 传感器，使用默认辐射定标系数得到的辐射亮度值为 L_0，而真实的辐射亮度值为 αL_0，α 为校正系数。假定反演得到的温度为 T_s，地表验证的真实温度为 T_t，则由以下公式可推导出校正系数 α。

　　(1)由热红外辐射传输方程可知：

$$L_s = \frac{(L_0 - L_p)/\tau - (1-\varepsilon)L_d}{\varepsilon} \tag{3-43}$$

$$L_t = \frac{(\alpha L_0 - L_p)/\tau - (1-\varepsilon)L_d}{\varepsilon} \tag{3-44}$$

其中，L_s，L_t 分别是反演地表温度时所用的地表辐射亮度值及地表的真实辐射亮度值；L_p，L_d，τ 分别是大气程辐射、大气下行辐射和大气透过率；ε 是地表比辐射率。

(2)对 TM5，由 $T_s = \dfrac{K_2}{\ln\left(1+\dfrac{K_1}{L_s}\right)} = \dfrac{1\,260.56}{\ln\left(1+\dfrac{607.76}{L_s}\right)}$ 可得：

$$L_s = \frac{607.76}{\mathrm{e}^{\frac{1260.56}{T_s}} - 1} \tag{3-45}$$

同理， $$L_t = \frac{607.76}{\mathrm{e}^{\frac{1260.56}{T_t}} - 1} \tag{3-46}$$

对于 ETM＋数据，$K_2 = 1\,282.710\,8$，$K_1 = 666.093$；

由以上几式联立可得： $$\alpha = \frac{(L_t - L_s) \cdot \varepsilon \cdot \tau}{L_0} + 1 \tag{3-47}$$

(3)若已知 α，假设某地物的反演温度为 T_s，其比辐射率为 ε_s，则其与真实温度 T_t 的差值 ΔT 为：

由 T_s 可得： $$L_s = \frac{K_1}{\mathrm{e}^{\frac{K_2}{T_s}} - 1} \tag{3-48}$$

由 L_s 可得： $$L_0 = (L_s \varepsilon_s + (1-\varepsilon_s)L_d)\tau + L_p \tag{3-49}$$

则 $$L_t = \frac{(\alpha L_0 - L_p)/\tau - (1-\varepsilon)L_d}{\varepsilon} \tag{3-50}$$

得到： $$T_t = \frac{K_1}{\ln\left(1+\dfrac{K_2}{L_t}\right)} \tag{3-51}$$

最后得到 $$\Delta T = T_t - T_s \tag{3-52}$$

利用公式(3-51)，使用上述 4 次水体温度验证结果，得到 $\alpha \approx 1.02$。我们在进行北京城区热场时空变化及其相关影响因子研究时所采用的 ETM＋/TM5 地表温度反演结果均使用这一纠正。

3.6 卫星遥感反演参数的综合验证

在进行北京城区热场时空分布及其相关影响因子的研究中，除了遥感反演的地表温度外，还需要遥感反演的地表反照率、NDVI 和植被覆盖度等其他参数。因此，必须对卫星遥感反演的诸多参数进行综合的验证，评估这些参数的准确程度对本研究的影响。

陆地与大气系统之间不断地进行着物质和能量交换。地气系统的能量平衡及地表和大气之间的水热通量交换的研究在局地气候、环境变化、农作物生长和水文气象等众多领域中都有非常重要的应用价值。显热、潜热、水汽和 CO_2 通量等既是数值天气预报模型、区域气候变化模型、作物估产模型和区域水文模型的重要输入参数，也是评价农业生态、森林生态、城市绿地生态功能的重要指标。利用卫星遥感可以估算大尺度地表的能量平衡和地表水、热通量，结合地表通量站点的观测，能够为上述模型和研究领域提供有力的支持。

在目前的地表能量平衡和地表水、热通量的研究模型中，需要综合使用目前定量遥感所能获取的绝大部分参数。模型输出结果的精度，不仅取决于模型本身，作为模型输入的卫星遥感反演参数的准确性也至关重要。因此，在本节中，拟利用目前广泛使用的 SEBS(Surface Energy Balance System)和 SEBAL(Surface Energy Balance Algorithm for Land)模型，结合 2004、2005 年在小汤山和海淀公园内实测的地表能量平衡和水、热通量数据，对在本研究中所用的遥感反演参数进行验证。

3.6.1　SEBAL 和 SEBS 模型介绍

1. SEBAL 模型

SEBAL 模型是由荷兰 W. G. M. Bastiaanssen 开发的，基于卫星遥感资料的陆面能量平衡模型，来估算陆地复杂表面的蒸发蒸腾量(ET)。地表能量平衡公式为：$R_n = LE + G + H$，其中，R_n 表示净辐射通量，LE 表示潜热通量，G 表示土壤热通量，H 表示感热通量。SEBAL 模型首先仔细计算净辐射 R_n，然后根据 G 与 R_n 之间的比例关系得到 $R_n - G$ 的分布，接着采用循环递归方法计算感热通量 H 的分布，进而用余项法求得潜热通量，最后获取所需的蒸散分布及其他生物量等参数。图 3-16 是 SEBAL 模型的示意图。

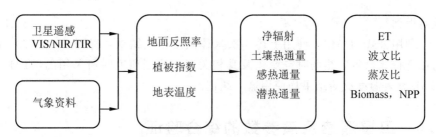

图 3-16　SEBAL 模型的计算方法

下面分步介绍 SEBAL 模型的计算方法。

(1)净辐射的计算

SEBAL 首先利用地表辐射平衡方程计算净辐射：

$$R_n = (1 - \alpha_{short})R_{swd\downarrow} + R_{lwd\downarrow} - (R_{lwd\uparrow} + (1 - \varepsilon_0)R_{lwd\downarrow})$$
$$= (1 - \alpha_{short})R_{swd\downarrow} + \varepsilon_0 R_{lwd\downarrow} - \varepsilon_0 \sigma T_s^4 \tag{3-53}$$

其中，α_{short} 为地表的短波反照率，$R_{swd\downarrow}$ 为大气下行短波辐射，$R_{lwd\downarrow}$ 和 $R_{lwd\uparrow}$ 分别是大气向下和向上的长波辐射，ε_0 为地表宽波段比辐射率，T_s 是地表温度，σ 是斯蒂芬—波尔兹曼常数。图 3-17 是 SEBAL 模型计算净辐射的流程图。

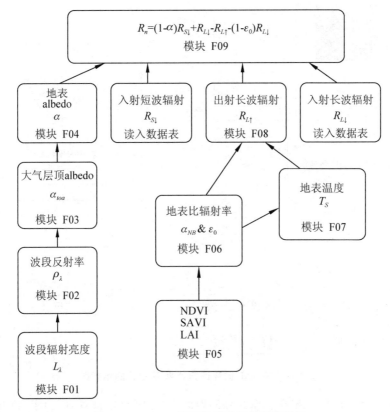

图 3-17　SEBAL 模型计算净辐射的流程图

（2）土壤热通量的计算

土壤热通量 G 是个相对较小的量。SEBAL 采用 G 与 R_n 等的经验关系计算：

$$G/R_n = T_s/\alpha(0.003\,8\alpha + 0.007\,4\alpha^2)(1 - 0.98NDVI^4) \qquad (3\text{-}54)$$

（3）显热通量的计算

显热通量是地面与大气间的热量交换，可以湍流的形式表现为：

$$H = (\rho \cdot C_p \cdot dT)/r_{ah} \qquad (3\text{-}55)$$

其中，ρ 为空气密度（kg/m³），C_p 为空气定压比热（1 004J/(kg·K)），dT 为不同高度处空气温度差值（近地面温差），r_{ah} 为空气动力学阻抗。

由上式可知，H 是温度梯度、表面粗糙度和风速的函数，由于其中包含两个未知量 dT 和 r_{ah}，所以 SEBAL 模型采用了较为复杂的循环递归计算过程，引入了两个"锚点"并采用了给定高度处的风速。图 3-18 是循环递归计算 H 过程的示意图。

在上述计算过程中，需要注意以下几点。

①假设地表以上大气存在一个掺混层（Blending Layer，可取 100～200m），在此高度上，各像元点风速相等（如 u_{200}），即不再受下垫面粗糙度

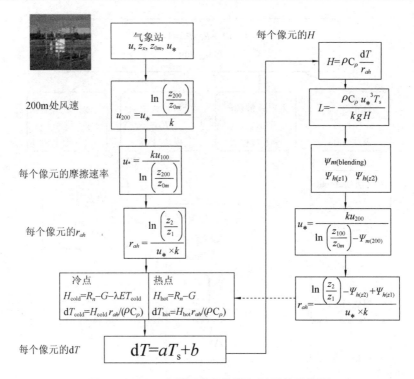

图 3-18   SEBAL 循环递归计算 H 过程的示意图

的影响。这样就可以根据各像元点的地面粗糙度(与植被等有关)求得中性稳定度下的 u_* 和 r_{ah}，作为一级近似。

②为由地表温度 T_s 求得地表与空气的温差 dT 的分布，SEBAL 要求在遥感影像图像的计算区域内确定两个"锚点"，其中一个为"冷点"，即植被较密集、灌溉充足，满足 $LE \cong R_n-G$，$dT \cong 0$；另一个点为"热点"，如干燥的裸地，满足 $LE \cong 0$，$H \cong R_n-G$，$dT \cong \dfrac{(R_n-G) \cdot r_{ah}}{\rho \cdot c_p}$。这两个"锚点"应该选在较为均匀的地方。冷、热点的选择的优劣直接影响到 SEBAL 模型计算的精度。

③利用第一次近似求得的 H 计算不同大气稳定度下的相似函数(ψ_m 和 ψ_h)，再重新求取 u_* 和 r_{ah}，循环递归，直至 H 达到稳定值。

(4)潜热通量

由余项法求取潜热通量 LE，再进行时间尺度上的扩展，最后得到区域蒸散。

2. SEBS 模型

2001 年 Su 等人基于地表能量平衡原理提出了应用遥感资料并结合常规气象资料计算地表水热通量的 SEBS 模型。SEBS 模型包括单点模式和区域模式,两者都由四个部分组成:地表参数获取与处理,地表粗糙度和热力粗糙度计算,摩擦速度、显热通量和 Obukhov 长度的计算,以及蒸发比和潜热通量的计算。

区域模式与单点模式最大的不同在于区域模式假设参考高度在近地层(ASL)之上,模型所用的气象资料在大气边界层(PBL)的高度上。本书中我们主要使用区域模式,故下面将详细介绍区域模式的计算流程。

(1)地表参数的获取与处理

区域模式需要获取的地表参数包括两个部分:遥感数据和边界层高度的气象数据。遥感数据包括反照率、地表温度、植被指数;气象数据包括边界层的高度、风速、气温、大气压和地表的大气压。

地表净辐射 R_n 的计算方法与 SEBAL 模型相同,但其土壤热通量 G 的计算公式为:

$$G = R_n[\Gamma_c + (1-f)(\Gamma_s - \Gamma_c)] \tag{3-56}$$

其中,$\Gamma_c(0.05)$ 是在植被覆盖情况下土壤热通量与净辐射的比例,$\Gamma_s(0.315)$ 是在裸地覆盖下土壤热通量与净辐射的比例,f 是植被覆盖率。

(2)零平面位移高度、地表粗糙度和热力粗糙度计算

在区域模式中,其零平面位移高度(d_0)、地表粗糙度(z_{0m})和热力粗糙度(z_{0h})是根据像元的 $NDVI$ 获得,其计算公式为:

$$z_{0m} = 0.005 + 0.5 \cdot \left(\frac{NDVI}{NDVI_{\max}}\right)^{2.5} \tag{3-57}$$

$$d_0 = z_{0m} \times 4.9 \tag{3-58}$$

$$z_{0h} = z_{0m}/\exp(kB^{-1}) \tag{3-59}$$

$$kB^{-1} = \frac{k \cdot C_d}{4 \cdot C_t \cdot \frac{u_*}{u(h)} \cdot (1-e^{-n_{e_c}/2})} f^2 + \frac{k \cdot \frac{u_*}{u(h)} \cdot \frac{Z_{0m}}{h}}{C_t^*} f^2 (1-f)^2 + kB_s^{-1}$$

$$(1-f)^2 \tag{3-60}$$

其中,f 表示植被覆盖率,C_d 表示叶片的拖拽系数,C_t 表示叶片的热传输系数,C_t^* 表示土壤的热传输系数。

在本研究中,使用的是毛德发根据小汤山实测数据优化的参数化方案:

$$z_{0m} = \exp\left(a \cdot \frac{NDVI}{\alpha} - b\right) \tag{3-61}$$

其中,a,b 为常数,可根据实测的地表粗糙度、反照率 α 和 $NDVI$ 拟合出,在这里分别取值为 0.055 3 和 3.64。

对植被覆盖区,kB^{-1} 与风速和地表温度与气温的差有以下关系:

$$kB^{-1} = 0.17u(T_s - T_a) \tag{3-62}$$

其中,u 是风速。而对裸地下垫面,kB^{-1} 取值为 2.4。

（3）摩擦速度、显热通量、Obukhov 长度的计算

根据边界层理论在近地层中风速廓线和温度存在相似关系的原理来计算，其关系可以用一个方程组表示。通过解这个相似关系的廓线方程组，我们就可以得到摩擦速度、显热通量、Obukhov 长度。这个相似关系的廓线方程组为：

$$u = \frac{u_*}{k} \left[\ln(\frac{z-d_0}{z_{0m}}) - \psi_m(\frac{z-d_0}{L}) + \psi_m(\frac{z_{0m}}{L}) \right] \tag{3-63}$$

$$\theta_0 - \theta_a = \frac{H}{k \cdot u_* \cdot \rho \cdot C_p} \left[\ln(\frac{z-d_0}{z_{0h}}) - \psi_h(\frac{z-d_0}{L}) + \psi_h(\frac{z_{0h}}{L}) \right] \tag{3-64}$$

$$L = -\frac{\rho \cdot C_p \cdot u_*^3 \cdot \theta_v}{k \cdot g \cdot H} \tag{3-65}$$

$$u_* = \frac{ku}{\ln\left(\dfrac{d_0}{z_{0m}}\right)} \tag{3-66}$$

其中，z 表示参考高度，u 表示参考高度 z 处的风速，u_* 表示摩擦速度，k 为 Karman 常数（0.4），L 表示 Obukhov 长度，ψ_h，ψ_m 分别表示显热交换和动量交换的稳定度函数；θ_0 为地表位温，θ_a 是参考高度位温，θ_v 是虚位温，g 是重力加速度。

对原始版本的 SEBS 模型，在稳定层结的情况下，有：

$$\psi_m(y_s) = -\left[a_s y_s + b_s \cdot (y_s - \frac{c_s}{d_s}) \cdot \exp(-d_s \cdot y_s) + \frac{b_s \cdot c_s}{d_s}\right] \tag{3-67}$$

$$\psi_h(y_s) = -\left[(1 + \frac{2a_s}{3} \cdot y_s)^{1.5} + b_s \cdot (y_s - \frac{c_s}{d_s}) \cdot \exp(-d_s \cdot y_s) + \frac{b_s c_s}{d_s} - 1\right] \tag{3-68}$$

其中，$y_s = \dfrac{z-d_0}{L}$，$a_s = 1$，$b_s = 0.667$，$c_s = 5$，$d_s = 1$。

在不稳定层结的情况下：

$$\psi_m(y) = \ln(a+y) - 3 \cdot b \cdot y^{1/3} + \frac{b \cdot a^{1/3}}{2} \ln\left[\frac{(1+x)^2}{(1-x+x^2)}\right] + \sqrt{3} \cdot b \cdot a^{1/3} \cdot$$

$$\tan^{-1}\left[\frac{2x-1}{\sqrt{3}}\right] + \psi_0 \qquad (y \leqslant b^{-3}) \tag{3-69}$$

$$\psi_m(y) = \psi(b^3) \qquad (y > b^{-3}) \tag{3-70}$$

$$\psi_h(y) = \left[\frac{1-d}{n}\right] \ln\left[\frac{c+y^n}{c}\right] \tag{3-71}$$

其中，$y = -\dfrac{z-d_0}{L}$，$x = (y/a)^{1/3}$，$\psi_0 = -\ln a + \sqrt{3} \cdot b \cdot a^{1/3} \cdot \dfrac{\pi}{b}$，$a = 0.33$，$b = 0.41$，$c = 0.33$，$d = 0.057$，$n = 0.78$。

在 SEBS 模型中，空气动力学阻抗 r_{ah} 对计算显热通量至关重要。在本研究中，使用的是经过毛德发验证的 Thom 模型。Thom 模型是根据 Monin-

Obukhov 相似理论提出的。热量传输的空气动力学阻抗 r_{ah} 和水汽输送的空气动力学阻抗 r_{av}(统一表示为 r_a),可以表示为:

$$r_a = \frac{1}{k^2 u_z}\left[\ln(\frac{Z-d}{z_{0m}}) - \psi_m(\frac{Z-d}{L})\right]\left[\ln(\frac{Z-d}{z_{0h}}) - \psi_h(\frac{Z-d}{L})\right] \tag{3-72}$$

且对不稳定层结情况下的 ψ_m 和 ψ_h,有:

$$\psi_m = 2\ln\left[\frac{(1+x)}{2}\right] + \ln\left[\frac{(1+x^2)}{2}\right] - 2\arctan(x) + \frac{\pi}{2} \tag{3-73}$$

$$\psi_h = 2\ln\left[\frac{(1+x^2)}{2}\right] \tag{3-74}$$

在稳定层结情况下,有:$\psi_m = \psi_h = -5\xi$ (3-75)

其中:$\xi = (z-d)/L$,$x = (1-16\xi)^{1/4}$。

同时,$H = (\rho \times C_p \times \mathrm{d}T)/r_{ah}$ (3-76)

其中,$\mathrm{d}T = T_s - \theta_a$ (3-77)

通过联合公式(3-63)到(3-66)及公式(3-72)到(3-77),通过迭代即可以求解出摩擦速度、Obukhov 长度和显热通量。

(4)潜热通量

由余项法求取潜热通量 LE,再进行时间尺度上的扩展,最后得到区域蒸散 ET。

3. SEBAL 和 SEBS 模型的结合

前面简单介绍了 SEBAL 和 SEBS 模型的主要内容。在本研究中,为了便于这两个模型的同步比较,我们对 SEBAL 和 SEBS 模型各自的优点进行了相互参考,统一了土壤热通量 G、地表粗糙度 z_{0m} 和净辐射 R_n 的计算。对土壤热通量 G,均采用 SEBAL 的计算方法,即参见公式(3-54);对地表粗糙度 z_{0m},则采用毛德发改进的 SEBS 模型中的计算方法,即参见公式(3-61)。下面将详细介绍净辐射 R_n 的计算方法。

3.6.2 地表净辐射的计算

地表净辐射是地气能量交换中最重要的组成部分,也是驱动地表蒸散和显热通量的主要来源。同时,城郊地表净辐射的差异也是城市热岛效应产生的因素之一。对于大尺度的地表净辐射,我们可以结合近地表气象数据和卫星遥感反演参数计算。如公式(3-53)所示:

$$R_n = (1-\alpha_{short})R_{swd\downarrow} + R_{lwd\downarrow} - (R_{lwd\uparrow} + (1-\varepsilon_0)R_{lwd\downarrow})$$
$$= (1-\alpha_{short})R_{swd\downarrow} + \varepsilon_0 R_{lwd\downarrow} - \varepsilon_0\sigma T_s^4$$

上式中的卫星遥感参数包括短波反照率 α_{short},地表温度 T_s 和地表宽波段比辐射率 ε_0。其中,对 ASTER 数据,T_s 直接使用其地表温度产品,ε_0 的求解参见公式(3-15)。对 α_{short},则直接使用 ASTER Level2 的 AST_07 产品。该产品包括 15m 分辨率可见光波段和 30m 分辨率短波近红外波段的地表反射率。将 SWIR 波段重采样为 15m 分辨率,则可以使用梁顺林给出的转换公式：

$$\alpha_{short} = 0.484\alpha_1 + 0.335\alpha_3 - 0.324\alpha_5 + 0.551\alpha_6 + 0.305\alpha_8 - 0.367\alpha_9 \quad (3\text{-}78)$$

对 ETM+/TM 数据，其 ε_0 和 T_s 的求解分别参见 3.4.3 节和 3.5.2 节。对 α_{short}，则采用经过辐射纠正和大气纠正后的可见光和近红外波段反射率（参见 3.5.1 节）进行求解，同样使用梁顺林给出的转换公式：

$$\alpha_{short} = 0.356\alpha_1 + 0.13\alpha_3 + 0.373\alpha_4 + 0.085\alpha_5 + 0.072\alpha_7 \quad (3\text{-}79)$$

对公式（3-53）中的大气下行短波辐射 $R_{swd\downarrow}$ 和大气下行长波辐射 $R_{lwd\downarrow}$ 则需要使用近地表仪器直接观测值或者气象要素进行估算。对我们的研究来说，一般都缺乏这两种直接观测数据，故只能使用近地表的气象要素来估算。

对 $R_{swd\downarrow}$，目前很少有全天候的模型进行估算。在 SEBAL 和 SEBS 中，均采用了相同的计算方法：

$$R_{swd\downarrow} = I_{sc} \cdot dr \cdot \cos(SZA) \cdot \tau_{sw} \quad (3\text{-}80)$$

其中，I_{sc} 是太阳常数（1 367W/m²），dr 是地球偏心校正率，是日地相对距离平方的倒数，SZA 太阳天顶角，τ_{sw} 是短波波段大气总透过率。对 dr，有：

$$dr = \frac{1}{R^2} = 1 + 0.033\cos\left(\frac{J \cdot 2\pi}{365}\right) \quad (3\text{-}81)$$

其中，J 表示卫星过境日期的 DOY。对 τ_{sw}，假设大气为干洁大气，利用以地面高程为基础的 $FAO\text{-}56$ 的关系式来计算：

$$\tau_{sw} = 0.75 + 2 \times 10^{-5} \times z \quad (3\text{-}82)$$

其中，z 是研究区域的典型高程。

在晴天且大气干洁的情况下，以上公式能提供对 $R_{swd\downarrow}$ 较准确的估算，但一旦大气中有较多的气溶胶或水汽，则以上公式的误差很大。但由于一般缺乏直接观测数据，使用气候模型或者大气辐射传输模型进行模拟同样难以获取到实时大气廓线，幸好在本研究中，卫星过境时刻的大气基本满足要求，故目前使用该方法进行 $R_{swd\downarrow}$ 的估算。

对 $R_{lwd\downarrow}$，目前还无法通过遥感的方法直接获取，只能将近地表气象要素代入经验公式中求取。SEBAL 模型提供了两种方法。

$$(1) R_{lwd\downarrow} = \varepsilon_a \cdot \sigma \cdot T_a^4 \quad (3\text{-}83)$$

$$\varepsilon_a = 1.08 \, (-\ln\tau_{sw})^{0.265} \quad (3\text{-}84)$$

其中，ε_a 是大气平均比辐射率，T_a 是近地表大气温度，可取百叶箱观测温度。

$$(2) R_{lwd} = (1.807 \times 10^{-10}) T_a^4 [1 - 0.26\exp(-7.77 \times 10^{-4} [273.15 - T_a]^2)] \quad (3\text{-}85)$$

SEBS 模型中，则认为 $\varepsilon_a = 9.2 \times 10^{-6} \cdot T_a^2$ \quad (3\text{-}86)

黄妙芬在其博士论文中，选取了十种不同的晴天模型和 2004 年小汤山实测数据的比较，认为 Iziomon 等（2003）的模型误差最小。该模型为：

$$R_{bwd\downarrow} = \left[1 - a\exp\left(-b\frac{e_0}{T_a}\right)\right] \cdot \sigma \cdot T_a^4 \tag{3-87}$$

其中，$a=0.35$，$b=10.0\mathrm{khPa}^{-1}$（低地）；$a=0.43$，$b=11.5\mathrm{khPa}^{-1}$（山地）。

　　同时，黄妙芬还提出了一个结合红外辐射计天空 37°角观测值的大气长波下行辐射模型，以及一种使用遥感反演的热惯量计算逐个像元的大气下行长波辐射估算模型。但这两种模型所需参数较多，精度也还有待继续验证，故在本研究中暂不考虑。

　　我们现在有四种经验公式可供选择。由于这四种公式中，前三种都只使用近地表空气温度一个参数，只有 Iziomon 等（2003）的公式同时使用近地表空气温度和相对湿度，这使得它的精度和可靠性都较高。因此，在本研究中，使用公式(3-87)进行大气长波下行辐射的计算。

3.6.3　SEBAL 和 SEBS 模型结果及其验证

　　以上介绍了应用 SEBAL 和 SEBS 模型进行地表能量平衡和地气水、热通量计算的过程，本节将使用同步实测数据分别对模型的运行结果进行验证，从而实现对卫星遥感反演参数的综合验证。

1. ASTER 运行 SEBAL 和 SEBS 的结果及其验证

　　2004 年 6 月 12 日 ASTER 过境北京时刻，在小汤山实验场地南、北两边安置仪器获取了两套同步的净辐射、土壤热通量、显热和潜热的数据。图 3-19 是仪器安置地点及 SEBS 模型反演结果的示意图，表 3-9(a)是地表能量平衡的模型结果及其验证，表 3-9(b)是地表水、热通量 SEBS 模型的结果及其验证。

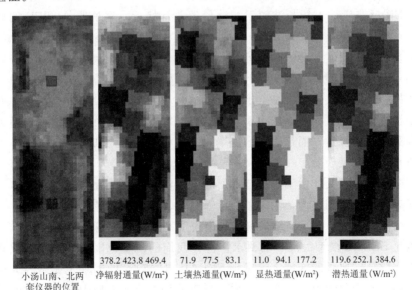

378.2　423.8　469.4	71.9　77.5　83.1	11.0　94.1　177.2	119.6　252.1　384.6
小汤山南、北两套仪器的位置	净辐射通量(W/m²)	土壤热通量(W/m²)	显热通量(W/m²)　潜热通量(W/m²)

图 3-19　仪器安置地点及 SEBS 模型反演结果的示意图

表 3-9(a) 地表能量平衡的模型结果及其验证(3×3 个像元)

单位：W/m²

数值类型	下行短波	上行短波	反照率	下行长波	上行长波	净辐射
模型值(南)	693.3	142.8	0.206	376.0	532.6	393.9
实测值(南)	670.2	112.9	0.168	402.4	548.1	411.6
模型值(北)	693.3	151.1	0.218	376.0	522.6	395.6
实测值(北)	677.3	123.6	0.182	404.6	542.3	416.0

表 3-9(b) 地表水热通量的模型结果及其验证(3×3 个像元)

单位：W/m²

数据类型	净辐射通量	土壤热通量	显热通量	潜热通量
模型值(南)	393.9	81.1	144.8	168.0
实测值(南)	411.6	42.0	176.6	77.7
模型值(北)	395.6	76.7	137.4	181.5
实测值(北)	416.0	127.8	143.9	134.5

由以上验证结果可知：(1)ASTER 反演所得地表反照率略高于由净辐射仪的测量值(即由上行短波辐射除以下行短波辐射)，这可能是由于净辐射仪测量值所代表的源区范围远远大于 ASTER 影像上 3×3 个像元的范围。(2) ASTER 反演所得上行长波辐射与测量值非常接近，这说明 ASTER 的地表温度产品的精度是不错的。(3)以地表温度为主要输入参数的模型模拟的显热通量虽然也比实际测量值偏小一些，但这样的精度已经相当不错。(4)以净辐射、地表反照率、NDVI 和地表温度为输入参数计算得到的土壤热通量值是误差最大的，这可能是土壤热通量的测量方法造成的误差。因为北面主要是植被覆盖区，而北面的土壤热通量板却埋在裸地下面；同样，南面大部分都是松软的裸地，而最表层的土壤热通量板却埋在结实的裸地底下，故会造成很大的测量误差。

关于涡度相关能量不闭合造成所测量的潜热值比模型值小的问题，不在本研究的讨论范围之内，故不予讨论。

由 SEBS 模型的反演结果可知，南边浇水的那部分裸地的显热极低，基本满足 SEBAL 模型"冷点"的要求。但在我们的测量范围内，却难以找到完全符合"热点"要求的区域。考虑到 SEBAL 对"热点"的要求主要是因为没有显热通量的先验知识，对我们来说，可以使用 SEBS 模型中显热通量的最大值作为其"热点"，输入到 SEBAL 模型中，主要验证 SEBAL 模型输出的显热通量值与 SEBS 模型之间的差别。图 3-20 是 SEBAL 模型输出的显热通量及它与 SEBS 模型输出的差值，表 3-10 是 SEBAL 迭代计算 H 值的过程。

2.3 99.0 195.6　　　11.0 94.1 177.2　　　-18.8 4.9 28.6
SEBAL　　　　　SEBS 输出 H　　　SEBS 与 SEBAL
输出 H　　　　　　　　　　　　　输出 H 的差值
　　　　　　　　　　　　　　　　　　（W/m²）

图 3-20　SEBAL 模型输出的显热通量及它与 SEBS 模型输出的差值

表 3-10　SEBAL 迭代计算 H 值的过程参数表

n	T_{cold}	T_{hot}	$r_{ah\text{-}cold}$	r_{ah-hot}	dT_{cold}	dT_{hot}	a	b	Δr_{ah} %
1	301.2	310	22.20	22.24	0.188	3.032	0.323	−97.16	
2	301.2	310	19.64	12.92	0.166	1.761	0.181	−54.42	−72.16
3	301.2	310	20.06	16.10	0.170	2.195	0.230	−69.13	19.75
4	301.2	310	20.00	15.19	0.169	2.071	0.216	−64.90	−5.99
5	301.2	310	20.00	15.46	0.170	2.108	0.220	−66.16	1.75

由表 3-10 可知，SEBAL 只迭代了 5 次就达到了较好的收敛。由图 3-20 可知，SEBAL 在迭代计算显热的过程中，会出现小的更小、大的更大的情况，即 SEBAL 会拉开不同地表温度下垫面的显热值，这和它的计算原理是一致的。其南、北两个仪器实测地点的显热值分别为 151.1 W/m² 和 114.4 W/m²，与实测值的误差也较小。

总之，使用 ASTER 反演的地表参数无论是进行地表能量平衡的研究，还是进行地表水热通量的计算，都能取得较好的结果，因此我们可以将其应用到北京市城区热场的时空变化及其相关因子的研究当中。

2. TM5 运行 SEBAL 和 SEBS 的结果及其验证

2004 年 7 月 6 日、2005 年 5 月 6 日和 2005 年 5 月 22 日 TM5 卫星过境时刻，我们在小汤山实验场地南、北两边安置仪器获取了两套同步的净辐射、土壤热通量、显热和潜热通量数据。图 3-21 是 2004 年 7 月 6 日仪器安置地点及 SEBS 模型反演结果的示意图，表 3-11(a)则是当天地表能量平衡的模型结果及其验证，表 3-11(b)是当天地表水、热通量 SEBS 模型的结果及其验证。

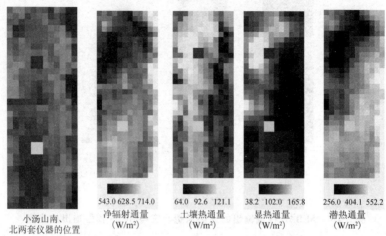

| 小汤山南、北两套仪器的位置 | 净辐射通量 (W/m²) 543.0 628.5 714.0 | 土壤热通量 (W/m²) 64.0 92.6 121.1 | 显热通量 (W/m²) 38.2 102.0 165.8 | 潜热通量 (W/m²) 256.0 404.1 552.2 |

图 3-21　2004 年 7 月 6 日仪器安置地点及 SEBS 模型反演结果示意图

表 3-11(a)　地表能量平衡的模型结果及其验证(2×2 个像元)　　单位：W/m²

日　　期	数据类型	下行短波	上行短波	反照率	下行长波	上行长波	净辐射
2004-07-06	模型值(南)	918.0	133.1	0.145	377.0	507.0	654.9
2004-07-06	实测值(南)	880.0	111.2	0.126	379.1	500.3	647.3
2004-07-06	模型值(北)	918.0	173.5	0.189	377.0	528.9	592.6
2004-07-06	实测值(北)	848.0	121.5	0.143	381.8	503.5	605.1

表 3-11(b)　地表水热通量的模型结果及其验证(2×2 个像元)　　单位：W/m²

日　　期	数据类型	净辐射通量	土壤热通量	显热通量	潜热通量
2004-07-06	模型值(南)	654.9	106.9	70.8	477.1
2004-07-06	实测值(南)	647.3	76.8	50.5	376.8
2004-07-06	模型值(北)	592.6	116.1	134.3	329.8
2004-07-06	实测值(北)	605.1	56.0	59.0	216.5

由以上验证结果可以得到以下结论。

(1)TM5 反演所得地表反照率高于净辐射仪的测量值。除了由于净辐射仪测量值所代表的源区范围远远大于 TM5 影像上 2×2 个像元的范围之外，TM5 可见光大气纠正的误差也是主要因素。

（2）TM5 反演所得上行长波辐射与测量值非常接近，这说明经过纠正之后 TM5 反演所得地表温度是可信的。

（3）以地表温度为主要输入参数的模型输出显热通量和实际测量值的差距较大，这主要是由于源区不匹配造成的。经查验，卫星过境时刻是南风，南面涡度相关所测实际上是南面茂密的玉米地的显热通量，而卫星反演所得的显热通量包括涡度相关周围刚犁过的裸地的显热通量，而北面当天除涡度相关旁边还保存着杂草以外，仪器周边也都是刚犁过的裸地，故造成模型反演结果与实测值之间较大的误差。

（4）模型反演所得土壤热通量值的误差也较大，其原因和显热类似，南面土壤热通量板周围的少量玉米没有被犁掉，而北面土壤热通量板上还留着长起来的杂草，故实测土壤热通量值均偏低。

图 3-22 是 2005 年 5 月 6 日仪器安置地点及 SEBS 模型反演结果的示意图，表 3-12(a) 则是当天地表能量平衡的模拟结果及其验证，表 3-12(b) 是当天地表水、热通量 SEBS 模型的结果及其验证。

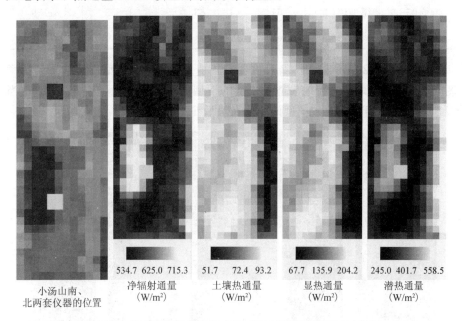

小汤山南、北两套仪器的位置	净辐射通量 (W/m²)	土壤热通量 (W/m²)	显热通量 (W/m²)	潜热通量 (W/m²)
	534.7　625.0　715.3	51.7　72.4　93.2	67.7　135.9　204.2	245.0　401.7　558.5

图 3-22　2005 年 5 月 6 日仪器安装地点及 SEBS 模型反演结果示意图

表 3-12(a)　地表能量平衡的模型结果及其验证(2×2 个像元)

单位：W/m²

日　　期	数据类型	下行短波	上行短波	反照率	下行长波	上行长波	净辐射
2005-05-06	模型值(南)	865.8	53.1	0.061	320.3	444.6	688.4
2005-05-06	实测值(南)	908.33	88.664	0.098	Error	Error	658.22
2005-05-06	模型值(北)	865.8	129.2	0.149	320.3	445.1	611.8
2005-05-06	实测值(北)	928	136.9	0.148	264.6	467.4	588.2

表 3-12(b)　地表水热通量的模型结果及其验证(2×2 个像元)

单位：W/m²

日　　期	数据类型	净辐射通量	土壤热通量	显热通量	潜热通量
2005-05-06	模型值(南)	688.4	85.4	146.3	456.7
2005-05-06	实测值(南)	658.22	70.0	80.3	283.5
2005-05-06	模型值(北)	611.8	83.1	150.8	377.9
2005-05-06	实测值(北)	588.2	64.0	114.5	176.7

图 3-23 是 2005 年 5 月 22 日仪器安置地点及 SEBS 模型反演结果的示意图，表 3-13(a)则是当天地表能量平衡的模型结果及其验证，表 3-13(b)是当天地表水、热通量 SEBS 模型的结果及其验证。

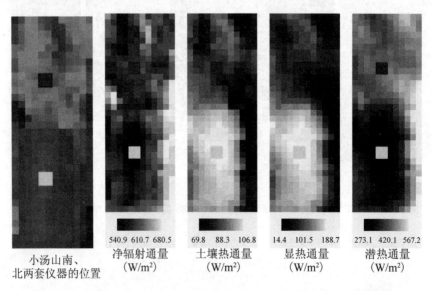

小汤山南、北两套仪器的位置

净辐射通量　540.9 610.7 680.5 (W/m²)

土壤热通量　69.8 88.3 106.8 (W/m²)

显热通量　14.4 101.5 188.7 (W/m²)

潜热通量　273.1 420.1 567.2 (W/m²)

图 3-23　2005 年 5 月 22 日仪器安置地点及 SEBS 模型反演结果示意图

表 3-13(a)　地表能量平衡的模型结果及其验证(2×2 个像元)

单位：W/m²

日　期	数据类型	下行短波	上行短波	反照率	下行长波	上行长波	净辐射
2005-05-22	模型值(南)	886	179.9	0.203	357.1	520.6	542.6
2005-05-22	实测值(南)	863.43	160.63	0.186	Error	Error	558.87
2005-05-22	模型值(北)	886	158.6	0.179	357.1	472.0	612.5
2005-05-22	实测值(北)	882	143.7	0.163	339.8	486	592.1

表 3-13(b)　地表水热通量的模型结果及其验证(2×2 个像元)

单位：W/m²

日期	数据类型	净辐射通量	土壤热通量	显热通量	潜热通量
2005-05-22	模型值(南)	542.6	105.6	180.6	256.4
2005-05-22	实测值(南)	558.87	57.8	172.5	157.8
2005-05-22	模型值(北)	612.5	84.2	79.3	449.0
2005-05-22	实测值(北)	592.1	62.5	89.0	280.0

由 2005 年的验证结果可得到以下结论。

(1)TM5 反演所得地表反照率一般都高于净辐射仪的测量值，但精度都在可接受的范围之内。5 月 6 日南面灌溉浇水，可能导致反演的地表反照率很低；5 月 22 日误差稍大，可能是由于当天水汽较重，能见度较差，导致 TM5 可见光大气纠正的误差偏大。

(2)虽然由于南边净辐射仪故障，无法对比南边的大气上行长波辐射，但在北边，TM5 反演所得上行长波辐射与测量值非常接近。这说明，经过纠正之后 TM5 反演所得地表温度的精度是可以接受的。

(3)2005 年 5 月 6 日，南边的显热通量误差较大，这主要是由源区不匹配造成的。经查验，卫星过境时为西南风，南面涡度相关所测实际上是西南面经过浇灌裸地的显热通量，故较模型反演值偏低，到了 5 月 22 日，卫星反演及实测通量值相当吻合，也进一步说明地表温度反演算法的可信性。

(4)模型反演与实际测量的土壤热通量之间的误差在 5 月 6 日差别不大，是由于当时南北两边基本都是裸地，下垫面较为均匀的缘故；到 5 月 22 日，南边实测热通量与模型反演值相差很大，原因不明，怀疑与土壤热通量板的埋设有关。

2005 年 10 月 29 日和 2005 年 11 月 14 日 TM5 卫星过境时刻，我们在北京市海淀公园内安置了两套涡度相关及一套净辐射仪，从而获取了两套同步显热、潜热数据和一套地表能量平衡数据。彩图 4(a)和彩图4(b)分别是 2005 年 10 月 29 日和 11 月 14 日仪器安置地点及 SEBS 模型反演结果的示意图，表

3-14(a)则是地表能量平衡的模型结果及其验证，表 3-14(b)是当天地表水、热通量 SEBS 模型的结果及其验证。

表 3-14(a)　地表能量平衡的模型结果及其验证(2×2 个像元)

单位：W/m²

日　期	数据类型	下行短波	上行短波	反照率	下行长波	上行长波	净辐射
2005-10-29	模型值(林内)	726.8	114.1	0.157	261.5	397.5	476.7
2005-10-29	实测值(林内)	677.1	117.5	0.174	250.8	388.9	422.0
2005-11-14	模型值(林内)	675.4	123.6	0.183	249.9	373.3	428.4
2005-11-14	实测值(林内)	564.9	118.0	0.209	238.0	370.6	314.4

表 3-14(b)　地表水热通量的模型结果及其验证(2×2 个像元)

单位：W/m²

日　期	数据类型	净辐射通量	土壤热通量	显热通量	潜热通量
2005-10-29	模型值(林内)	476.7	28.1	61.6	387
2005-10-29	实测值(林内)	422.0	35.9	94.3	107.5
2005-10-29	模型值(路边)	447.4	28.0	48.1	371.3
2005-10-29	实测值(路边)	422.0	35.9	101.5	84.4
2005-11-14	模型值(林内)	428.4	22.0	80.2	326.2
2005-11-14	实测值(林内)	314.4	19.4	117.9	66.5
2005-11-14	模型值(路边)	436.0	18.2	84.8	333.0
2005-11-14	实测值(路边)	314.4	19.4	91.3	46.5

由以上海淀公园的验证结果可得到以下结论。

(1)TM5 反演所得地表反照率均略低于净辐射仪的测量值，这是由于高塔上的净辐射仪接近树冠，从而限制了它的视场范围。

(2)TM5 反演所得上行长波辐射与测量值非常接近，这说明经过纠正之后 TM5 反演所得地表温度是可信的。

(3)模型反演得到的净辐射均大于实测值，净辐射误差的主要来源是大气短波下行辐射，说明在秋末和冬季，计算短波下行辐射的公式需要修正。

(4)模型反演所得显热通量与实测值有较大的差异，说明对于海淀公园这种下垫面不均一、高度差异也较大的典型绿地，使用适用于小汤山农田水热通量反演的 SEBS 进行绿地水热通量计算是不合适的，需要对模型进行新的改进。

(5)由于实测值的能量闭合度较低，导致模型反演所得潜热是实际测量值的数倍，这会造成对绿地生态效益评估的极大误差。因此，必须了解到底是哪些因素造成这种情况，并加以解决，否则难以使用卫星遥感资料反演绿地的生态效益。

综合以上对 ASTER 和 TM5 运用 SEBS/SEBAL 模型进行地表能量平衡及地表水热通量反演及其验证的结果，我们认为，使用 ASTER 和 TM5 反演所得地表温度、地表反照率和植被指数等参数的精度是比较可靠的，完全可以用于研究北京城区热场时空变化及其相关影响因子。

3.7 本章小结

本章介绍了使用 ASTER/TM 卫星遥感数据反演地表反照率、NDVI、地表温度和比辐射率等地表参数的原理及方法，并使用地面实测数据、波谱库模拟的数据以及 SEBS/SEBAL 模型对其结果进行验证。主要包括以下结论。

(1)使用小汤山星－地同步巡回观测温度对 ASTER 地表温度产品进行了验证，然后使用大量波谱库数据模拟了 ASTER 窄波段比辐射率到宽波段比辐射率的转换公式，与已有的一些转换公式进行比较，并使用实测宽波段比辐射率验证其精度，结果表明，ASTER 地表温度和比辐射率产品的整体精度都可满足使用要求。

(2)使用波谱库的模拟数据提出了各种地表适用于 TM 窄波段比辐射率的公式。然后，利用该公式以及地表温度同步验证数据对 TM 反演地表温度的算法及其精度进行了研究。结果表明，直接使用辐射传输方程结合大气廓线的方法精度较高，而以覃志豪算法为代表的单窗算法的精度较差，无法满足实用要求。

(3)使用两个不同的地表通量模型 SEBAL/SEBS 综合验证 ASTER/TM 反演地表参数的精度。结果表明，使用 ASTER 和 TM5 反演所得地表温度、地表反照率和植被指数等参数的精度是比较可靠的，完全可以用于研究北京城区热场时空变化及其相关影响因子。

第4章 基于卫星遥感的城市
景观空间格局分布

北京是中国的首都和政治、经济、文化中心。改革开放 30 多年来，北京的人口和城市建成区面积分别从 1980 年的 904.3×10⁴ 人和 346km²，增长为 1999 年的 1 250×10⁴ 人和 490.1km²，出现了以城市化为主要特征的大规模土地利用/覆盖变化。这种变化从微观尺度上看，可以为居民提供更多就业机会、制造更多福利，但同时也产生了环境污染、交通拥挤等一系列城市问题。从宏观尺度上看，由于以自然地表为主的土地利用/土地覆盖转变成了以道路、建筑物为主的人造土地利用/土地覆盖，往往导致对各种自然过程，如径流、蒸散和生态过程等改变，造成复杂的生态环境后果，从而影响区域的可持续发展。地表温度城市热岛的产生和发展也与这种城市化过程密切相关。卫星遥感的出现为研究与城市土地利用/土地覆盖有关的城市生态结构和环境演变等课题提供了有效的手段。因此，有必要利用卫星遥感对北京城区景观空间格局分布进行研究，获取影响城市热场时空变化的相关景观生态因子。

4.1 基于 V-I-S 模型的混合像元分解景观分析

4.1.1 混合像元分解分类

对北京城区下垫面进行土地利用/土地覆盖景观分析的研究是建立在遥感影像分类的基础之上的。卫星遥感对地物的探测以像元为基本单位，以像元波谱为主要信息。如果一个像元内仅包含一种地物类型，则这个像元称为纯净像元(或端元)，该类地物称为典型地物。如果一个像元内包含几种地物，则称这种像元为混合像元。对目前 ASTER/TM 等中尺度空间分辨率数据而言，其影像中很少有像元是由单一均匀地表覆盖类型组成的，一般都是几种地物的混合体。在城市中，这种情况尤为突出。

传统的遥感影像硬分类的实质就是通过对影像中各类地物的波谱信息和空间信息进行分析，选择特征参数，并用一定手段将特征空间划分为互不重叠的子空间，然后将影像中的各个像元划归到各个子空间去的复杂过程，其分类的基本单位是像元。但实际上，遥感像元记录的是几种地物混合后单一的光谱、时间、角度等特征。因此混合像元的光谱特征与任何典型像元的特征都不相同,从而给遥感参数的反演和影像的解译带来困扰。大多数传统的遥感影像分类算法并不考虑这一现象,只是利用像元光谱间的统计特征进行像元分类,但混合像元的存在是影响其分类精度的主要原因。而混合像元分解技术既能够确定混合像元中各端元组分地物的丰度(占像元面积的百分比),同时也能给出分类后的图像。

4.1.1.1　混合像元分解的物理模型

混合像元分解的途径是建立光谱的混合模拟模型。Charles Ichoku 将像元混合模型归结为以下五种类型:线性(linear)模型、概率(probabilistic)模型、几何光学(geometric-optical)模型、随机几何(stochastic geometric)模型和模糊分析(fuzzy)模型。其中,线性模型假定像元的反射率为其端元组分反射率的线性组合。非线性和线性混合是基于同一个概念,即线性混合是非线性混合在多次反射被忽略的情况下的特例。

上述所有模型都把像元的反射率表示为端元组分的光谱特征和它们丰度的函数。然而,由于地表的随机属性及影像处理的复杂性,像元的反射率还取决于除端元光谱特征和丰度以外的因素。因此,每种模型的差别就在于除了考虑混合像元的反射率、端元光谱特征和丰度之间的响应关系之外,还应考虑和包含其他地面特性和影像特征的影响。

在线性模型中,地面差异性被表示为随机残差;几何光学模型和随机几何模型是基于地面几何形状来考虑地面特性的;在概率模型和模糊模型中,地面差异性是基于概率考虑的,例如通过使用散点图和最大似然法之类的统计方法。对几何光学模型和随机几何模型,还需要树的形状参数、树的高度分布、树的空间分布、地面坡度、太阳入射方向及观测方向等地面参数。

对于以上模型,我们需要认识到以下几点。

(1)通常在模型中只考虑占主导因素的特征参数,模型中也包含了许多近似和假设,而这些都会以不同方式影响到模型的精度和像元分解的结果。例如,所设想中的端元组分,其光谱特征很可能本身就很复杂,而且随尺度的变化而变化,从而很难有清晰明确的分类。同时,不同的表面粗糙度、地形坡度、天气情况等也会影响每类端元的光谱响应。因此,所谓的端元很难是均质的,它的光谱特征也不可能是不变的。

(2)精度对混合像元分解来说是最重要的。从理论上来说,混合像元分解的效果好于传统的硬分类方法。尽管单个像元的分解精度可能不尽如人意,但是整幅影像的分类精度会更好。对目前已有的诸多分解方法,尽管大多数的研究者都声称他们发展或者采用的像元分解模型的精度相当高,然而绝大多数情况并没有相应的验证数据来支持他们的说法。同时,对于精度的衡量有不同的方法和标准,像元分解的结果也是基于不同类型影像(真实的和模拟的影像)、不同分辨率、不同地面景观及不同时相,因此,很难在同样的标准下，来比较不同模型的精度。从已有结果来看，很难说哪种方法更有优势。线性模型在各种情况下被运用得最多，最主要的原因在于它的简单方便且实用。除此之外，没有证据表明它相对其他方法有任何优势。

4.1.1.2　线性混合像元分解模型

在线性混合模型中，遥感影像的每个波段中单一像元的反射率可表示为它的端元组分特征反射率与它们各自丰度的线性组合。对第 i 个波段像元反射率 r_i 有：

$$r_i = \sum_{j=1}^{n} (a_{ij}x_j) + e_i \qquad (4\text{-}1)$$

其中，$i=1$，2，3，$\cdots$，m；$j=1$，2，3，$\cdots$，n；r_i 是混合像元的反射率；a_{ij} 表示第 i 个波段第 j 个端元组分的反射率；x_j 是该像元第 j 个端元组分的丰度；e_i 是第 i 个波段的误差；m 表示波段数；n 表示选定的端元组分数目。

对上式，既然一个像元内端元组分丰度总量为 1，因此，线性限制 $x_1 + x_2 + \cdots + x_n = 1$ 及丰度非负限制 $0 \leqslant x_1$，x_2，$\cdots$，$x_n \leqslant 1$ 也是求解系统的一部分，同时，要求有解的话，端元组分数 n 应小于或等于波段数 m，且 $n \geqslant 2$。在以上约束条件下，通过最小二乘法使得误差 e_i 最小，最后得到每个端元组分的丰度 x_j，该方法的误差可表示为 $RMS = \sqrt{(\sum_{j=1}^{n} e_i^2)/m}$。

线性混合模型的优点是建立在像元内的相同地物都有相同的光谱特征及光谱线性可加性基础上的，结构简单，物理含义明确，对解决像元内的混合现象有一定的效果。但其主要缺点在于：事实证明，大多数情况下，各种地物的光谱反射率是通过非线性组合的；同时，端元组分波谱的选取不精确会对结果造成较大的误差。

因此，该模型中最关键的就是获取各种端元组分的参考波谱，即在某一尺度下的纯像元（典型地物）的波谱。在实际应用中，各种地物的典型光谱很难获取。如果利用野外或实验室光谱进行像元分解，则难以解决大气纠正和波段匹配的问题；对分辨率较低的影像，基本都是混合像元，难以从影像上直接获取端元波谱。目前，对于 ASTER/TM 等分辨率中等的影像，其端元主要还是从影像自身的像元中选取。除了通过影像像元的色调、光谱特征分析来直接确定端元外，使用最多的还是通过主成分分析或者最小噪声分离结合散点图的方法来选取端元。

统计上的主成分分析能够剔除具有相关性的波段，所得影像各变量互为正交向量，影像的真正维度可以用特征值较高的成分有效表达。最小噪声分离法是主成分方法的一个变种，主要是分离数据中的噪声，确定数据内在的维数，减少随后处理的计算量。而在由两个主要成分为特征的空间中，由单一纯物质组成像元的波谱信息往往在极值点上。在这些极值之间的所有混合物都将被假定为沿着极值之间连线分布。

　　散点图是不同波段相同像元位置上的灰度值构成的向量在灰度空间中的分布，其散点图的坐标轴的度量是波段灰度值的大小。对于多波段的遥感数据，其二维散点图的形状主要是不规则的三角形或由随机撕裂所形成的不规则形状。利用散点图上某一范围内的灰度分布，可以与其在影像上的空间位置交互显示，从而能将散点图作为分类研究的可视化工具。

　　首先对遥感影像进行主成分分析或者最小噪声分离变化，然后分析得到的主要成分波段之间的二维散点图，可以发现其顶角往往就是纯粹的地物端元。因此可用于进行线性混合像元分解模型的端元选取。

4.1.2　V-I-S 模型

　　如上所述，城市下垫面绝大部分属于混合像元，利用混合像元分解技术可以将城市下垫面分解为数种端元组分的组合。为了利用这种信息来监测城市的生态结构及环境演变，必须有与其相匹配的描述城市生态环境的模型。Ridd 于 1995 年提出了植被—不透水地表—土壤(V-I-S)模型，为描述城市环境、研究城市扩展、环境演变和社会经济评估等奠定了基础，现逐渐成为城市生态环境参数化的标准。在这个模型中，城市环境被描述成绿色植被、不透水地表和土壤的组合(忽略水体)。图 4-1 详细介绍了如何用这三种组分描述城市环境。

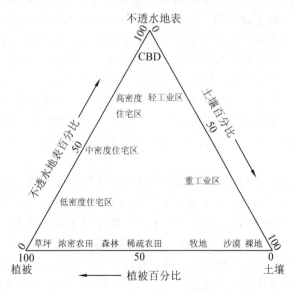

图 4-1　V-I-S(植被—不透水地表—土壤)模型示意图

　　根据这一模型，Ji 和 Jensen 使用混合像元分解结合决策树分类得到了城市不透水地表的分布。Flanagan 和 Civco 也使用混合像元分解结合神经网络算法得到了流域内的不透水地表比例。Wu 和 Marry 使用线性混合像元分解技术估算 Ohio 市的不透水地表分布，并发现它可由高、低反照率两种组分构成。Small 使用三个端元（高、低反照率、植被）的线性混合像元分解模型评估了纽约市植被分布的时空变化。Weng 等研究了城市植被丰度和城市热岛之间的关系。同时，还有研究使用 V-I-S 模型提升土地利用/土地覆盖分类的精度。Rashed 等将开罗城区分为植被、不透水地表、土壤和阴影四个组分，然后将其应用到详细的土地利用分类中。Phinn 等使用 V-I-S 模型对澳大利亚昆士兰的航片进行混合像元分解，并认为其精度要高于传统的硬分类方法。Lu 和 Weng 也使用绿色植被、不透水地表、土壤和阴影来描述城市环境，并且认为基于 V-I-S 模型的分类方法能大大提高城市土地利用的分类精度。Wu 使用归一化的混合像元分解技术结合 V-I-S 模型监测城市生态结构，并认为其能够提高对不透水地表的分类精度。

　　虽然近年来有很多研究表明 V-I-S 模型在描述城市生态结构方面有很大的价值，但将其应用到极不均一的城市下垫面时，仍然有很多技术上的难题。首先，同种地物光谱亮度的差异问题。其中，不透水地表的亮度变化最明显，可以从很低的反照率（例如混凝土）变化至很高的反照率（例如玻璃和塑料）。随着植被叶片和冠层结构的不同，绿色植被，尤其在近红外波段的亮度会有剧烈的变化。土壤的亮度随着土壤组分、颗粒大小和水分的不同也发生变化。因此，在一个完全的城市生态系统中，很难得到理想的端元。其次，由于阴影不属于城区的生态组分，但又表征着城区的地形变化，在 V-I-S 模型中如何解释和处理阴影组分是很复杂的事情。虽然有些研究进行了尝试，但如何区分阴影和低反照率地表还是没能得到很好的解决。

　　总之，V-I-S 模型及混合像元分解模型的结合能够较好地描述城市生态环境的结构及其变化，在研究地表温度城市热岛中也有成功的表现。因此，下面将这两种模型应用到北京市 2004 年 4 月 9 日的 ASTER 影像上，并利用其结果对北京城区地表城市热岛与城市植被覆盖及不透水地表的分布之间的关系进行评估。

4.1.3　北京市 ASTER 影像基于 V-I-S 模型的混合像元分解分类

　　由于本研究的主要目的是北京城区热场的时空变化，同时绝大多数 AS-TER 影像都无法覆盖全北京市，因此我们确定研究区的范围只包括北京市城区，即东城区、崇文、西城区、宣武区、朝阳区、海淀区、丰台区和石景山区。* 城区是北京市的中心地带，在过去 20 多年间经历了快速的城市化过程，集中了北京市大部分的人口、道路和建筑物。因此，监测这一区域的城市生态结构及环境变化是非常重要的。图 4-2 是北京市 2004 年 4 月 9 日 AS-

---

　　* 因研究时间为 2010 年之前，当时东城区与崇文区、西城区与宣武区还未合并，因此采用原有行政区划。下文同此处理。

TER 影像及研究区的示意图，使用的数据是 AST07 地表反射率产品，故不需要进行大气纠正，可直接用于分类。

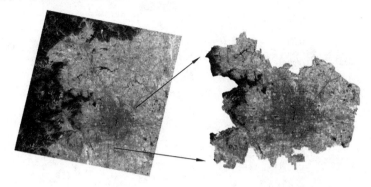

北京市 2004 年 4 月 9 日 ASTER 影像　　　　城区示意图（231 波段合成）

图 4-2　北京市 2004 年 4 月 9 日 ASTER 影像及研究区示意图

　　首先，我们需要为线性混合像元分解模型选定端元。由于我们的研究主要集中在城区，而北京市城区内很少有裸地组分，故我们将选取绿色植被、不透水地表和水体（阴影）作为模型的三种端元。由于我们的目的主要是研究这三种端元的分布对城区热场时空变化的影响，而水体和阴影的温度都很低，故可以将它们作为一种端元来对待。图 4-3 是根据影像自身选取的典型端元的波谱。

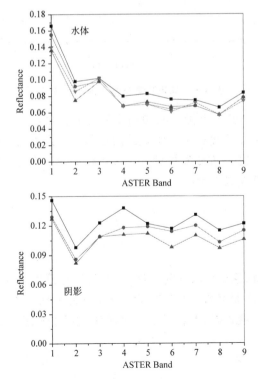

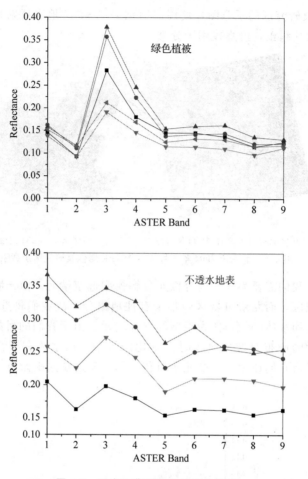

图 4-3 研究区典型端元的原始波谱

由图 4-3 可以看出，研究区典型端元的亮度变化较大，尤其是绿色植被和不透水地表。这种亮度差异会对端元的选取造成很大的困扰。因此，我们需要通过一种归一化的方法来尽量最小化这种差异，即对 ASTER 所有波段的波谱进行归一化处理，有：

$$\overline{R}_b = \frac{R_b}{\mu} \tag{4-2}$$

$$\mu = \frac{1}{N}\sum_{b=1}^{N} R_b \tag{4-3}$$

其中，$\overline{R}_b$ 是第 b 波段像元的归一化反射率，R_b 是原始反射率，μ 是像元的平均反射率，N 是影像总的波段数，对 ASTER 来说，N 为 9。图 4-4 即为和图 4-3 对应的典型端元的归一化波谱，我们可以看出，相同端元之间亮度的差异已经大大减少。

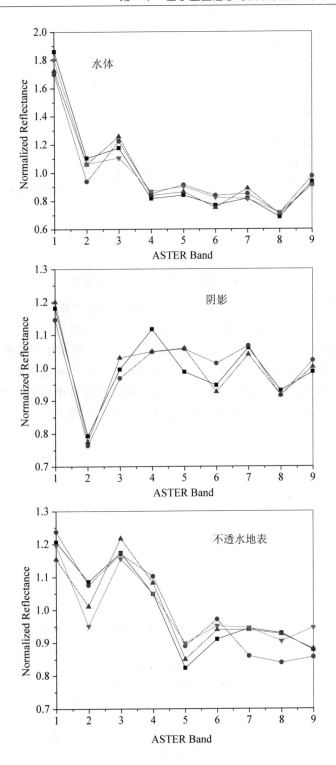

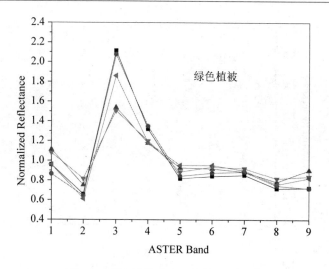

图 4-4　研究区典型端元的归一化波谱

　　我们使用归一化之后的 ASTER 影像进行 MNF 变换，图 4-5(a)是 MNF 变换后的归一化特征值。由图中可以看出，MNF 变换后，第 1 波段特征值为 83%，前 3 个波段归一化特征值之和为 92.2%，即集中了影像 92.2%的信息量，因此可使用这 3 个波段之间的散点图来进行端元的选取。图 4-5(b)是 MNF 变换后的 9 个波段，可以看出第 1 波段较为清晰，之后每个波段的清晰度急剧减少，到第 4 波段只有基本无意义的噪声值。

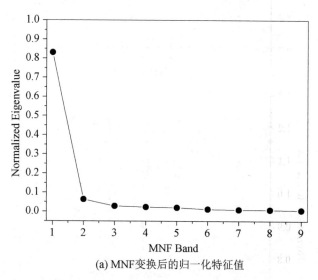

(a) MNF 变换后的归一化特征值

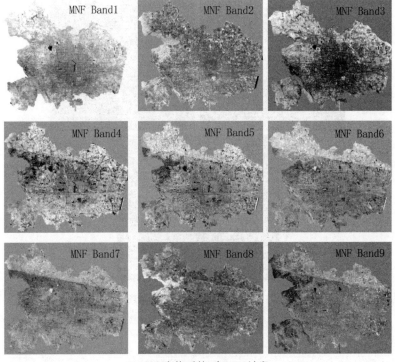

(b) MNF变换后的9个MNF波段

图 4-5

得到了 MNF 变化的前 3 个波段之后，我们可以分别使用这 3 个波段之间二维散点图的顶点来进行端元的选取。图 4-6 是前 3 个 MNF 波段的散点图特征空间，通过与原始影像的交互判断，我们发现其顶点分别代表水体（阴影）、绿色植被和不透水地表（由高、低 Albedo 组成）这 3 个端元，其他像元几乎都包含在顶点范围之内。因此，所选端元可用于线性混合像元分解。

由图 4-6 可以看出，虽然经过反射率均一化，不透水地表在特征空间上还是可以被区分为高、低 Albedo 两个组分。但是，由图 4-7(a) 可以看出，当分别将高、低 Albedo 作为两个组分时，所选端元的平均波谱经过均一化之后的高、低 Albedo 的波谱差异相对原始的反射率波谱差异较小，仅表现在最后几个波段。故可以将高、低 Albedo 组合成不透水地表单一组分。图 4-7(b) 即是不透水地表、水体（阴影）和绿色植被这三个端元组分的平均波谱，我们正是将它作为线性混合像元分解模型的输入参数。

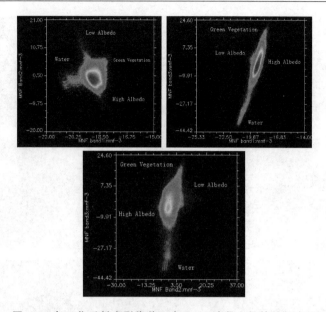

图 4-6　归一化反射率影像前 3 个 MNF 波段之间的特征空间

（它显示出有三种端元：绿色植被、水体（阴影）和不透水地表（由高、低 Albedo 组成））

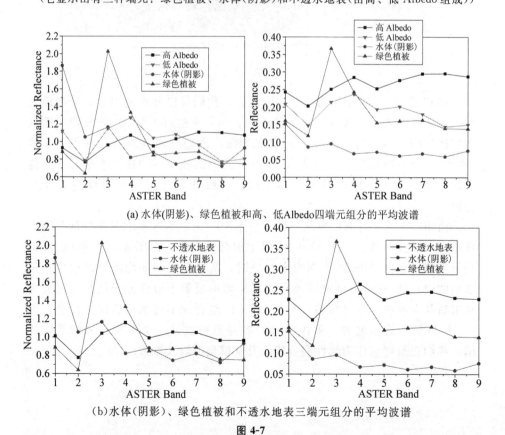

(a) 水体(阴影)、绿色植被和高、低Albedo四端元组分的平均波谱

(b)水体(阴影)、绿色植被和不透水地表三端元组分的平均波谱

图 4-7

为了验证将高、低 Albedo 组分组合成不透水地表的可靠性，我们分别进行了四端元组分和三端元组分的线性混合像元分解，然后将高、低 Albedo 组分的结果相加，与不透水地表组分的结果相比较，如图 4-8 所示，两者的相关性极好。

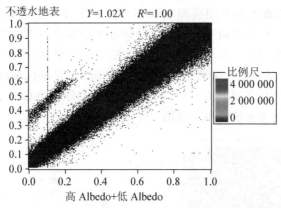

图 4-8　高、低 Albedo 结果之和与不透水地表结果的相关性分析

因此，我们最终可以得到北京市城区水体(阴影)、绿色植被和不透水地表的丰度及其误差，如图 4-9 所示。

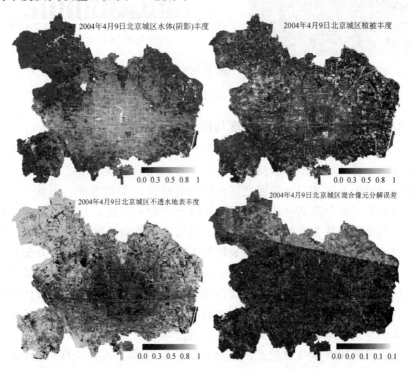

图 4-9　2004 年 4 月 9 日北京城区水体(阴影)、绿色植被和不透水地表的丰度及其误差

　　由于缺乏足够的同步高分辨率影像用于分类结果的验证，我们只能暂时以模型计算的误差来作为分类结果的误差，图 4-9 所示误差影像的平均值为 0.023。

　　我们现在得到了城市绿色植被和不透水地表的丰度，在 V-I-S 模型中，V-I 这条线与城市土地利用类型密切相关，这里的类型主要指的是商业区、住宅区、工业区和交通道路等。为了验证分类的精度及其结果与 V-I-S 模型的密切关联，我们在分类结果中截取了北京市中心城区作为典型区域进行分析。图 4-10(a)是所截取区域的示意图，图 4-10(b)是该区域内绿色植被和不透水地表丰度的直方图，图 4-11 是不透水地表和绿色植被丰度与 V-I-S 模型中城市土地利用类型的关系示意图。

2004年4月9日北京市中心城区ASTER影像(2 3 1波段合成)

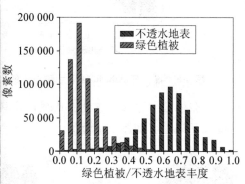

(a) 所截取北京市中心城区示意图　　(b) 区域内绿色植被和不透水地表丰度的直方图

图 4-10

4.1.4　北京市城区地表温度与植被丰度之间的关系

　　一般认为地表温度和城市冠层大气热岛的联系更为紧密，但到目前为止还没有一个精确的模型能够描述地表温度和近地表空气温度之间的关系。干燥裸地的地表温度和空气温度之间可能会有超过 20℃ 的差距。因此，传统上用遥感来研究城市热岛时，都使用 NDVI 作为植被丰度的指标，然后进行地表温度与植被覆盖关系的评价，事实上进行的是地表温度城市热岛的研究。

　　对地表温度的研究表明，地表辐射温度控制着显热和潜热的分配，它是随土壤水分和植被覆盖变化的函数。植被覆盖越大，潜热交换也就越多；而在城区等植被稀疏的地方，显热交换更为活跃。这一相关性的发现使得越来越多的人研究地表温度和植被丰度之间的关系，并且使用这一关系反演生态参数或用于辅助地表分类和变化检测分析。

　　地表温度和 NDVI 在散点图上显示出三角关系，LST-NDVI 之间连线的斜率和土壤湿度以及地表蒸散有关。对于 LST-NDVI 特征空间的解译，目前使用的方法主要有使用土壤—植被—大气传输模型(SWAT)的"三角"法和基于遥感的方法(彩图 5)。然而,对于稀疏植被覆盖的地表,其地表温度是土壤温度和植被温度的混合,LST-NDVI 的关系往往是非线性的。同时,NDVI 与植被覆盖之间的关系并不单一,植被种类、叶面积、土壤和阴影都会对 NDVI 的变化产生影响,NDVI 随像元尺度的变化关系也有待研究,NDVI 和其他植被覆盖度的度量指数(例如当叶面积指数大于 3 时)间的关系也不都是线性的。最近的研究也表明 NDVI 往往无法提供对植被覆盖的真实评估信息。

　　因此,从理论上来说,使用混合像元分解得到的植被丰度代表的是像元内植被覆盖的面积比,它与地表温度之间的负相关性应该要好于 NDVI,而在城区所得不透水地表上,由于缺乏蒸散降温,以显热交换为主,因而像元内不透水地表的比例应该与地表温度呈现一定的正相关性。下面我们就以 4.1.3 节所得结果,对地表温度与植被丰度、不透水地表丰度之间的关系进行评估。同样,由于我们主要集中研究城区的地表温度热场,故截取市中心四区进行分析,图 4-11 即为分析的结果图。

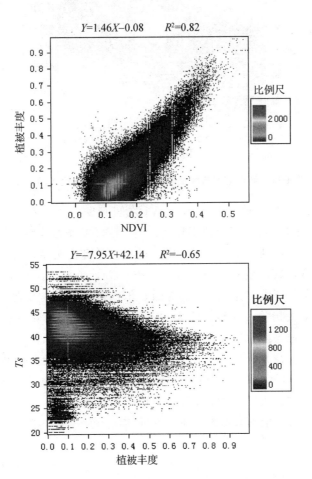

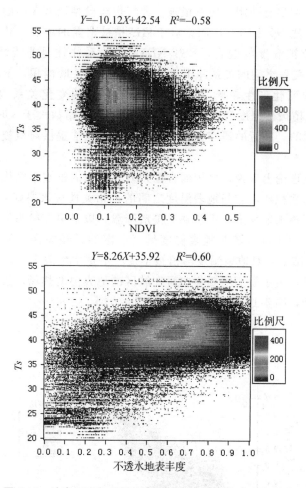

图 4-11 地表温度与植被丰度和不透水地表丰度之间的关系

由图 4-11 可知，植被丰度和 NDVI 之间有良好的线性关系，相关性高达 82%，且植被丰度的变化范围较大；而 NDVI 和植被丰度都和地表温度呈较明显的负相关，植被丰度较之 NDVI 的负相关更为明显，对于整个北京市中心四区而言，其负相关性分别为 58% 和 65%，负相关性不高可能是由于 4 月 9 日城区植被还没有完全生长的缘故；不透水地表的丰度则与地表温度之间存在明显的正相关，其相关性为 60%，即对于研究区域而言，有 60% 的概率是不透水地表面积越大，则地表温度就越高。

总之，混合像元分解结合 V-I-S 模型所得结果能够更好地解释城区地表温度与植被之间的关系，同时对不透水地表的准确评估也有助于估算其他社会经济要素，例如人口和就业密度、城市居住区密度等。

虽然上述方法能够较好地解决一些问题，却有几个非常重要的缺陷。

（1）混合像元分解的分类精度难以评价。目前大多数使用混合像元分解的研究要么是尺度较大（例如 AVHRR，MODIS）难以验证，要么是无法获取验证数据。因为要对现在常用的 30m 分辨率 TM 影像分类结果进行评估，不能通过影像自身的目视判读来进行，必须使用高分辨率的 IKONOS/QuickBird 或者航片，但通常难以获得同步数据，并且价格昂贵。

（2）混合像元分解的方法难以重复使用。因为混合像元分解的关键在于纯净端元的选取，而对不同时间、不同区域的影像而言，其下垫面的非均一性使得每次都必须重复进行纯净端元的选取，而这个过程比较复杂，需要大量的人机交互，难度远大过传统分类方法训练区的选取。

（3）利用混合像元分解所得组分丰度结果进行分类的标准不统一。混合像元分解虽然能够得到更为精确的各组分丰度，但距离人们通常所使用的土地利用/土地覆盖分类标准体系还有差距。V-I-S 模型为在城市中利用其结果提供了概念模型，但没有一个统一的标准将其归纳至具体的土地利用/土地覆盖类型中，这对其结果的应用造成了很大的障碍。

综上所述，在我们进行北京城区热场时空分布和相关景观生态因子分析时，虽然在单时相可以利用混合像元分解结合 V-I-S 模型的方法进行详细分析，但在进行多时相变化分析时，还是需要利用传统的遥感影像分类方法。下面我们将介绍如何利用不同的决策树策略来对 ASTER 和 TM 影像进行城区土地利用/土地覆盖分类。

4.2　基于决策树方法的北京市城区景观格局分析

4.2.1　分类体系的确定

在使用卫星遥感进行土地利用/土地覆盖分类之前，首先必须确定本研究所用的分类体系。

Sokal 认为分类（classification）是将对象依据它们之间的相互关系进行排序和重置，从而形成特定的组合。Antonio 也提出分类是使用已定义好的诊断准则对实际情况进行一种概括表达。分类系统描述的是类型名称和分类标准，一个理想的分类系统是与尺度和采集信息的手段无关的（无论是采用卫星影像、航片或地面调查）。FAO 提出了一种建立土地分类系统应遵循的准则，其中一个重要原则就是类别间的排他性，既无类别重叠但又要能够描述所有土地覆盖类型的特征。实际上，现有的分类系统很难完全满足这些标准。同时，土地利用分类强调的是表示与土地相结合的人类活动而产生的不同利用方式，而土地覆盖是地表的客观存在，主要表示地球表面存在的不同类型的覆盖特征。土地覆盖分类是土地利用分类的基础。对于卫星遥感，我们只能通过影像上各种土地覆盖的组合、结构和模式来间接识别土地利用类型。

国内外有许多不同的土地分类系统，其中，中国科学院"八五"重大应用项目"国家资源环境遥感宏观调查与动态分析"依据一定的分类原则，主要从土地资源角度建立起了一套基于中分辨率 TM 遥感数据的二级土地分类系统。对我们的研究来说，进行土地利用/土地覆盖分类的主要目的是获取与城市热场时空变化相关的下垫面因子，应用的就是中分辨率的 ASTER/TM 影像，因此，参考该二级土地分类系统，结合我们的需要，可以将研究区分为草地、林地、农业用地、水体、阴影、裸地和建筑用地七个类别。

4.2.2 决策树分类算法

4.2.2.1 分类算法的确定

在确定了分类体系之后，我们可以根据所研究区域的特点、已有数据的分辨率和所要求分类结果的精度来选择合适的分类算法。

传统的遥感影像分类算法可分为非监督分类和监督分类两种。非监督分类按照特征矢量在特征空间中类别集群的特点进行分类，分类结果只是对不同类别达到了区分，而类别属性则是通过事后对各类的光谱响应曲线进行分析或通过实地调查后确定的。常见的非监督分类法有 K-均值(K-means)、迭代自组织数据分析(Iterative Self-Organize Data Analysis)等。监督分类是在有先验知识的条件下进行的，先选择训练样区，根据已知像元数据求出参数，确定各类判别函数的形式，然后利用判别函数对未知像元进行分类。经典的监督分类法有最大似然法(Maximum Likelihood Classifier)、最小距离法(Nearest-Mean Classifier)、光谱角分类法(Spectral Angle Classifier)等。在传统的统计模式方法中，其代表是最大似然法。最大似然法有着严密的理论基础，对于呈正态分布的数据，判别函数易于建立，有很好的统计特征而且该方法能充分利用各类先验知识和概率，人机交互操作简单，因此最大似然法是目前最为成熟和应用最为广泛的监督分类方法。

传统的分类方法主要有以下六个局限：(1)基于数理统计理论的分类；(2)基于影像光谱特征的分类；(3)基于像元的逐点分类；(4)每个像元有且仅有一个所属类别的硬分类；(5)利用单源遥感影像的分类；(6)利用单分类器分类(即只利用一个分类器分出所有类别)。随着遥感技术的不断发展，这六个局限都在不同程度上限制着分类精度的提高，目前国内外出现的新分类方法也主要是对这六个方面进行改进。对基于统计理论分类的改进主要包括人工神经网络分类法(Artificial Neural Network)、模糊分类法(Fuzzy Classification)、支撑向量机分类方法(Support Vector Machine)和基于知识分类的GIS 空间数据库知识挖掘遥感影像分类及决策树分类法(Decision Tree Classifier)。其中，ANN 分类法是非参数型的，有较好的容错特性，已有的研究都表明其分类精度要高于传统的基于统计的分类方法，但 ANN 分类器的拓扑结构的选择经常缺乏充分的理论依据，网络连接权值的物理意义不明确，人们无法理解其进行推理的过程，对 ANN 行为的理解远远落后于算法的改进；模糊分类能够部分解决遥感信息分析结果的不确定性和多解性问题，但模糊分类的关键在于确定隶属度或隶属函数，然而这一过程比较复杂，至今没有一般性的法则可以遵循；SVM 方法提供了一个与问题维数无关的函数复杂性的有意义刻画，能够获得较高的分类精度，而且在学习速度、自适应能力、特征空间高维不限制、可表达性等方面具有优势；GIS 空间数据挖掘方法促进了 GIS 与 RS 的集成，较好地解决了专家系统知识获取的问题，能有力促进遥感影像分类方法的发展；决策树分类法（DTC）是模拟人工分类过程，对整个数据集从上往下逐级细分的一种分类方法，具有灵活、直观、清晰、可重复性强、运算效率高等优点。其余还包括对基于影像光谱特征分类改进的利用影像纹理信息的分类（适用于高空间分辨率遥感影像）、利用时相信息的分类（适用于高时相卫星）和利用角度信息的分类（适用于多角度传感器），对基于逐点分类改进的基于图斑的分类方法，对基于硬分类改进的亚像元分类方法，对利用单源遥感影像分类改进的多源遥感数据融合分类和对基于单分类器的改进的复合分类法等。

在本研究中，主要是使用中分辨率的 ASTER/TM 影像对下垫面复杂的城市进行影响城区热场时空变化的因子分析，需要对许多景多年、多时相的遥感影像进行分类并进行结果的对比，因此需要所选用的分类方法具有高度的重复性、所需辅助数据少、分类过程易于解释等优点，同时其分类结果能与城市生态效应直接相关。根据以上标准和已有的技术积累，决策树分类算法是我们的最佳选择。

4.2.2.2　决策树分类算法

决策树又称多级分类器，属于非参数型分类方法，是多层次识别系统的一种组织形式，其宗旨不是企图用一种算法、一个决策规则去将多个类别一次分开，而是采用分级形式将复杂的多分类问题转化为简单的分类问题以逐步得到解决。目前决策树分类方法被成功用于很多领域，诸如雷达信号的分类、特征识别、遥感影像处理、医学诊断、专家系统等。

决策树分类器由一个根节点（Root Nodes）、一系列内部节点（Internal Nodes）（分支）及终级节点（Terminal Nodes）（叶）组成。从根节点到终节点，每个节点就是一个决策子问题，只有在父节点上未被排除的候选对象才会得到处理。在决策树路径上从一个节点到下一个节点，候选对象单调减少，直到在叶节点上只剩下最后一个对象。在每个分支节点上，其特征定义和规则都不同。

在遥感影像处理中，决策树可以像人工分类过程一样定义，在预先已知所需类别的情况下，依据每个节点上的规则将遥感数据集一级级地往下细分。这些分类规则通过条件语句描述，易于变成能被计算机识别的分类语句。如果把影像上的全部地物看成一个原级 T（根节点），首先可以考虑组分，将原级 T 分为 T1（植被）和 T2（非植被）两大类，称为"一级"分类；进而每大类中又可再进一步分类，如 T1（植被）可分为 A（农业用地）和 T3（非农业用地），T2（非植被）可分为 B（水体）和 T4（非水体）等，称为"二级"分类；T3 可分为 C（草地）和 D（林地），如此往复，直至所要求的"终级"（叶节点）类别分出为止。这样在"原级"与"终级"之间就形成了一个树状结构，在树的每一分叉节点处，可以选择不同规则和地物用于更细致的分类。图 4-12 即是决策树分类算法的基本原理。

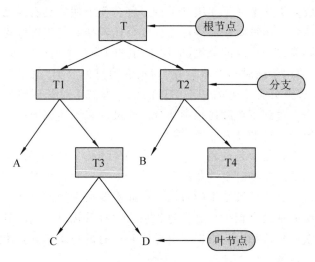

图 4-12　决策树分类算法的基本原理

4.2.3　TM/ASTER 影像决策树分类方法

4.2.3.1　ETM＋/TM5 影像决策树分类方法

为了便于分类精度的验证，首先选取 2005 年 5 月 22 日的 TM5 影像进行解译分析，然后应用决策树分类，建立起基本的特征规则，然后将这些规则推广至其他时相的 ETM＋/TM5 影像的分类中。由于辐射强度的差异、季节变换及大气条件等因素影响，在应用于其他时相时，必须根据实际情况对初始规则中的阈值进行修改。图 4-13 是对 2005 年 5 月 22 日 TM 影像进行决策树分类的流程及其特征规则。

对植被和非植被，NDVI 是应用最多的区分指标。在本研究中，我们发现由于城市内大量混合像元的存在，NDVI 值为正的未必就是植被，经过多次实地考察对比与精度检验，将阈值设为 0.29，即 NDVI＞0.29 的像元被归类为植被，即植被/非植被为一级类别。

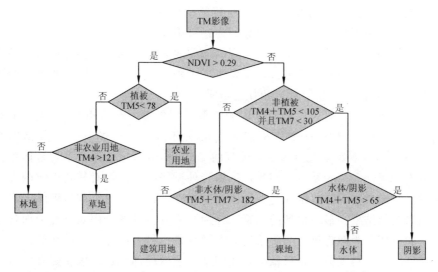

图 4-13　2005 年 5 月 22 日 TM5 影像决策树分类流程及其特征规则

对植被类型样本区中的农业用地、林地和草地进行各波段 DN 值的最大、最小、均值和均方差的统计分析表明，农业用地与草地、林地在 TM 第 5 波段的 DN 值有较大差异，农业用地的反射率明显较小，故可将阈值设为 78，即 TM5<78 的像元被归属为农业用地。草地和林地在 TM 第 4 波段的 DN 有较大差异，草地的值明显较大，故将阈值设为 121，即 TM4>121 的像元被归属为草地。

对于非植被，可以分为水体/阴影与非水体/阴影二级类别。本研究发现无论是水体、小水体还是阴影，其在 TM 第 4，5，7 波段的 DN 值都远小于其他样本点在同波段的 DN 值，因此，本研究利用此明显差异将水体/阴影与非水体/阴影的地物类型区分开来。经过反复实践比较和精度检验，我们采用 TM4+TM5<105 作为判别函数来提取水体/阴影，对于其中仍掺杂的一些裸地，此时再增加一个判别函数 TM7<30 即可得到很好的分离效果。

水体和阴影的分离是一个难点，在本研究中，通过对两者光谱特征微小差异的分析，发现水体与阴影在 TM 第 4，5 波段的 DN 值还是有较大差异的，容易与阴影产生混淆的主要是光谱特征与阴影极为相似的小水体。对于空间分辨率 30m 的 TM 数据，在城区极少有满一个像元的阴影。在我们的研究区中，阴影主要集中在山区。对山区，可将阈值设为 65，即 TM4+TM5>65 的像元被归为阴影，然后再通过目视判读和手工修改，将城区部分被误分为阴影的小水体重新划定为水体，这也是将地物空间位置特征引入到遥感分类中的一个尝试。

对非水体/阴影的二级类别，可分为建筑用地与裸地。对建筑用地与裸地两种地物类型样区 DN 值的统计分析，发现裸地在 TM 第 5，7 波段的 DN

值远大于建筑用地在同波段的值，可将阈值设为 182，即 TM5＋TM7＞182 的像元被归为裸地，剩余未分部分即为建筑用地。

为了得到实用的分类结果及美观的作图效果，对以上分类过程所得结果还需要进行一定的后处理工作，主要包括类别筛选和类别成团的步骤。彩图 6 即为 2005 年 5 月 22 日北京市城区分类结果图。

在本研究中，对于样本训练区的选取，主要参考北京市 1997 年土地利用现状图、1999 年 9 月 2 日覆盖北京市三环以内地区的 SPOT 数据以及 2002 年 7 月 5 日覆盖北京市部分地区的 QuickBird 数据，充分了解地面覆盖物的类别属性和先验知识，同时，采用野外调研的方法，对某些选定的训练区进行实地考察，进一步提高训练区选取的精度，最终反复调整训练区直至得到满意的结果。最终得到的训练区分为两部分，一部分用来研究地面各种地物的特征，为即将进行的决策树分类做准备；另一部分用于最终的分类结果精度检测。对于分类结果精度，我们结合选取的部分训练区、野外实地调查数据和目视解译的方法对其进行了评价。2005 年 5 月 22 日的研究区遥感影像决策树分类结果的混淆矩阵如表 4-1 所示，其总体分类精度为 91.1％，Kappa 系数为 0.89。

利用相同的方法对其他年份的研究区决策树分类结果进行精度评价，都可以得到比较高的总体分类精度和 Kappa 系数，总体分类精度和使用者精度均在 80％以上，Kappa 系数也都在 0.8 以上，达到了变化检测的最低允许精度 0.7，这说明单景分类结果均比较理想，也说明本研究所采用的遥感分类方法是适宜的，其结果可用于对土地利用/土地覆盖变化的进一步研究。对于详细的多年不同时期北京市城区土地利用/土地覆盖变化将在下一章中进行详细阐述。

表 4-1　2005 年 5 月 22 日北京市城区分类精度评价混淆矩阵

	遥感分类数据								
	水体	阴影	建筑用地	裸地	草地	林地	农业用地	总和	生产者精度/%
水体	434	0	0	0	0	0	0	434	100.00
阴影	0	221	0	0	0	29	0	250	88.40
建筑用地	31	0	459	0	0	0	8	498	92.17
裸地	13	1	6	643	1	0	1	665	96.69
草地	0	0	0	0	159	0	0	159	100.00
林地	9	18	0	0	78	811	95	1 011	80.22
农业用地	0	0	0	0	0	24	497	521	80.39
总和	487	240	465	643	238	872	593	3 538	
生产者精度/%	89.12	92.08	98.71	100.00	66.81	93.00	83.81		

4.2.3.2　ASTER 影像决策树分类方法

在将上述方法应用到 ASTER 数据时，需要作相应的改进。图 4-14 为 ASTER 数据决策树分类流程及其特征规则，彩图 7 即为 2004 年 4 月 9 日北京市城区的分类结果图。

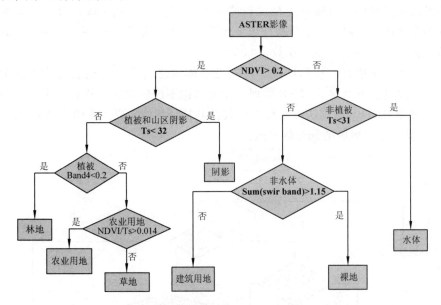

图 4-14　ASTER 数据决策树分类流程及其特征规则

如图 4-14 所示，对 2004 年 4 月 9 日的 ASTER 影像，也是使用 NDVI 来区分植被和非植被，经过对样区的统计分析，我们确定阈值为 0.2。

对于非植被，水体和建筑用地及裸地的最大区别在于其温度，水体的温度要远低于后两者，故将地表温度小于 31℃的部分划分为水体。对于建筑用地和裸地，两者的 NDVI 和温度的均很接近，难以用这两个指标加以区分。但 ASTER 传感器有 6 个短波近红外波段，它们对地物矿物的组成较敏感，而建筑物大多由水泥、混凝土和柏油构成。经过分析，发现建筑用地的 6 个短波近红外波段反射率之和要小于裸地，故将阈值设定为 1.15 加以划分。

对于植被，山区内的阴影大多也是植被，它们的 NDVI 也较高，但相较于其他植被最大的区别在于温度，故将地表温度低于 32℃的部分划分为阴影。对于林地、草地和农业用地，它们的温度相差不大，但林地在 ASTER 短波近红外第 4 波段的反射率却要明显低于草地和农业用地，故使用阈值 0.2 加以划分。最后剩下的草地和农业用地是最难处理的，因为它们的温度及波谱都很相似，区别主要在于草地集中在城区，而农业用地集中在郊区。因为我们研究的主要目标放在城区，故可以牺牲对农业用地分类的精度，来满足对城区内草地的分类。由于在相同植被覆盖情况下，通常农业用地的蒸散较大，其冠层温度较低，农业用地的 NDVI 与地表温度的比值较小，故可用来划分农业用地和草地。

对于其他时相的 ASTER 数据也可根据上述方法进行分类，只不过需要修改阈值。利用与 TM 影像分类相同的训练区对分类结果进行精度评价，我们发现在城区内的总体分类精度较高，为 85.1%，Kappa 系数为 0.84，而在整个城区范围内，由于草地和农业用地，以及裸地和建筑用地的混合，其精度仅为 72.3%，Kappa 系数为 0.69。

由于冬季地表的特殊性质，特别是水体可能结冰或者地表有冰雪的覆盖，因此对于冬季的 ASTER 数据，需要依据不同的决策来进行分类。图 4-15 为冬季 ASTER 数据决策树分类流程及其特征规则，彩图 8 即为 2004 年 1 月 27 日北京市城区的分类结果图。

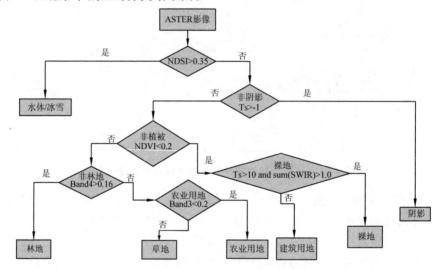

图 4-15　冬季 ASTER 数据决策树分类流程及其特征规则

由图 4-15 可以看出，对于冬季结冰的水体或地表覆盖的冰雪，可以使用归一化积雪指数 NDSI 来加以划分。NDSI 是在使用 TM 数据进行冰雪制图时比较有效的一种方法，它定义为可见光波段（TM2，0.52～0.60μm）和短波近红外波段（TM5，1.55～1.75μm）之差与这两者之和的比值，相对应的 ASTER 的第 1 和第 4 波段。对山区内的阴影，由于其温度基本都在零下，故可使用地表温度阈值加以划分。冬季植被和非植被的 NDVI 值都普遍较小，但仍可使用 NDVI 的阈值加以划分。对于裸地和建筑用地，裸地的温度较高；同时其在短波近红外的反射率值也比建筑用地高。使用这两个条件的联合就能较好地划分裸地和建筑用地。对于植被，林地在短波近红外第 4 波段的反射率仍然较低，故可使用该波段的反射率值加以划分。但在冬季，农业用地的蒸散也很小，使得农业用地和草地的 NDVI 与温度比值基本一致，无法像在夏季那样加以应用。不过也许由于城区的草地在冬季也是常绿的，而农业用地内的植被大多没有长成，我们发现农业用地在红光波段的反射率较小，故使用该波段的发射率值加以区分，虽然最终结果误差会较大，但已是目前所能达到的精度最优区分。

4.3 本章小结

本章主要介绍了进行北京市土地利用/土地覆盖景观格局分布的各种方法。我们进行土地利用/土地覆盖景观格局分布的主要目的是为了进行北京市城区热场时空变化的影响因子分析，因此对存在大量混合像元的城区，我们使用简单实用的线性混合像元分解方法结合 V-I-S 模型将城市下垫面分解为不透水地表和植被的混合，结果表明，所得植被覆盖比例与地表温度之间的相关性要高于 NDVI，是衡量城市热场变化影响因子更好的指标，因而对于单景影像的地表热场分析而言，使用混合像元分解结合 V-I-S 模型是一种更好的方法。但对需要进行多个时相的地表热场分析的本研究而言，易于使用且可重复性强的决策树分类算法是更好的选择。因此本章根据 ASTER 和 TM 数据的特点，采用不同的决策规则对不同时相和季节的遥感影像进行城区土地利用/土地覆盖景观格局分布。

第 5 章　北京城市热场时空变化及
相关因子分析

5.1　前言

　　北京位于北纬 39°、东经 116°，它的西、北和东北面群山环绕，东南是缓缓向渤海倾斜的大平原。北京平原的海拔高度约 20～60m，山地一般海拔 1 000～1 500m，地势是西北高、东南低。北京的气候为典型的暖温带半湿润大陆性季风气候，夏季炎热多雨，冬季寒冷干燥，春、秋季短促。降水季节分配很不均匀，全年降水的 75％集中在夏季，7、8 月常有暴雨。

　　北京总面积约 $1.64 \times 10^4 km^2$，2012 年全市常住人口超过 $2\,000 \times 10^4$ 人。全北京包括东城、西城两个中心旧城区（2010 年以来）和海淀、朝阳、石景山、丰台、门头沟、房山、通州、顺义等新城区，还有昌平、延庆、密云、怀柔、平谷和大兴等卫星远郊区县，以旧城区为中心，呈辐射状伸向四面八方。其中，旧城区是以紫禁城为中心，从南到北，贯穿一条中轴线，与东西长安街正交，其街巷横平竖直，四合院构成蜂窝结构，这种棋盘式的布局是北京特殊的地表和边界层特征。改革开放以来，北京的城市化发展迅速，在原有城市低洼的蜂窝式中心围起一层层高大的建筑，对其城市环境的改变带来了巨大的影响。城市热岛作为城郊气候差异最明显的现象，也随之越来越严重，成为当前城市气候与环境研究中最为重要的研究内容之一。

　　2000 年夏季，北京市持续高温时间超过了一周，最高气温曾高达 42.6℃，一度成为华北乃至全国的高温中心之一。而 2008 年北京奥运会在北京每年最热的 8 月举行，如何促进北京城市环境建设、落实"绿色奥运"理念、提高人居环境品质是对北京城市热岛效应研究的主要目的。

　　早在 1980 年，周明煜等对北京地区热岛和热岛环流特征进行了分析，发现北京地区一年四季都存在热岛现象，但夏季热岛较弱，热岛中心位于城中心的天安门附近。1981 年，曲绍厚等对北京城区的气象效应进行了分析，发现不仅城区的气温比郊区的高，而且城区的日照和相对湿度比郊区要小。徐祥德等指出，北京市中心 1983—1985 年 1 月日平均气温比郊区（东郊）气温高 2.4℃，8 月平均最高气温城郊差值在 0.4～1.6℃之间。可见，北京城市化初期就已出现明显的热岛效应。

　　进入 21 世纪以后，研究者使用各种方法进行了北京城市热岛效应特征及其相关影响因子的研究，特别是在《国家重点基础研究发展规划》项目"首都北京及周边地区大气、水、土环境污染机理与调控原理"的支持下，涌现了大量研究成果。在直接使用气象资料方面，张光智等使用北京及市郊地区共 16 个标准国家气候站 1961—2000 年 40 年的温度资料对北京及周边地区的城市尺度热岛特征及其演变进行了研究，结果表明，以海淀为代表的北京城区大部热岛效应显著，门头沟、石景山、丰台、房山和通县等地是局地升温的显著区域，北京具有城市、卫星城市"热岛"多中心的复杂特征，且 20 世纪末的 10 年与 80 年代的 10 年相比，北京城区与郊区热岛效应增强趋势显著。之后，宋艳玲和林学椿等也利用北京市近 40 年气候资料研究分析北京市市区与郊区平均气温日、季、年际及年代变化特征和北京地区的大尺度气温变化及其热岛效应，均发现随着北京城市建设和城市化速度的加快，北京城市热岛强度也在明显增加。王欣等使用 2001 年 9 月北京城区和郊区同步大气边界层观测资料，发现北京秋季近地层早晨 8：00 和傍晚 20：00 温差较大，其中 20：00 城郊温差达到最大，中午 11：00 和 14：00 城郊温差最小，近地面几乎为零，有时甚至出现负值，充分反映出城市热岛强度夜晚强、白天弱的特点。罗树如等使用 2000 年 7 月 23 日中科院大气所 325m 铁塔的梯度观测资料，对发生在北京市的夏季强热岛天气的边界层气象特征进行了分析，结果表明发生在夜间的北京市夏季强热岛，其边界层存在很强的逆温层结，并且逆温层较厚。同时，研究者还使用各种边界层数值模式对北京市的城市热岛效应进行了研究。徐敏等用区域边界层模式 RBLM 模拟了北京春、夏和冬季的北京地区气象环境特征，结果表明北京地区的气象环境很复杂，其主要特点是受昼夜循环的山谷风气流、城市热岛环流及大尺度系统共同影响。北京春季出现较弱的城市热岛环流，夏季的城市热岛环流明显，市郊区的温差为 5～6℃，地面气流在市区辐合，辐合中心与暖中心的位置重合，出现在北京海淀区附近，而冬季的气象环境特征受大尺度系统的影响较大，虽然市郊有温差，但基本上不出现城市热岛环流。杨玉华等使用非静力平衡的中尺度模式 MM5 模拟了北京冬季的热岛，结果表明 MM5 模式对北京市的热岛及热岛环流具有较好的模拟能力，且考虑了日周期变化的人为热源作用的数值试验结果更佳。佟华等使用北京大学城市边界层模式从气象观点就"楔形绿地"规划对北京城市气候的影响进行研究和评价，结果表明建造大型的楔形绿地后，绿地区域及绿地周围约 1 km 以内的地区温度有所降低，有助于减缓城市热岛效应。

　　以上研究主要集中在大气热岛方面，而在使用卫星遥感研究地表城市热岛方面，李延明等使用卫星遥感辐射亮温结合实地测定的研究方法，利用 1987—2001 年的卫星遥感影像数据，分析了城市热岛的分布和强度特征，研究了 15 年中北京城市绿色空间及热岛效应的演变特点，发现这 15 年中北京城市绿色空间变化明显，城市热岛效应也随之发生明显变化，随着城市建设范围的扩大，原有自然植被不断减少，热岛影响范围也随之扩大。程承旗等使用 TM 卫星反演温度和 NDVI 资料研究了北京市热岛强度与植被覆盖的关系。宫阿都和胡华浪等在最近的研究中使用 1997、2001 和 2004 年不同时相夏季 TM 数据反演地表温度来分析和评价北京市的城市热岛效应，并侧重研究了城市地表城市热岛空间格局的演变规律及其同土地利用/土地覆盖变化的关系。

综上所述，由于北京市气象资料积累时间较长，对大气热岛的研究开展较早，故现有的研究已较充分，得到的结果也趋同。但值得注意的是，随着北京市的快速发展，对气象站归属城区或郊区的划分会发生变化。在不同的研究中，对城郊气象站的选择以及用来分析热岛幅度的标准也有差异。在使用边界层数值模式模拟北京市大气热岛及热岛环流方面，也取得了一些成果，所得北京市每季热岛变化特征也与地面气象资料的分析相吻合，但使用模式模拟的日期有限，目前最佳分辨率只在 500m 左右，需要再进行大量的模拟和验证才能有更加充分的了解。而使用卫星遥感对北京市地表城市热岛的研究也从开始起步阶段直接使用辐射亮温发展至使用反演的地表温度，从研究地表城市热岛与城市植被覆盖的关系发展到研究其与整个城市土地利用/土地覆盖变化的关系。其结果也表明，北京市地表城市热岛演变与城市化发展过程密切相关，而植被覆盖的增加是减缓这一过程的有效途径。但已有的研究除了在对所反演地表温度的精度上有所欠缺外，也主要集中研究夏季的城市热岛，而基本不关心地表城市热岛与大气热岛之间的本质差异。对于影响热岛效应的相关影响因子，无论是大气热岛，还是地表城市热岛，都认为除了大尺度的气候因素之外，城市化进程中土地利用/土地覆盖的变化是最重要的影响因子。城市下垫面的不透水性、热性质（导热率、比热和热惯量）及立体分布的共同作用是形成城市热岛效应的主要因素。

因此，本研究拟在前人研究的成果之上，主要使用经过严格验证的卫星遥感反演参数进行北京市地表城市热岛的日变化、季节变化及年度变化规律的研究，同时使用夜间遥感影像尝试与大气热岛相结合的研究，并分析与之相关的影响因子，研究区域主要集中在北京市城区的城区部分。

5.2　北京市城区热场的日变化

5.2.1　北京市城区热场的日变化

温度是物质分子热运动状态的宏观表现，地表温度则是各种地表下垫面分子热运动的宏观表现。热的传输有辐射、传导和对流这三种方式，其中，遥感所测量的地表温度主要是利用辐射传输方式。下垫面地表温度的变化由辐射能量平衡四分量及自身热特性(热传导、比热、热惯量)控制,其变化的规律对于研究城市热岛效应而言非常重要。2003 年,David Richard Streutker 在他的博士论文中建立了一个基于热传输方程和 Fourier 定律的简单模型来模拟各种下垫面地表温度的日变化,其原理就是辐射能量平衡。在其模型中,假设地表温度呈正弦变化,且位相比辐射能量要延迟 $\pi/4$,即 3 h。该模型无法得到解析解,将太阳辐射的日变化模式及各种下垫面的热特性输入模型后,可以利用数值求导模型得到数值解。该模型虽然能够近似模拟出地表温度的日变化,但误差较大,且各种下垫面的辐射及热特性难以获取,故难以在实际中应用。

我们通过对夏季晴天北京城区各种下垫面地表温度的实际测量,发现了其中的一些普遍规律。图 5-1(a)是 2005 年 8 月 20 日利用热像仪在北京师范大学生地楼的屋顶上进行下垫面地表温度拍摄所获取的不同下垫面地表温度日变化曲线,主要是人造的不透水地表;而图 5-1(b)是 2005 年 6 月 2—4 日之间在小汤山实验区利用固定式测温探头得到的温度日变化数据,主要是自然地表。由图中可以看出,两种不同地表类型的下垫面温度变化规律基本一致:5:00 左右开始逐渐升温,至 14:00 左右达最高峰,此后温度逐渐下降,至次日 5:00 左右温度达到最低值。因此,可以近似认为,对于相同环境下相同类型的下垫面,其在同一时间,无论位于城市中的何种位置,均表现出一致的地表热场特征,以此建立了研究下垫面特征与地表热场关系的基础。该观测结果与李延明等的观测结果是一致的。

但是不同下垫面的温度变化幅度却有很大差异。在卫星过境时刻(TM:10:40,ASTER:11:10)地表温度尚未达到最高值,不同下垫面之间的温差也不是最大,因而,卫星遥感所得地表城市热岛也就不是最典型的。下面介绍如何将对实际观测地表温度曲线的拟合应用至卫星遥感地表城市热岛的日变化模拟中。

通过对夏季不同晴天各种下垫面温度日变化曲线的模拟,我们发现高斯函数是最佳的拟合函数,即

$$y = y_0 + \frac{A}{w\sqrt{\pi/2}}\mathrm{e}^{-2\frac{(x-x_c)^2}{w^2}} \tag{5-1}$$

其中,y_0 和 A 代表幅度,x_c 代表温度到达最高值的时刻。

如图 5-2 所示,高斯函数能较好地模拟各种下垫面的温度日变化,但是会低估人造地物的最高温度。事实上,利用高斯函数模拟从温度最低的 5 点之前到晚上凌晨这段时间内的地表温度日变化曲线的效果更好。图 5-3 即 2005 年 5 月 22 日小汤山南、北两个自动气象站上红外温度探头测量的温度日变化曲线(4:00 到 24:00)及其高斯模拟结果。由图 5-2 可知,对于自然地表,高斯函数模拟其最高值通常在 13:00 左右,而人造地表的模拟最高

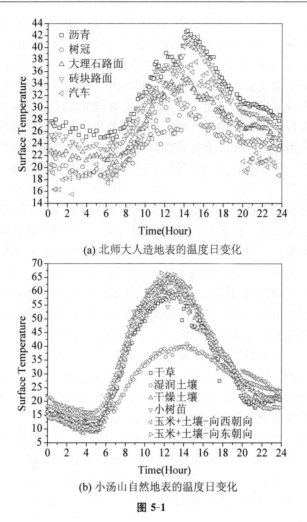

(a) 北师大人造地表的温度日变化

(b) 小汤山自然地表的温度日变化

图 5-1

值通常在 15：00 左右。如果能在卫星过境当天有各种典型下垫面的高斯模拟值的话，将会大大提高模拟的精度。但在 2005 年仅有 5 月 22 日同时获取了白天和夜晚的 TM 数据，故只能使用自然地表的模拟系数进行人造地表的模拟，这样虽然会造成一定的误差，却可作为有益的尝试。

如果我们假设 2005 年 5 月 22 日当天各种下垫面地表温度日变化在同一时刻到达最高值（这种假设显然会造成一定的误差），即高斯模拟中的 x_c 和 w 不变，只有温度变化的幅度发生改变，即 y_0 和 A 发生变化，那么如果有同一像元一天内的 2 个温度值，则可以求出每个像元对应的 y_0 和 A。对于 2005 年 5 月 22 日，我们分别获取了北京城区 10：40 和 21：45 过境的 Landsat TM5 两景影像，因此，可以应用该方法模拟出当天影像范围内地表温度的日变化。

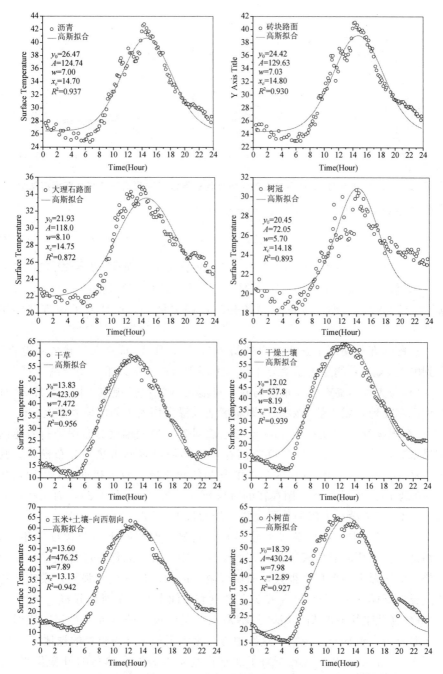

图 5-2 夏季不同晴天各种下垫面温度日变化曲线及其高斯模拟结果

假设已知地表温度日变化曲线的高斯模拟参数分别为 y_0，A，w 和 x_c，其在 10：40 和 21：45 的地表温度分别为 T_1 和 T_2，对一未知地表温度日变化曲线的像元 P，其在 10：40 和 21：45 的地表温度分别为 T_{P1} 和 T_{P2}，其高

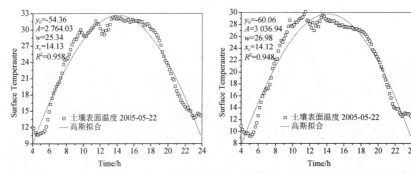

图 5-3　2005 年 5 月 22 日小汤山南北场地地表温度日变化曲线及其高斯模拟结果

斯模拟参数分别为 y_{0P}，A_P，w 和 x_c，则有：

$$A_P = \frac{T_{P1} - T_{P2}}{T_1 - T_2} \cdot A, \quad y_{0P} = T_{P1} - \frac{A_P}{A} \cdot (T_1 - y_0) \quad (5\text{-}2)$$

对 5 月 22 日的两个模拟系数，选定北面的那条，则有：$T_1 = 28.71$，$T_2 = 14.09$，假定南面的下垫面为某一像元，使用公式(5-2)可得：$A_P = 2\ 769.0$，$y_{0P} = -52.97$，与图 5-3 的模拟值相比，误差极小，这证明了该方法的可行性。

彩图 9 即是使用上述方法得到的 2005 年 5 月 22 日北京市城区从凌晨 5 点到晚上 24：00 的地表温度分布图。由图中可以得出以下一些结论。

(1)与大气热岛在白天很微弱甚至可能出现"冷岛"现象不同，5 月 22 日全天都存在地表城市热岛效应，即城区地表温度均大于郊区地表温度。

(2)根据简单地使用 Rainbow 彩色表对各个地表温度分布图进行着色的结果来看，从 5：00 到 24：00 之间存在不同的地表城市热岛分布模式。其中，从 5：00 到 8：00 这段太阳逐渐升起的阶段模式较为接近(模式 1)，从 9：00 到 19：00 这段有太阳存在的阶段模式较为接近(模式 2)，而从 20：00 到 24：00 完全没有太阳的阶段模式也较为接近(模式 3)。

(3)模式 1 中，看起来似乎城郊温差明显，但实际上温差幅度并不大，特别是城区内部的温度模式趋同；而模式 2 中，看起来似乎城郊温差呈渐变趋势，但实际上温差幅度很大，而城区内部的温度模式变化强烈；模式 3 的特点类似于模式 1，与模式 1 在温差幅度和时间上基本呈对称分布。

(4)在几乎所有时刻，城区并不是唯一温度很高的地区，在郊区依旧存在高温分布，根据对比观察，这些地方基本为干燥无植被覆盖的裸地。

通过上面的分析，大致了解了北京市夏季地表城市热岛的日变化规律。下面选取典型的最高(14：00)及最低时刻(5：00)的地表温度分布与卫星过境时刻(10：40)的地表温度分布进行对比，由于地表温度热岛的城郊差异明显，我们将对比分析的重点放在城区内部。彩图 10 分别是 5 月 22 日北京市城区 10：40 卫星过境时刻的地表温度分布图和 NDVI 分布图。表 5-1 是这三个时刻根据北京市城区的土地利用/土地覆盖分类得到的各类型地表温度及NDVI 的统计数据，其中 5 月 22 日的土地利用/土地覆盖分类图参见上一章。

由表 5-1 可知，各土地覆盖类型中，建筑用地在三个时刻的平均温度均最高，其次是裸地。在植被类型中，农业用地的 NDVI 最高且温度最低，其次是林地，草地的平均温度最高，这可能与其主要分布在城区有关。水体的温度变化范围最大，而山区阴影内主要是林地，故其 NDVI 值最高。这三个时刻，城区建筑用地的温度均高于郊区的植被和裸地，说明均存在地表城市热岛效应。5：00 的地表城市热岛效应极弱，幅度在 2℃左右，而 10：40 和14：00 的地表城市热岛幅度均超过 5℃，地表城市热岛效应明显。10：40 和14：00 的地表城市热岛效应差异不大，在 1℃左右，这可能与使用高斯函数模拟会低估人造地物的地表温度最高值有关。值得注意的是，在 10：40 和14：00，裸地的平均温度与建筑用地差距不大，这解释了为什么在郊区也存在许多高温区域。

表 5-1　北京市城区各土地覆盖类型地表温度及 NDVI 的统计

土地覆盖类型 （所占比例）/%	NDVI 均值 （方差）	5：00 温度均值 （方差）/℃	10：40 温度均值 （方差）/℃	14：00 温度均值 （方差）/℃
水体(4.28)	−0.131(0.163)	10.6(3.1)	27.7(4.2)	28.7(4.4)
阴影(0.44)	0.472(0.096)	10.1(1.8)	24.0(2.2)	24.7(2.4)
建筑用地(51.53)	0.082(0.121)	11.5(2.4)	31.6(2.5)	32.8(2.7)
裸地(12.51)	0.104(0.140)	9.6(2.6)	30.9(3.1)	32.2(3.3)
草地(1.36)	0.242(0.185)	9.2(2.5)	28.9(3.0)	30.0(3.2)
林地(29.64)	0.304(0.195)	10.3(2.5)	27.1(3.4)	28.1(3.6)
农业用地(0.24)	0.364(0.199)	9.1(2.1)	25.7(3.1)	26.7(3.3)

表 5-2 是 3 个时刻除水体和阴影外的各地表类型地表温度与其 NDVI 之间的相关性分析结果。由表中可以发现，在 5：00，所有覆盖类型的地表温度与 NDVI 之间的相关性极弱，也可能是正相关。这说明在 5：00 左右，地表净辐射接近为零的时候，绿色植被的多少对地表温度几乎没有影响，而在10：40 和 14：00，所有覆盖类型都与 NDVI 呈现负相关，其中农业用地的相关性最强，其次是建筑用地，这应该是由于建筑用地中混杂着大量植被的缘故，这也说明如果增加建筑用地内的植被覆盖，将会有效降低其地表温度。

表 5-2　北京市城区各土地覆盖类型地表温度与 NDVI 的相关性分析

覆盖类型	5：00 相关性公式（R）	10：40 相关性公式（R）	14：00 相关性公式（R）
建筑用地	$Ts=11.4+0.71 \cdot$ NDVI(0.036)	$Ts=32.5-11.5 \cdot$ NDVI(-0.560)	$Ts=33.8-12.2 \cdot$ NDVI(-0.556)
裸地	$Ts=9.55+0.26 \cdot$ NDVI(0.014)	$Ts=32.0-11.0 \cdot$ NDVI(-0.494)	$Ts=33.4-11.7 \cdot$ NDVI(-0.493)
草地	$Ts=8.65+2.31 \cdot$ NDVI(0.169)	$Ts=31.0-8.58 \cdot$ NDVI(-0.536)	$Ts=32.3-9.25 \cdot$ NDVI(-0.542)
林地	$Ts=9.58+2.37 \cdot$ NDVI(0.184)	$Ts=30.0-9.45 \cdot$ NDVI(-0.538)	$Ts=31.2-10.2 \cdot$ NDVI(-0.545)
农业用地	$Ts=8.49+1.67 \cdot$ NDVI(0.162)	$Ts=29.3-9.88 \cdot$ NDVI(-0.643)	$Ts=30.6-10.6 \cdot$ NDVI(-0.645)

　　为了进一步对比这 3 个时刻地表城市热岛的变化规律，我们使用廓线分析的方法对北京市城区八个方向上下垫面地表温度的变化进行研究，图 5-4 (a)是遥感影像上温度剖面划分的示意图，图 5-4(b)则是对比分析的结果。

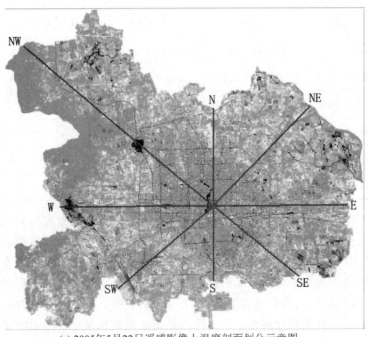

(a) 2005年5月22日遥感影像上温度剖面划分示意图

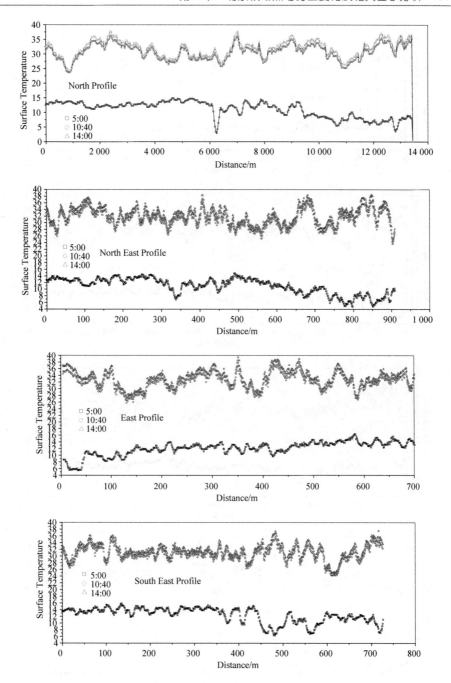

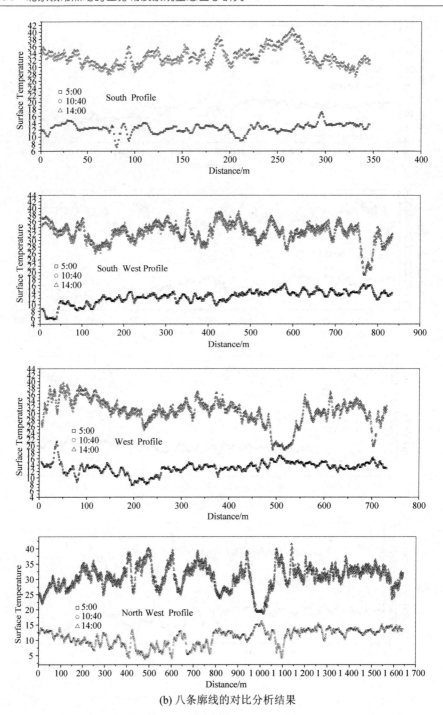

(b) 八条廓线的对比分析结果

图 5-4

图 5-4(b)的分析结果，更加明确地表明，夏季晴天地表城市热岛的日变化有其独特的规律性。

（1）地表城市热岛效应全天都存在，其强度在 14：00 左右达到最大，在 5：00 左右幅度最小，且以这两个时刻为对称中心，呈现对称性。

（2）白天的热岛效应较强时，与下垫面覆盖类型及植被覆盖密切相关；而在晚上，热岛效应较弱时，与植被覆盖的关系不大，主要受辐射及下垫面自身热特性的影响。

（3）晚上的热岛效应虽然较弱，但与白天较强的热岛效应一样，都存在较大的变异性，即在廓线方向上，温度的"高峰"和"低谷"交错出现，说明在城市中一直存在多个热岛中心。

5.2.2　大气热岛与地表城市热岛的对比

为了比较大气热岛与地表城市热岛的差异，我们使用 2005 年 5 月 22 日北京市 20 个标准气象站点 8：00、14：00 和 20：00 的近地表空气温度数据及 5 月 22 日白天和夜晚北京全市范围的 TM5 数据反演所得地表温度进行对比。在比较之前，需要利用气象站 3 个时刻的空气温度数据插值，以获取卫星过境时刻的空气温度。和上节一样，我们发现高斯函数也可以模拟空气温度的日变化，故参考公式(5-1)、(5-2)，分别使用 8：00 和 14：00 的数据及 14：00 和 20：00 的数据就可得到 10：40 和 21：45 的空气温度。所使用的参考空气温度日变化曲线来自 5 月 22 日小汤山的实测数据。图 5-5(a)是 5 月 22 日小汤山实验期间南北两个自动气象站上的 3 个温湿探头测量得到的空气温度日变化曲线。这 3 条曲线吻合得相当好，故可采取其中一条用作高斯拟合，图 5-5(b)即高斯拟合的结果。

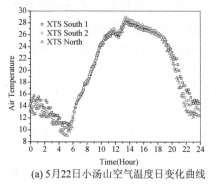
(a) 5月22日小汤山空气温度日变化曲线

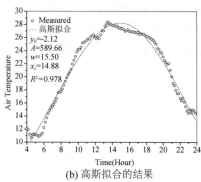
(b) 高斯拟合的结果

图 5-5

图 5-6 是所使用的北京市 20 个气象站点在 2005 年 5 月 22 日 TM5 影像上的分布示意图。根据第 2 章中对各个气象站点周围环境的描述，及它们在遥感影像上的分布，我们可以将这 20 个气象站点划分为山区站点、郊区站

图5-6　北京市20个气象站点在2005年5月22日TM5影像上的分布示意图

点和城区站点三大类。表5-3是各个站点白天10：40和晚上21：45的近地表空气温度及地表温度的对比结果，其中这两个时刻各个站点的近地表空气温度是使用高斯函数拟合得到的。图5-7(a)是这两个时刻大气热岛的状况。由图中可以看出，在白天，除山区站点温度较低以外，4个郊区站点和10个城区站点之间空气温度的差异并不明显，其中门头沟和平谷的温差最大，约2℃，而与之相应的图5-7(b)中，白天地表城市热岛以大兴和密云之间的温差最大，高达12℃；而在晚上，城郊之间的大气热岛极为明显，通州与密云之间的温差高达8℃，与之相应的地表城市热岛则大大减缓，大兴与怀柔之间的温差为7℃。这一增一减恰好为我们使用晚上的地表城市热岛来扩展大气热岛的空间代表性提供了基础。由图5-7(c)和图5-7(d)空气温度和地表温度的相关性分析可知，在晚上两者之间的相关性要强于白天。值得注意的是，可能由于各个站点局地气候的变化，有些站点白天和晚上的空气温度和地表温度的表现不一致，在一定程度上干扰了晚上空气温度和地表温度之间的相关性。由图5-7(e)可知，在早上8：00和晚上20：00，城郊间的大气热岛也较明显；而14：00时，各个站点，包括山区站点的温度都趋同，甚至在个别站点之间出现了"冷岛"现象。图5-7(e)的结果与前人的研究基本一致，说明5月22日晚上存在明显的大气热岛，因而在近地表应该存在稳定的逆温层。

表 5-3　各个站点白天 10：40 和晚上 21：45 的近地表空气温度及地表温度的对比结果

No.	站名	站点类别	10：40 空气温度/℃	10：40 地表温度/℃	21：45 空气温度/℃	21：45 地表温度/℃
1	佛爷顶	山区	14.37	17.9	9.01	5.9
2	汤河口	山区	19.58	23.0	9.90	7.0
3	霞云岭	山区	22.45	20.3	16.78	10.2
4	斋堂	山区	21.97	22.2	16.29	9.1
5	延庆	山区	20.46	24.0	15.70	10.7
6	上甸子	山区	21.11	22.7	15.07	8.0
7	密云	郊区	23.97	24.8	13.92	12.8
8	平谷	郊区	23.75	26.5	17.87	10.2
9	怀柔	郊区	24.40	25.8	17.36	9.7
10	顺义	郊区	24.76	25.9	17.35	11.2
11	丰台	城区	26.32	32.5	19.88	15.8
12	石景山	城区	25.80	32.0	19.48	14.8
13	门头沟	城区	26.66	33.1	17.86	14.8
14	房山	城区	25.68	30.6	17.96	14.8
15	大兴	城区	26.17	36.2	18.96	16.3
16	海淀	城区	25.58	33.3	20.39	15.3
17	朝阳	城区	25.06	32.5	20.90	15.5
18	通州	城区	26.60	35.8	21.94	15.3
19	昌平	城区	29.10	34.6	18.56	14.8
20	观象台	城区	28.20	33.8	20.70	14.8

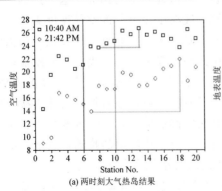

(a) 两时刻大气热岛结果

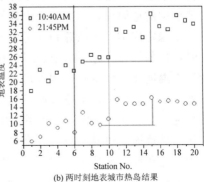

(b) 两时刻地表城市热岛结果

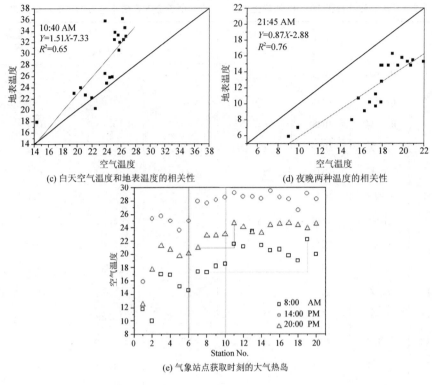

(c) 白天空气温度和地表温度的相关性　　　　(d) 夜晚两种温度的相关性

(e) 气象站点获取时刻的大气热岛

图 5-7

　　对于以上结果，我们认为大气热岛和地表城市热岛分别使用的近地表空气温度和地表温度之间有相当大的差异。由于空气的热容很低，地表温度和空气温度之间很难达到较好的热红外耦合特性。在晴天、稳定的晚上，大气热岛效应最明显，其原因在于晴空能使地表最有效地辐射热能。而一般自然地表发射率要高于人造地表，故降温更快，从而加大了不同下垫面降温的差异。当夜晚空气稳定的时候，最靠近地表的空气整晚都与地表保持热辐射交换，使得它能够通过传热给地表来降温，再由地表辐射出去。这个过程导致了边界层中的逆温层，即离地表更近的空气温度比上层的空气温度更低，形成了一个稳定层结。王欣等和罗树如等的研究表明，北京夏季和秋季强大气热岛时，城郊均存在较厚的逆温层。在这种情况下，近地表空气温度能较好地随地表温度变化而变化，因而晚上的地表城市热岛成为大气热岛的镜像。而一到白天，太阳辐射迅速给地表加温，地表再通过辐射加热与地表接触的空气。随着低层大气加温，晚上的逆温现象都消失了，空气也变得不稳定起来，从而导致地表边界层内的对流和混合。由于边界层的扰动，近地表的空气不能总是和地表保持接触（虽然这种扰动会增加空气的热容，但这一效果被空气体积的增大抵消了），因此，城郊空气温度差异微小，大气热岛也总是相当微弱。

通过以上的分析，我们可以发现，在夏季晴天空气稳定的夜晚，使用较高分辨率的 TM5 夜间景数据反演的地表温度能够较好地代表相应夜间大气热岛的空间变化，是连接大气热岛与地表城市热岛的有效途径。

5.3　北京市城区热场的季节变化

对城市居民来说，城市热岛效应有诸多危害，但在冬季，城市热岛效应也能够带来一些益处。目前绝大多数对城市热岛的研究都集中在炎热的夏季，事实上，城市热岛的季节变化特征也很值得关注。徐敏等使用区域边界层模式 RBLM 模拟了北京地区春、夏和冬季的大气热岛特征，目前鲜见有春、秋和冬季地表城市热岛的研究报道。因此本书拟使用 2004 年 1 月 27 日、8 月 31 日及 10 月 28 日的 ASTER 数据，结合 4 月 1 日和 7 月 6 日的 TM5 数据，对北京市城区春、夏、秋、冬每个季节的地表城市热岛变化进行研究。彩图 11 是这五天北京市城区的影像及由影像得到的土地利用/土地覆盖分类结果、地表温度和 NDVI 的分布图，表 5-4 则是根据这些数据所得分析结果。

表 5-4(a)　2004 年 1 月 27 日(冬季)地表城市热岛分析结果

土地覆盖类型 (%)	NDVI 均值 (方差)	温度均值 (方差)/℃	温度与 NDVI 的相关性 (R)
建筑用地(62.6)	0.123(0.043)	7.4(2.8)	$Ts=6.2+9.84 \cdot NDVI(0.148)$
裸地(16.5)	0.135(0.038)	13.1(2.2)	$Ts=10.3+20.9 \cdot NDVI(0.369)$
草地(2.4)	0.251(0.050)	11.4(3.3)	$Ts=12.0-2.24 \cdot NDVI(-0.03)$
林地(10.2)	0.281(0.066)	5.9(3.3)	$Ts=7.4-5.2 \cdot NDVI(-0.104)$
农业用地(6.6)	0.240(0.031)	11.3(3.0)	$Ts=13.6-9.5 \cdot NDVI(-0.098)$

表 5-4(b)　2004 年 4 月 1 日(春季)地表城市热岛分析结果

土地覆盖类型 (%)	NDVI 均值 (方差)	温度均值 (方差)/℃	温度与 NDVI 的相关性 (R)
建筑用地(48.5)	0.040(0.034)	22.6(2.4)	$Ts=23.2-14.4 \cdot NDVI(-0.208)$
裸地(12.9)	0.089(0.023)	25.0(2.6)	$Ts=24.5+5.82 \cdot NDVI(0.052)$
草地(4.0)	0.247(0.111)	18.3(2.1)	$Ts=18.7-1.50 \cdot NDVI(-0.08)$
林地(22.0)	0.094(0.062)	21.0(2.5)	$Ts=21.7-7.3 \cdot NDVI(-0.180)$
农业用地(10.6)	0.176(0.065)	20.6(2.9)	$Ts=24.8-20.9 \cdot NDVI(-0.537)$

表 5-4(c)　2004 年 7 月 6 日(夏季)地表城市热岛分析结果

土地覆盖类型(%)	NDVI 均值(方差)	温度均值(方差)/℃	温度与 NDVI 的相关性(R)
建筑用地(54.0)	0.240(0.158)	43.5(4.4)	$T_s=47.4-16.1 \cdot NDVI(-0.571)$
裸地(10.3)	0.192(0.117)	42.1(5.1)	$T_s=44.4-11.8 \cdot NDVI(-0.268)$
草地(11.1)	0.604(0.108)	37.9(2.5)	$T_s=42.7-7.9 \cdot NDVI(-0.340)$
林地(10.9)	0.620(0.108)	35.5(3.0)	$T_s=40.4-8.0 \cdot NDVI(-0.294)$
农业用地(11.6)	0.653(0.076)	34.2(1.7)	$T_s=38.0-5.9 \cdot NDVI(-0.257)$

表 5-4(d)　2004 年 8 月 31 日(夏季)地表城市热岛分析结果

土地覆盖类型(%)	NDVI 均值(方差)	温度均值(方差)/℃	温度与 NDVI 的相关性(R)
建筑用地(54.8)	0.306(0.100)	38.5(2.9)	$T_s=41.3-9.2 \cdot NDVI(-0.316)$
裸地(4.8)	0.215(0.094)	42.0(4.0)	$T_s=39.9+9.6 \cdot NDVI(0.228)$
草地(11.1)	0.709(0.064)	32.8(2.7)	$T_s=39.7-9.8 \cdot NDVI(-0.234)$
林地(23.9)	0.642(0.087)	33.3(3.5)	$T_s=46.4-20.3 \cdot NDVI(-0.506)$
农业用地(3.6)	0.621(0.146)	33.5(2.1)	$T_s=38.5-8.7 \cdot NDVI(-0.209)$

表 5-4(e)　2004 年 10 月 28 日(秋季)地表城市热岛分析结果

土地覆盖类型(%)	NDVI 均值(方差)	温度均值(方差)/℃	温度与 NDVI 的相关性(R)
建筑用地(50.0)	0.116(0.028)	22.1(1.7)	$T_s=23.4-11.4 \cdot NDVI(-0.192)$
裸地(1.8)	0.136(0.009)	23.8(1.8)	$T_s=37.5-101 \cdot NDVI(-0.508)$
草地(4.7)	0.225(0.050)	21.6(1.9)	$T_s=23.5-8.5 \cdot NDVI(-0.224)$
林地(33.9)	0.199(0.042)	21.4(1.7)	$T_s=24.3-14.5 \cdot NDVI(-0.368)$
农业用地(2.6)	0.352(0.061)	20.1(1.3)	$T_s=17.0+9.0 \cdot NDVI(0.430)$

　　由表 5-4(a)可知，就北京冬季城区的下垫面而言，城区建筑的平均地表温度只比林地的平均地表温度略高，却比其他自然地表的平均地表温度低，这说明冬季白天北京城区基本不存在热岛效应，这与许敏等使用数值模式模拟大气热岛得到的结论类似。同时，冬季城区建筑的地表温度与植被指数 NDVI 之间的相关性极差，甚至为正相关，这或许和冬季植被凋零，NDVI 值过小有关，而植被覆盖地表的温度与植被指数 NDVI 之间依旧存在负相关。

　　由表 5-4(b)可知，到了春季，北京城区存在较弱的地表城市热岛效应，在此时，平均地表温度最高的下垫面就已不是城区建筑，而是裸地。所以，这种地表城市热岛效应主要针对的是城区建筑和城郊植被之间的温度差异。可以看出，在春季，除了裸地以外的各地表类型的地表温度都开始和 NDVI 有负相关性，其中农业用地可能由于植被开始生长的缘故，其地表温度与 NDVI 之间的相关性较高。

由表 5-4(c)可知，北京城区盛夏存在明显的地表城市热岛效应，且各地表类型的温度与 NDVI 之间都存在负相关性。可能由于此时被划归至建筑用地的像元内混杂着较多植被的缘故，建筑用地与 NDVI 之间的相关性较强，同样的，裸地像元内混杂的植被，也使得裸地的地表温度在夏季与 NDVI 存在负相关性。而由表 5-4(d)可知，随着夏季的逐渐结束，北京城区的地表城市热岛效应也在减缓，热岛幅度在降低，但除裸地外的各下垫面依然保持着与 NDVI 的负相关性。这说明植被覆盖的增加确实能够降低城区各下垫面的地表温度，从而减缓地表城市热岛效应。

由表 5-4(e)可知，在秋季，北京城区的地表城市热岛效应与春季基本类似，即在一定程度上存在较弱的地表城市热岛效应。表 5-4(e)中裸地和农业用地出现的异常值可能是由于该景 ASTER 影像覆盖范围内裸地和农业用地比例太低，而分类又不精确造成的。

从以上的分析可知，北京市城区地表城市热岛存在明显的季节变化，基本是夏季最强，春秋季较弱，而冬季基本没有的趋势，这与观测或模拟到的大气热岛的季节变化是类似的。由此可知，地表城市热岛这一现象主要由局地气候和土地利用/土地覆盖的格局支配。其中，局地气候是决定性因素，而土地利用/土地覆盖的变化会促进或减缓地表城市热岛现象的发生。

5.4　北京市城区热场的年度变化

由上面的分析我们知道，北京市城区最明显的热场出现在夏季。为了研究当局地气候基本一致时，土地利用/土地覆盖的变化是如何促进或减缓地表城市热岛效应的，我们选取 2001 年 5 月 19 日、2002 年 5 月 22 日、2003 年 4 月 7 日、2004 年 5 月 19 日和 2005 年 5 月 22 日基本同时期的 TM5 遥感影像数据，对由遥感观测分析得到的地表城市热岛的年度变化进行研究。彩图 12 是所使用的这 5 天数据北京市城区的影像及由影像得到的土地利用/土地覆盖分类结果、地表温度和 NDVI 的分布图，表 5-5 则是根据这些数据所得到的分析结果。

表 5-5(a) 2001 年 5 月 19 日地表城市热岛分析结果

土地覆盖类型 （%）	NDVI 均值 （方差）	温度均值 （方差）/℃	温度与 NDVI 的相关性 （R）
建筑用地(59.3)	0.196(0.056)	46.1(2.6)	$Ts=49.9-19.4 \cdot NDVI(-0.223)$
裸地(9.6)	0.175(0.042)	49.3(3.3)	$Ts=48.8+2.7 \cdot NDVI(0.034)$
草地(0.2)	0.545(0.091)	36.4(2.4)	$Ts=36.5-0.26 \cdot NDVI(-0.01)$
林地(23.2)	0.360(0.113)	43.3(3.9)	$Ts=51.2-22.0 \cdot NDVI(-0.639)$
农业用地(1.0)	0.581(0.056)	35.7(2.9)	$Ts=53.2-30.0 \cdot NDVI(-0.570)$

表 5-5(b) 2002 年 5 月 22 日地表城市热岛分析结果

土地覆盖类型 （%）	NDVI 均值 （方差）	温度均值 （方差）/℃	温度与 NDVI 的相关性 （R）
建筑用地(55.5)	0.313(0.119)	41.2(3.5)	$Ts=43.7-18.4 \cdot NDVI(-0.278)$
裸地(9.0)	0.312(0.105)	43.6(4.5)	$Ts=40.1-1.36 \cdot NDVI(-0.017)$
草地(0.8)	0.573(0.179)	36.3(4.2)	$Ts=36.5-6.85 \cdot NDVI(-0.158)$
林地(26.3)	0.551(0.168)	36.8(4.2)	$Ts=42.7-16.5 \cdot NDVI(-0.292)$
农业用地(2.0)	0.598(0.145)	35.9(4.3)	$Ts=44.1-15.2 \cdot NDVI(-0.357)$

表 5-5(c) 2003 年 4 月 7 日地表城市热岛分析结果

土地覆盖类型 （%）	NDVI 均值 （方差）	温度均值 （方差）/℃	温度与 NDVI 的相关性 （R）
建筑用地(50.8)	0.206(0.044)	39.9(2.9)	$Ts=43.7-18.4 \cdot NDVI(-0.278)$
裸地(15.3)	0.225(0.043)	39.8(3.5)	$Ts=40.1-1.36 \cdot NDVI(-0.017)$
草地(0.27)	0.616(0.083)	32.3(3.6)	$Ts=36.5-6.8 \cdot NDVI(-0.158)$
林地(24.5)	0.325(0.072)	37.3(4.1)	$Ts=42.7-16.5 \cdot NDVI(-0.292)$
农业用地(2.43)	0.379(0.102)	38.3(4.4)	$Ts=44.0-15.2 \cdot NDVI(-0.357)$

表 5-5(d) 2004 年 5 月 19 日地表城市热岛分析结果

土地覆盖类型 （%）	NDVI 均值 （方差）	温度均值 （方差）/℃	温度与 NDVI 的相关性 （R）
建筑用地(54.8)	0.165(0.088)	39.6(3.2)	$Ts=43.1-21.5 \cdot NDVI(-0.591)$
裸地(6.8)	0.146(0.069)	37.6(3.0)	$Ts=38.9-8.9 \cdot NDVI(-0.205)$
草地(0.7)	0.542(0.067)	31.8(2.8)	$Ts=47.3-28.6 \cdot NDVI(-0.685)$
林地(26.9)	0.455(0.102)	33.7(2.3)	$Ts=38.3-10.2 \cdot NDVI(-0.448)$
农业用地(1.5)	0.372(0.069)	31.1(1.7)	$Ts=35.9-13.1 \cdot NDVI(-0.527)$

表 5-5(e)　2005 年 5 月 22 日地表城市热岛分析结果

土地覆盖类型 （％）	NDVI 均值 （方差）	温度均值 （方差）/℃	温度与 NDVI 的相关性 （R）
建筑用地(51.53)	0.082(0.121)	31.6(2.5)	$Ts=32.5-11.5 \cdot NDVI(-0.560)$
裸地(12.5)	0.104(0.140)	30.9(3.1)	$Ts=32.0-11.0 \cdot NDVI(-0.494)$
草地(1.36)	0.242(0.185)	28.9(3.0)	$Ts=31.0-8.58 \cdot NDVI(-0.536)$
林地(29.6)	0.304(0.195)	27.1(3.4)	$Ts=30.0-9.45 \cdot NDVI(-0.538)$
农业用地(0.24)	0.364(0.199)	25.7(3.1)	$Ts=29.3-9.88 \cdot NDVI(-0.643)$

由表 5-5 的统计分析结果可知，从 2001—2005 年每年 5 月 19 日左右 TM5 卫星过境北京时刻，北京城区均存在明显的地表城市热岛效应，其幅度随当天的具体条件发生变化，但总体上各地表类型，特别是建筑用地的平均温度在不断下降。受 TM5 卫星空间分辨率的限制，城市内的绿地信息主要包括在林地及建筑用地这两大类型之中，而从 2001—2005 年的分类结果来看，这两者的比例仅发生轻微的改变，完全在分类的允许误差范围之内。但由地表温度与 NDVI 之间负相关性越来越强这点来看，我们可以认为这正反映了城区内植被覆盖不断增加的事实。同时也证明，就整体地表城市热岛效应而言，植被覆盖的增多的确是减缓城市热岛效应的有效途径之一。

5.5　系统误差分析

在本书的研究中，从实验数据的获取（包括实验设计、所用仪器及处理方法），到对遥感影像的处理（包括各种地表参数的反演算法、实测数据的近似拟合）等各个环节都有可能带来误差，而对于以上所取得的研究结果，其系统误差是所有这些环节误差的累积，因此有必要对这一系统误差进行总结评价。

首先，对于系统误差，主要集中在以下三个方面。

（1）实验数据的误差。这一误差主要包括实验仪器固有的误差及测量方法造成的误差两部分。其中，实验仪器固有的误差在第 2 章仪器的介绍中均有说明。而在使用仪器进行测量中，虽然我们采取了诸如黑体标定、同步对比等方法加以补偿，但每种测量方法还是有其特殊的缺陷。

（2）遥感影像预处理及地表参数反演的误差。对任何遥感影像而言，其辐射纠正、几何纠正和大气纠正等预处理工作都无法做到十全十美，而在地表参数反演的过程中，我们大多使用近似假设的模型或公式，即使采取诸如利用星一地同步验证数据进行误差纠正等措施，也难以弥补这一误差。

（3）实验数据的近似拟合产生的统计误差。由于本书中大多数研究都建立在对实验数据的拟合基础之上，而这一统计拟合过程本身总会带来一些无法消除的误差。

以上三大类误差的来源是多种多样的，它们都有可能对最后所得研究结果造成正面或负面的影响，从而难以对其进行逐一分析，不过其中造成关键误差的因素主要包括以下4种。

(1)温度测量的误差。由于下垫面的非均一性及白天卫星过境时刻为下垫面正处于急剧升温的过程中等因素的影响，即使对水体温度的测量，也必须使用时间和空间上测量值的平均。

(2)温度反演的误差。使用遥感影像反演地表反演涉及的过程比较复杂。其中，大气纠正和地表比辐射率的确定是造成误差最主要的两个步骤。对于TM数据，我们使用的不是实时的大气廓线，同时大气廓线的有效层数太低，即使对于ASTER产品所使用的NCEP实时生成的大气廓线，依然会有较大的误差。而由波谱库中对各种自然及人造地表的比辐射率模拟可知，在使用TM反演地表温度过程中使用的近似公式会造成一定的误差。对于TM夜间景数据，由于难以进行准确的几何纠正和比辐射率纠正，故其温度反演误差会更大。

(3)城区土地利用/土地覆盖分类的误差。由于城区内存在严重的混合像元问题，同时缺乏足够的实地验证数据，很大程度上限制了对北京市城区土地利用/土地覆盖分类的精度，从而对之后进行的热场时空变化的相关因子分析带来较大的误差。

(4)对实测温度日变化数据的近似拟合造成的误差。虽然高斯拟合能够较完美地得到各种下垫面类型地表温度和空气温度的日变化模式，但它会较为严重地低估地表温度的最大值。这是造成夏季地表温度热岛日变化研究中，难以获取地表温度热岛最大值的最主要因素。同时，在应用拟合公式的过程中，由于缺乏与卫星过境同步的各种类型下垫面地表温度和空气温度的日变化数据，我们使用的是单一下垫面获取的公式，这也会对研究结果带来一定的误差。

因此，虽然我们无法衡量系统误差的准确值，但却可以通过提高上述关键因素的准确度来减少系统误差，从而得到更加准确的研究结果。针对上述因素，在已有实验仪器和数据条件下，我们可以通过以下几种方法加以改进。

(1)积累更多不同类型下垫面地表温度和空气温度的日变化数据，改进现有高斯拟合的方式，模拟出更为准确的地表温度和空气温度最高值。

(2)利用非同温混合像元比辐射率测量系统结合微缩城市下垫面模型，获取城市下垫面比辐射率的真实信息，从而提高城区下垫面地表温度的反演精度。

(3)获取更多的高分辨率验证数据，完善混合像元分解结合 V-I-S 模型的方法，提高对城区下垫面土地利用/土地覆盖分类的精度。

5.6　本章小结

本章主要利用多个时相 ASTER/TM 卫星遥感反演的地表温度、NDVI 等各种参数，结合地表实测温度日变化数据，从不同的时间尺度分析了北京市城区地表热场的空间变化规律及其相关影响因子。分析结果如下。

(1)北京市城区夏季晴天地表热场的日变化呈现明显的对称性，即下午 14：00 左右地表城市热岛效应最明显，而早上 5：00 左右地表城市热岛效应最微弱，其余时刻以这两个时间点为中心呈现对称分布。

(2)晴天、稳定夜晚的 TM 影像反演所得地表温度的空间变化与夜间的大气热岛变化相关性较强，可以使用这种数据作为链接地表城市热岛与大气热岛之间的桥梁。

(3)对北京市城区地表城市热岛的季节变化分析表明，与前人研究的大气热岛季节变化类似，北京市城区地表热场在夏季最强，春秋季较弱，而冬季几乎不存在地表城市热岛效应。

(4)对 2001—2005 年 5 月 19 日左右的地表热场的分析对比结果表明，这几年北京市城区夏季地表热岛效应依旧较强，但热岛的幅度有缓慢下降的趋势；同时，各地表覆盖类型地表温度与 NDVI 之间负相关性在不断增强，说明城区内植被覆盖的增加正在逐渐减缓城区地表热岛效应。

(5)无论是在日变化、季节变化还是年度变化之中，局地的气候条件尤其是太阳辐射，以及下垫面地表覆盖类型的热特性依然是控制地表热场变化的主要因素。

(6)对地表热场变化与 NDVI 的相关分析表明，地表热场变化越剧烈，植被对其影响越大。而当早上 5：00 或者冬季几乎没有地表城市热岛效应时，植被也对其几乎没有影响。

第6章　城市热场与城市植被
景观相关分析

6.1　植被覆盖度的计算

6.1.1　植被覆盖度及其计算方法

　　城市绿地景观是城市中的主要自然因素，大量研究表明发展城市绿化是减轻"城市热岛"的关键措施；Whitford 等认为城市绿地空间可以降低地表温度，是减缓城市热岛的重要生态因子；周红妹等通过研究城市绿化对城市热岛的调节作用也得出了类似的结论。同时，许多研究也表明，植物的降温效果与植被区域大小、密度、物种种类和长势有关。植被覆盖度指单位面积内植被的垂直投影面积，它是衡量地表植被状况的一个最重要的指标，可以很好地反映植被生长的水平密度。

　　植被覆盖度的计算，目前比较广泛使用的是 Gutman 提出的一种根据归一化差值植被指数（NDVI）来计算覆盖度的方法，其基本原理是假定像元 $NDVI$ 值由全植被覆盖部分的 $NDVI$ 值与非植被覆盖部分的 $NDVI$ 值的加权平均构成，即

$$NDVI = f \cdot NDVI_{max} + (1 - f) \cdot NDVI_{min} \tag{6-1}$$

根据上式，计算 f 得：

$$f = (NDVI - NDVI_{min})/(NDVI_{max} - NDVI_{min}) \tag{6-2}$$

其中，f 为植被覆盖度；$NDVI_{max}$ 为最大植被指数，即全植被覆盖条件下的 $NDVI$ 值；$NDVI_{min}$ 为最小植被指数，即全部裸露条件下的 $NDVI$ 值。

　　$NDVI$ 是单位像元内的植被类型、覆盖状态、生长状况等的综合反映，其大小取决于植被的叶面积指数和植被覆盖度等要素，但是由于像元内部（亚像元）的植被密度不同可能产生相同的 $NDVI$ 值。因此，为了使从 $NDVI$ 中提取植被覆盖度的精度增加，就出现了像元植被密度分析法。像元植被密度分析法是指根据亚像元的植被密度不同建立的遥感植被覆盖度相关的模型。亚像元分解法是近些年被日益广泛应用的像元植被密度分析法。其中，1998 年 Gutman 提出的利用亚像元求取植被覆盖度的方法比较具有代表性。他根据不同亚像元的植被分布特征，将亚像元分为均一亚像元和混合亚像元，而混合亚像元又进一步分为等密度、非密度和混合密度亚像元。针对不同的亚像元结构，分别建立不同的植被覆盖度模型，如表 6-1 所示。

表 6-1　亚像元分解密度模型

像元类型	植被的亚像元结构	图　示	植被覆盖率公式
均一像元	全覆盖		$f=1$，$NDVI$ 大小主要取决于 LAI
混合像元	等密度		$f=\dfrac{NDVI-NDVI_{\min}}{NDVI_{\max}-NDVI_{\min}}$
	非密度		$f=\dfrac{NDVI-NDVI_{\min}}{NDVI_g-NDVI_{\min}}$ $NDVI_g=NDVI_{\infty}-(NDVI_{\infty}-NDVI_0)$ $\exp(-K\cdot LAI)$
	混合密度		$\sum f_i=\sum\dfrac{NDVI-NDVI_{\min}}{NDVI_{gi}-NDVI_{\min}}$

其中，非密度模型中的 K、LAI 分别为消光系数和叶面积指数。

结合研究区植被覆盖类型和 Landsat TM 影像的空间分辨率，经研究表明利用亚像元模型提取植被覆盖度是合理的。参照前人在北京地区的经验，以及考虑到各亚像元模型的特点、研究区下垫面类型情况，我们对研究区植被覆盖度估算的亚像元模型做如下选择。

①林地：植被垂直密度高，但植被类型较为复杂，受 TM 分辨率的限制，选用等密度模型来处理。

②草地：植被类型单一，而且比较均一，选用非密度模型来进行处理。

③农作物、裸露地表：由于农田种植作物根据季节和空间位置不同而不同，情况较为复杂。对于菜地和草坪可以采用非密度模型；对于高粱地和麦田，在其生长期内选用非密度模型，在其成熟期选用等密度模型。

④建筑用地：亚像元结构比较复杂，而且绿地大部分为单一类型的行道树，因而除对个别大块草坪用非密度模型外，其余可用等密度模型来近似处理。

⑤水体：植被覆盖度赋值为"0"。

6.1.2　参数的确定

对于非密度模型和等密度模型都需要确定 $NDVI_{\max}$ 和 $NDVI_{\min}$，此外，对于非密度模型还需要确定 K 和 LAI。

6.1.2.1 $NDVI_{max}$与$NDVI_{min}$

利用 $ENVI$ 计算北京市的 $NDVI$，并对提取的每种土地利用类型的 $NDVI$ 进行统计，做出图像区域范围内每种土地利用类型的 $NDVI$ 概率分布。由于影像中不可避免地存在噪声的影响，可能产生过低或者过高的 $NDVI$ 值，从而导致每种类型土地覆盖度产生系统的偏大或者偏小。因而在选择的过程中，我们将定99.5％的置信区间，作为选择 $NDVI_{max}$ 与 $NDVI_{min}$ 的标准。

6.1.2.2 叶面积指数（LAI）

1. 三波段梯度差植被指数（TGDVI）反演 LAI 原理

对于 LAI 的计算，我们引入了 TGDVI。TGDVI 物理意义明确，计算简单，具有一定的消除背景和薄云影响的能力，能有效地解决 NDVI 饱和点低的问题，能与叶面积指数建立比较明确的函数关系。

TGDVI 被定义为：

$$\begin{cases} TGDVI = \dfrac{R_{ir}-R_r}{\lambda_{ir}-\lambda_r} - \dfrac{R_r-R_g}{\lambda_r-\lambda_g} \\ TGDVI = 0 \quad (若\ TGDVI < 0) \end{cases} \qquad (6\text{-}3)$$

其中，R_{ir}，R_r 和 R_g 分别为近红外、红、绿波段的反射率；λ_{ir}，λ_r 和 λ_g 则为相应波段的中心波长，对于 TM 影像分别为 TM4、TM3、TM2 的中心波长（0.83nm、0.66nm、0.56nm）。分析该植被指数可以看出，随着植被增加，绿光和近红外反射率增加、红光反射率减小，该植被指数增大；反之，该指数减小。对于植被而言，$TGDVI$ 一般不会小于 0。

假设在绿、红、近红外波段，植被、土壤面积不随波段变化，像元的反射率为像元内植被和土壤的面积加权和，若忽略误差项，则三波段的反射率可以表示为：

$$R_{ir} = AR_{vir} + (1-A)R_{sir} \qquad (6\text{-}4)$$

$$R_r = AR_{vr} + (1-A)R_{sr} \qquad (6\text{-}5)$$

$$R_g = AR_{vg} + (1-A)R_{sg} \qquad (6\text{-}6)$$

其中，R_{ir}，R_r 和 R_g 分别为近红外、红、绿波段的反射率；R_v 和 R_s 为相应波段植被和土壤的反射率；A 为植被覆盖面积比。

三波段梯度分别为：

$$\frac{R_{ir}-R_r}{\lambda_{ir}-\lambda_r} = \frac{A(R_{vir}-R_{vr})}{\lambda_{ir}-\lambda_r} + \frac{(1-A)(R_{sir}-R_{sr})}{\lambda_{ir}-\lambda_r} \qquad (6\text{-}7)$$

$$\frac{R_r-R_g}{\lambda_r-\lambda_g} = \frac{A(R_{vr}-R_{vg})}{\lambda_r-\lambda_g} + \frac{(1-A)(R_{sr}-R_{sg})}{\lambda_r-\lambda_g} \qquad (6\text{-}8)$$

假定在所选波段，土壤光谱随波长线性变化，其斜率为 K，即 $\dfrac{R_{ir}-R_r}{\lambda_{ir}-\lambda_r} = \dfrac{R_r-R_g}{\lambda_r-\lambda_g} = K$，则三波段梯度差植被为：

$$TGDVI = A\left[\frac{(R_{uir}-R_{ur})}{\lambda_{ir}-\lambda_r} - \frac{(R_{ur}-R_{vg})}{\lambda_r-\lambda_g}\right] \tag{6-9}$$

由上式可见，在上述条件下，$TGDVI$ 仅与植被光谱有关，与土壤背景无关。

对于近红外、红、绿三波段梯度差来主产，土壤面积的增加和植被面积的减小总是使该梯度差趋于减小，反之则趋于增大，对于全植被覆盖而言，该梯度差最大，于是上式可以改写为：

$A=TGDVI/TGDVI_{\max}$，其中 $TGDVI_{\max}$ 为最大三波段梯度差，即

$$TGDVI_{\max} = \mathrm{MAX}(TGDVI)$$

根据植被覆盖度与叶面积指数的关系可以近似表示为：$A=1-\mathrm{e}^{-k \cdot LAI}$

由此可以得到 LAI 的计算公式：

$$\begin{cases} LAI = In(1-TGDVI/TGDVI_{\max})/(-k) & (A<1) \\ LAI = LAI_{\max} & (A=1) \end{cases} \tag{6-10}$$

$LAI_{\max}$ 为该类型最大的 LAI 值，其中 k 为与几何结构有关的系数。根据张仁华等的研究表明，假定叶倾角随机分布、聚集指数为 1 时，$k=0.5$；唐世浩等人通过对顺义农作物的研究，拟合出的 k 值为 0.471；因此，在本研究中 k 的取值可以近似为 0.5。

2.LAI 实测验证

利用上述方法，本研究反演了 2005 年北京市城十区* LAI 分布，为了对反演结果的验证，本研究组根据稀疏程度、经纬度的不同在北京市城十区选择 25 个样地，每个样地面积与 TM 可见光波段分辨率相一致（30m×30m）。样地位置分布如图 6-1 所示，反演与实地测量的 LAI 结果统计如表 6-2。

图 6-1　LAI 测点位置分布图

---

　* 城十区包括东城区、崇文区、西城区、宣武区、海淀区、丰台区、朝阳区、石景山区、昌平区、顺义区。

表 6-2　利用 *TGDVI* 反演的 *LAI* 与实测值比较

编号	中心纬度	中心经度	反演 *LAI*	实测 *LAI*	$|LAI_{反演}-LAI_{实测}|$
1	39°59′30″	116°22′08″	1.63	2.30	0.67
2	39°59′29″	116°22′05″	2.14	2.70	0.56
3	40°00′59″	116°23′10″	3.13	3.80	0.67
4	40°00′58″	116°23′10″	2.56	2.88	0.32
5	40°01′56″	116°34′01″	2.26	2.95	0.69
6	40°01′35″	116°33′00″	2.44	2.58	0.14
7	40°00′40″	116°35′01″	3.11	3.50	0.39
8	39°58′13″	116°27′33″	1.95	2.62	0.67
9	39°58′56.0″	116°17′13.0″	3.45	3.67	0.22
10	39°56′20.2″	116°28′46.5″	1.97	2.57	0.60
11	39°57′06.2″	116°28′35.1″	1.56	2.21	0.65
12	39°57′13.4″	116°28′46.6″	1.67	2.26	0.59
13	39°52′42.2″	116°25′50.7″	1.08	0.76	0.32
14	39°52′45.1″	116°24′37.8″	1.69	2.25	0.56
15	39°52′36.8″	116°24′29.4″	1.84	2.40	0.56
16	39°53′10.1″	116°24′19.3″	2.02	2.27	0.25
17	39°52′20.1″	116°22′37.6″	1.45	1.83	0.38
18	39°57′46.8″	116°20′53.2″	1.53	2.38	0.85
19	39°58′27.0″	116°20′57.4″	2.54	2.98	0.44
20	39°58′27.0″	116°21′42.6″	2.11	2.25	0.14
21	39°55′05.0″	116°18′20.0″	2.03	2.49	0.46
22	39°55′01.6″	116°19′10.1″	1.86	2.43	0.57
23	39°59′25.6″	116°11′12.2″	2.15	2.50	0.35
24	39°59′35.9″	116°11′16.1″	1.96	2.10	0.14
25	39°56′32.5″	116°18′42.2″	2.40	2.83	0.43

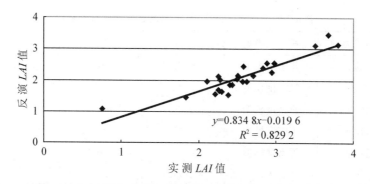

图 6-2　反演 *LAI* 与实测值拟合

通过对利用 *TGDVI* 反演得到的 *LAI* 与实测样地平均 *LAI* 拟合分析，可知两者之间存在很强的相关性，两者之间的绝对误差也在可以接受的范围内，因此可以利用上述的方法反演非密度模型中所需要的类型地表的 *LAI*，用于计算植被覆盖度。

6.1.2.3　消光系数 *K*

消光系数反映光透过群落后的消减程度，在一定程度上反映了该群落的结构及受光势态，是光合模型中的一个重要参数。在一定范围内，其值愈高，意味着射入群落内的光照较多地为植物所吸收和截获，相应直接射到地面上浪费掉的光能则较少，对光能的利用是有利的。康定明等于 1990－1991 年对不同品种冬小麦进行研究表明，不同品种、不同播种期冬小麦群落的 *K* 值是不同的，从平均值来看，*K* 值位于 0.8～1.4 之间。Baret、Choudhury 等表明，消光系数 *K* 的取值范围为 *K*＜1.3，本文根据陈晋等(2001)对北京海淀植被覆盖的研究取 *K*=1。

6.1.3　区域植被覆盖度的计算

利用上述提到的亚像元分解模型，我们得到了 2001－2005 年度相关影像的植被覆盖度分布。表 6-3 为 2005 年 5 月 22 日北京城十区植被覆盖度计算所需要的参数，结合前面提到的 *LAI* 计算方法，我们获取了该时相植被覆盖度分布(图 6-3)。

表 6-3　2005 年 5 月 22 日植被覆盖度计算相关参数

土地覆盖类型	亚像元模型	$NDVI_{max}$	$NDVI_{min}$	消光系数(K)
草地	非密度模型	0.62	0	1.0
林地	等密度模型	0.73	0	1.0
农作物	非密度模型	0.70	0	
建筑用地	等密度模型	0.42	−0.20	
裸露地表	等密度模型	0.10	−0.28	
水体	零			

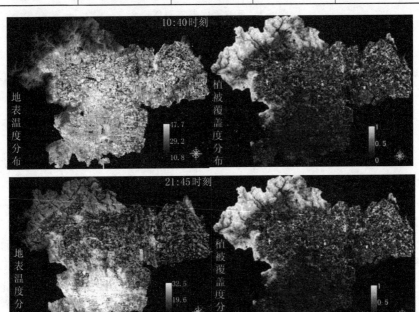

图 6-3　2005 年 5 月 22 日植被覆盖度与地表温度分布

6.2　植被覆盖度与地表温度的关系研究

植被覆盖度反映了研究区域植被的水平密度。不同覆盖程度情况下植被对地表温度的影响必然不同；再者，下垫面类型不同必然也会导致具有不同的植被覆盖度，因而也表现出不同的温度特征。本研究将从覆盖程度与下垫面类型及其组合两个角度探讨植被覆盖与地表温度的关系。

图 6-3 为 2005 年 5 月 22 日的植被覆盖率分布图及地表温度分布，上图为白天卫星过境时刻(10：40)的地表温度与植被覆盖度的对比，下图为当天夜晚卫星过境时刻(21：45)两者的关系。植被覆盖度取值(0，1)，由暗变

亮；地表温度分布也采用灰阶的形式，温度越高的地方越亮。白天卫星过境时刻，主城区及郊区大部分地区温度相对较高，最高温出现在顺义区潮白河段干涸河床、昌平区西北角裸露地表以及宣武、崇文区，大面积林地覆盖区及水体温度较低；到了晚上 21：45，地表温度空间分布格局发生了很大变化，郊区整体温度普遍较低，只有少数的裸露地表仍然维持高温，宣武、崇文、东城、西城四个主城区则完全呈现高温，此时城郊温差较大，城市热岛效应也较白天的强。虽然两时刻地表温度分布存在很大差别，但通过与植被覆盖的对比分析可知，植被覆盖与地表温度之间存在明显的负相关：植被覆盖高的区域温度普遍较低，如昌平区的大面积林地；城区植被覆盖相对较低，对应的温度较高。

6.2.1　不同植被覆盖程度下植被覆盖与地表温度的关系

为了定量地反映植被覆盖对地表温度的影响，定性地描述两者之间的关系，我们对研究区植被覆盖分布图进行密度分割（一个百分点作为一级），并计算每一级植被覆盖中所有像元的地表温度均值。通过统计分析（图 6-4），可以看出无论是白天还是夜晚，植被覆盖与地表温度均存在很强的负相关，即植被覆盖度高，像元平均地表温度低。

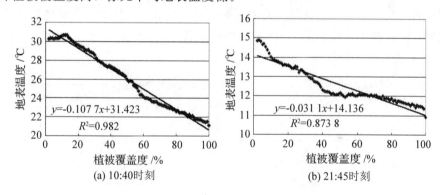

图 6-4　2005 年 5 月 22 日地表温度与植被覆盖度线性统计

在白天卫星过境时刻（图 6-4(a)），除去植被覆盖度低于 10％的样本点，整体上两者呈负线性关系。在植被覆盖度为 12％左右，温度达到最高值为 31℃。随着植被覆盖的增加，温度开始降低。当植被覆盖达到 60％左右时，平均地表温度降低至 24℃附近。当植被覆盖进一步增加时（＞60％），虽然温度也降低，但降低的速率明显趋缓。为了更精准地研究不同植被覆盖程度下植被覆盖与地表温度的关系，我们对该时相地表温度与植被覆盖的统计数据划分为两个平台，分别为10％～60％，60％～100％（图 6-5）。图 6-5 表示了不同覆盖程度下，两者之间的关系。而对于植被覆盖度位于 0％～10％时出现的异常情况，其中一部分原因是由水体这一特殊地表类型造成。由于水体植被覆盖为"0"，而其对应的温度在白天最低，因此降低了该级别覆盖度对应区域的平均温度。

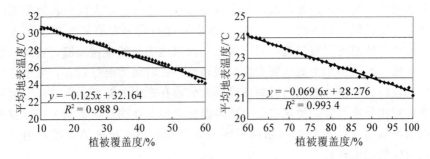

图 6-5　10：40 时刻不同覆盖程度下植被覆盖与地表温度的关系

相较于白天卫星过境时刻，夜间时相地表温度与植被覆盖的关系较为复杂，两者之间的模拟曲线有很多拐点，起伏较大（图 6-4（b）。但整体而言两者仍然存在很强的负相关，只是在不同植被覆盖程度下表现出的相关强度不尽一致。为了研究夜间时相植被覆盖与地表温度的关系，我们按对图 6-4 中出现的拐点把植被覆盖度划分为两个平台：10%～50%、50%～100%。不同平台下植被覆盖与地表温度的关系如图 6-6 所示，同样由于受水体的影响我们剔除植被覆盖度位于 0%～10% 的样本点。

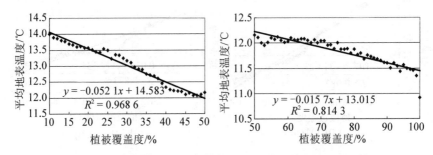

图 6-6　21：45 时刻不同覆盖程度下植被覆盖与地表温度的关系

由图 6-5、6-6 可知，在夏季不同时相、不同植被覆盖度程度下，植被覆盖度与地表温度都具有很强负线性相关性。但在不同时相下，不同植被覆盖程度的降温效应会有所区别。

对于 10：40 时刻，当植被覆盖程度位于（10%～60%）时，拟合直线斜率为-0.12 左右，即植被覆盖度增加 10%，对应的区域地表平均温度降低 1.2℃；当植被覆盖程度大于 60% 时，拟合直线斜率降为-0.07 左右，在植被覆盖度增加 10%，所对应的区域地表平均温度则降低 0.7℃。

对于 21：45 时刻，当植被覆盖程度位于（10%～50%）时，拟合直线斜率为-0.05 左右，即植被覆盖度增加 10%，对应的区域地表平均温度降低

0.5℃；当植被覆盖程度位于(50%～100%)时，直线斜率只有为－0.02 左右，在植被覆盖度增加 10%，所对应的区域地表平均温度则降低 0.2℃。相对而言，夜间植被降温效应有所缓解。详细的拟合结果如表 6-4 所示。

从表 6-4 可以发现，不同时相所对应的地表温度与植被覆盖之间关系从量上有一点区别，这与所反演的地表温度、获取 TM 影像当天的天气情况等因素都有关。但总体的关系还是一致的，即当植被覆盖低于 50%左右时，随着植被覆盖度的增加降温较明显；当植被覆盖大于 60%时，随着植被覆盖度的增加降温的速率有所缓和。

表 6-4　不同植被覆盖程度下植被覆盖度与地表温度的关系统计

	植被覆盖程度/%	拟合直线方程	相关系数 R^2	0.05T 检验
2005 年 5 月 22 日 （白天）	10～60	$y=-0.125x+32.164$	0.988 9	是
	60～100	$y=-0.069\,6x+28.276$	0.993 4	是
2005 年 5 月 22 日 （夜晚）	10～50	$y=-0.052\,1x+14.583$	0.968 6	是
	50～100	$y=-0.015\,7x+13.015$	0.814 3	是

6.2.2　下垫面类型对地表温度与植被覆盖关系的影响

从图 6-4 表明植被覆盖度与地表温度呈负相关，但仔细对比植被覆盖度与地表温度分布影像可以发现存在部分像元无论在植被覆盖图中还是地表温度分布图中均显示出暗色调，经分析该类像元为水体。从中可以说明，不同土地覆盖类型对地表温度—植被覆盖两者的关系还是存在影响。

进一步分析植被覆盖与地表温度的内在关系，本研究将下垫面类型与植被覆盖和地表温度进行叠加分析。比较各下垫面类型的地表温度和植被覆盖度均值、标准差，如表 6-5 所示。

结果显示，白天卫星过境时刻：温度最低为水体，其次为林地，最高的为建筑用地及裸露地表；而从植被覆盖度来看，最高的为林地，达到了48.53%，植被覆盖度最低的为建筑用地及裸露地表（水体除外），均不到10%。而到了夜间，由于水体热容量大，降温慢，使得其温度反而最高，而温度最低的为农作物。为了更直观地了解各种下垫面结构植被覆盖度与地表温度的关系，我们对上面的统计数据进行了折线图的绘制（图 6-7），纵坐标分别为温度（℃）和植被覆盖度（%）。从图中我们可以看出：白天卫星过境时刻，地表温度从高到低依次为：建筑用地、裸露地表、草地、农作物、林地、水体，除水体外类型地表温度与植被覆盖度呈负相关；夜间过境时刻，地表温度从高到低则为：水体、建筑用地、裸露地表、草地、林地、农作物，除农作物外类型地表温度与植被覆盖度呈负相关；水体在白天呈现低温，夜间呈现高温是由于其本身热容量所决定。

表 6-5　不同土地覆盖类型地表温度与植被覆盖度统计表

| 2005-05-22 | 白天卫星过境时刻(10：40) | | | | 夜晚卫星过境时刻(21：45) | | | |
| | 地表温度 | | 植被覆盖 | | 地表温度 | | 植被覆盖 | |
	均值	标准差	均值	标准差	均值	标准差	均值	标准差
林地	23.18	2.83	48.53	0.28	12.51	1.94	48.53	0.28
农作物	24.93	2.50	28.08	0.30	10.71	1.84	28.08	0.30
草地	26.87	2.05	10.66	0.16	12.67	2.14	10.66	0.16
裸露地表	28.99	3.22	9.73	0.10	12.66	2.45	9.73	0.10
建筑用地	30.09	2.36	6.46	0.07	14.18	2.39	6.46	0.07
水体	23.11	4.81	0.00	0.00	14.69	2.27	0.00	0.00

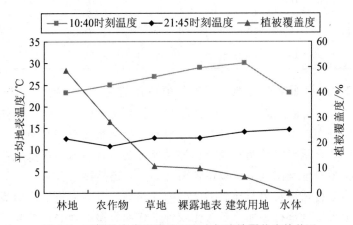

图 6-7　不同地表类型覆盖下温度与植被覆盖度的关系

　　为了进一步分析地表类型覆盖、植被覆盖度与地表温度三者的关系，我们采用断面线分析的方法对北京市城十区以市中心为中点，以正北方向为起始点，每隔 30°取一方向，顺时针旋转，如彩图 13 所示。由于每条直线所覆盖的下垫面类型、植被覆盖不同，对应的地表温度也会有很大的差别。为了分析不同下垫面类型组合对地表温度—植被覆盖度关系的影响，我们对上面所选取的 12 条样线作地表温度—植被覆盖度关系的统计分析，如表 6-6（以 2005 年 5 月 22 日 10：40 时刻为例）。

　　根据上面所选取的 12 条样线，我们计算了多种下垫面类型组合下地表温度(Ts)与植被覆盖度(Fv)的相关系数，表 6-6 所示。结果表明：

　　所有的 12 条样线中，各种地表类型所占的比例都不相同，但地表温度均与植被覆盖度的相关系数大小不同。进一步分析表明，所有的样线建筑用地与裸露地表所占的比例都比较大，但通过大片林地的样线，如线 1 及线

11，相关系数绝对值达到 0.60 以上，相反林地面种较少，或基本不通过林地的样线，温度与植被覆盖的相关系数不到 0.40；通过建筑用地与裸露地表占统治地位的一些样线的分析，可知，裸露地表所占比例高的样线，相关系数普遍较大，例如线 2，9 的相关系数绝对值大于线 6，7 的相关系数。由此可见，提高植被覆盖度可以降低温度，但对于不同下垫面类型，其降温效果不同，植被可以降温，但在不同下垫面组合下降温的效果不尽相同，例如增加裸露地表的植被覆盖可以起到很好的降温效应。

表 6-6　2005 年 5 月 22 日各方向线 $Ts{\rightarrow}Fv$ 相关关系统计

样线	林地	农作物	草地	裸露地表	建筑用地	水体	$R(Ts{\rightarrow}Fv)$
样线 1	20.83	7.47	2.29	30.52	37.46	1.44	-0.64
样线 2	1.23	14.96	1.89	30.57	49.96	1.40	-0.44
样线 3	2.10	14.22	3.28	31.98	45.87	2.56	-0.47
样线 4	0.00	0.32	0.80	20.45	78.43	0.00	-0.20
样线 5	0.26	2.82	0.00	21.80	74.36	0.77	-0.40
样线 6	7.87	0.00	0.00	16.91	74.93	0.29	-0.29
样线 7	0.60	0.20	1.19	16.30	81.71	0.00	-0.15
样线 8	1.88	0.21	0.21	30.13	67.36	0.21	-0.40
样线 9	2.95	0.00	1.53	26.77	68.40	0.35	-0.46
样线 10	0.28	0.00	0.28	30.01	69.27	0.14	-0.29
样线 11	36.41	5.78	0.68	23.87	31.83	1.43	-0.80
样线 12	13.68	6.99	2.63	26.52	44.92	5.26	-0.53

图 6-8 为以上 12 条样线的廓线分析，由于第 12 线包括研究区各种下垫面类型，因此我们以该样线为例进行分析。总体来看，植被覆盖度与地表温度呈互补的关系，植被覆盖度高的地方，地表温度都比较低。具体来看，从西北角的林地开始，此时植被覆盖度较高，相应的地表温度普遍较低；随着向城区进一步延伸，建筑地表覆盖面积增多，地表温度开始上升；当样线到达 650 像元附近时，植被覆盖与地表温度同时出现低谷，经分析可知，此处下垫面覆盖恰好为水体；随着建筑地表的进一步增加，整体地表温度也越来越高，植被覆盖相对于之前也有所降低，总体而言，地表温度随着植被覆盖的起伏而变化。

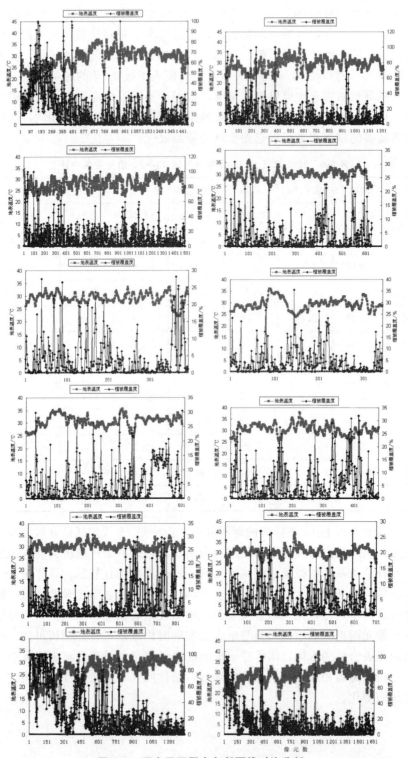

图 6-8 研究区不同方向断面线对比分析

6.3　植被覆盖对热岛强度的影响

6.3.1　地表温度归一化处理

热岛强度的一种评价方式就是通过对真实地表温度进行归一化处理，使得区域温度信息可以用位于[0，1]区间的相对数值来表示。同时，归一化处理后的温度信息可以减少由于不同时相、传感器、大气、地形及当天大气状况等多种因素所造成的影响，相对于真实地表温度可以更好地反映地表温度热场的变化特征。标准化所采用的公式如下：

$$N_i = \frac{T_i - T_{\min}}{T_{\max} - T_{\min}} \tag{6-11}$$

式中，N_i 表示第 i 个像元标准化后的相对温度值，T_i 为第 i 个像元标准化前的地表温度值，$T_{\max}$ 为标准化前研究区域内最大地面温度值，$T_{\min}$ 为标准化前研究区域内最小地面温度值。从式中可以看出，标准化后的相对温度值与 $T_{\max}$、$T_{\min}$ 以及像元地表温度 T_i 有关，最大、最小区域温度值如果取值不当必然会导致整个区域相对温度值出现误差。因此为了尽可能消除噪声的影响，以及为了使相对温度等级的划分更加协调，本文中 $T_{\max}$、$T_{\min}$ 的取值分别取 99.9% 置信区间内的最大值及最小值。

按照上述标准化方法处理后，综合研究区实际温度分布状况以及等距离分割法的原理，我们对研究区地表温度空间分布图进行了等级划分，划分原则如表 6-7 所示。

表 6-7　温度等级划分及相应的取值

温度等级	相对温度取值范围
低温区	0.000～0.143
亚低温区	0.143～0.286
弱低温区	0.286～0.429
中温区	0.429～0.571
弱高温区	0.571～0.714
亚高温区	0.714～0.857
高温区	0.857～1.000

6.3.2　植被覆盖与热岛强度关系研究

采用上面热岛强度划分方法，我们对 2005 年 5 月 22 日两景过境时刻所反演的地表温度进行了热岛效应评价，并计算每级温度区的平均植被覆盖度，如表 6-8 所示。

表 6-8 各等级温度区植被覆盖统计

2005 年 5 月 22 日	植被覆盖度(均值)/%		植被覆盖度(方差)	
	白天	夜晚	白天	夜晚
低温区	75.53	55.87	0.246	0.284
亚低温区	64.90	41.01	0.250	0.274
弱低温区	46.64	39.00	0.250	0.270
中温区	32.14	37.12	0.200	0.270
弱高温区	22.77	27.03	0.151	0.232
亚高温区	18.25	19.36	0.118	0.177
高温区	14.49	14.15	0.097	0.105

从上表可知,无论是在白天还是夜晚,从低温区到高温区植被覆盖度依次降低。各温度等级间植被覆盖度变化较大,白天低温区植被覆盖虽然受水体的影响仍高达 75.53%,是高温区 5 倍之多;夜间植被覆盖度之间的差别有所减少,但仍达到 4 倍左右。上表从整体上很好地反映了植被的降温效应。

6.4 城市绿地景观生态度量指标

以上传统的植被评价指标"植被覆盖"只是从宏观上度量了绿地与非绿地之间的比例关系。然而相同植被覆盖的区域,其绿地的空间布局是有差异的,这种差异造成绿地边缘与内部因其接触环境不同,在能量交换、气流运动等方面均存在差异,即使是相同面积的绿地其不同的形状也会导致边缘率不同,从而也会影响绿地的热效应能力。因此在研究绿地与地表温度关系的时候,绿地的结构也必须加以考虑。

城市绿地景观的空间结构,在很大程度上控制着城市绿地生态作用的发挥,影响着城市中物质流、能量流和信息流的正常运转,是反映城市生态系统的重要指标之一,它对城市自身生态平衡、生活适宜度、城市局地气候都具有重大影响。城市绿地空间结构度量的主要指标:

(1)DIVISION(分离度)

$$DIVISION = \left[1 - \sum_{i=1}^{m}\sum_{j=1}^{n}\left(\frac{a_{ij}}{A}\right)^2\right](\text{landscape}),\quad DIVISION = \left[1 - \sum_{j=1}^{n}\left(\frac{a_{ij}}{A}\right)^2\right]$$

$a_{ij}=$ 缀块面积(m^2)

$A=$ 景观的总面积(m^2)。

取值范围:$(0,1)$,当整体个景观由一个缀块组成时,DIVISION 取

"0";当景观分得的缀块越多时,值越大(单位:%)。

分离度描述了某一景观类型中不同元素个体分布的分离程度。分离度越大,表明景观在地域分布上越分散。

(2)SHAPE(形状指数)

$$SHAPE = \frac{P_{ij}}{\min\_p_{ij}}$$

P_{ij}=缀块的周长(以最小单元的个数来表示)

$\min\_p_{ij}$=缀块的最小周长(以最小单元的个数来表示)

$$\min\_p_{ij} = \begin{cases} 4n & (m=0) \\ 4n+2 & (n^2 < a_{ij} \leqslant n(1+n)) \\ 4n+4 & (a_{ij} > n(1+n)) \end{cases}$$

无量纲单位,取值范围:$\geqslant 1$。当 $SHAPE=1$ 时,最规则;缀块越不规则,$SHAPE$ 值越大。

(3)FRAC(分形维数)

$$FRAC = \frac{2In(0.25p_{ij})}{In^{a_{ij}}}$$

p_{ij}=缀块周长(m)

a_{aj}=缀块面积(m^2)

其中的 0.25 为调节周长指数。

无量纲单位,取值范围:(1,2)。接近"1"时,缀块周长简单,如正方形;接近"2"时,形状复杂。

(4)COHESION(连通指数)

$$COHESION = \left[1 - \frac{\sum\limits_{j=1}^{n} p_{ij}}{\sum\limits_{j=1}^{n} p_{ij} \sqrt{a_{ij}}} \right] \left[1 - \frac{1}{\sqrt{A}} \right]^{-1} \cdot (100)$$

p_{ij} = 缀块周长(以最小单元的个数来表示)

a_{ij} = 缀块面积(以最小单元的个数来表示)

A = 景观的总像元数

无量纲单位;取值范围:$[0,100)$。

$COHESION$ 表示相应缀块的连通性,在阀值以下时,缀块的 $COHESION$ 受同类的聚集度影响较大;当超过阀值,$COHESION$ 受缀块外形影响较小(Gustafson,1998);值越大,相同类型的缀块连通性越好;类型的缀块组成时,取值100。

6.5　典型小区温度与绿地布局信息的提取

6.5.1　典型小区选取

Landsat TM 陆地卫星可见光波段分辨率为 30m，热红外波段分辨率只有 120m，在这种分辨率下，城市下垫面多以混合像元出现。绿地在城市下垫面中，多以零散分布，鲜有达到 30m×30m 的纯像元，因此以 Landsat TM 陆地卫星影像来研究绿地空间布局与地表温度的关系显然不切实际。因此，我们采用更高分辨率的 QuickBird 影像通过人机交互解译的方式获取了各小区的下垫面信息。

由于人机交互解译提取下垫面信息需要花费很大的人力物力，对整个研究区进行提取不太现实，也没有必要；我们可以在研究区范围内选取典型的小区来进行分析。为了使所选的小区能代表整个研究区，我们在北京城区内选取了一定数量的商业区、生活区、校园、公园。该四类小区为研究区最为常见的功能小区，又具有不同的绿地布局结构，可以较好地代表研究区，用于研究绿地布局与地表温度关系的研究。通过综合考虑，我们最终选取了 24个样本，具体地理位置如图 6-9 所示。在解译的过程中，根据研究的需要把下垫面类型分为：建筑用地、水体、未利用土地、绿地四种，其中绿地包括林地、草地。

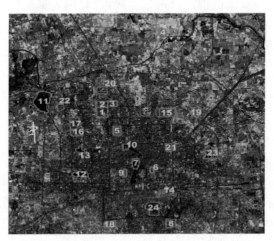

图 6-9　典型小区位置分布图

6.5.2　绿地空间布局指数

6.5.2.1　Fragstats 软件

本章用于分析的景观生态学指数均采用 Fragstats 3.3 版本软件计算。该软件由美国俄勒冈州立大学森林科学系开发的一个景观指标计算软件，包含矢量与栅格两个版本，矢量版本运行在 ARC/INFO 环境中，接受 ARC/IN-FO 格式的矢量图层；栅格版本可以接受 ARC/INFO、ERDAS 和 GIRD 等多种格式的格网数据。两个版本的区别在于：栅格版本可以计算最近距离、邻近指数和蔓延度，而矢量版本不能。对边缘的处理，由于格网化的地图中，斑块边缘总是大于实际的边缘，因此，栅格版本在计算边缘参数时会产生误差，这种误差依赖于网格的分辨率。Fragstats 可以计算 50 多种指标，其中很多指标都具有高度的相关性。为确保各景观指标计算的精确度，本研究选用栅格版，界面如图 6-10 所示。

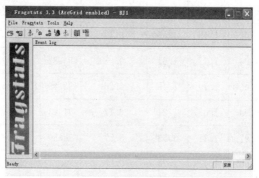

图 6-10　Fragstats 3.3 界面

6.5.2.2　绿地空间布局指数计算

本研究利用 Mapinfo 软件，采用人机互助目释解译的方式从 2005 年 5 月 QuickBird 影像中提取各小区下垫面类型覆盖信息，并赋予属性，生成 .tab 格式的分类图；利用 ArcGis 相关模块建立拓扑，并生成栅格分类图；输入到景观分析软件 Fragstats 3.3 中，得到各小区绿地空间布局相关指数，在所有的指数中我们选取分离度、分维数、形状指数、绿地缀块平均面积、连通指数、植被覆盖度具有代表性的 6 个指数（表 6-9）。具体的流程如图 6-11 所示。

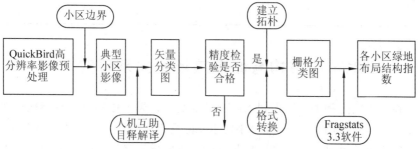

图 6-11　绿地空间布局指数计算流程

6.5.3 温度信息提取

利用遥感反演的方法获得 2005 年 5 月 22 日卫星过境时刻(10:40)的地表温度热场空间分布，通过计算获得每个小区的平均地表温度，如表 6-9 所示。

表 6-9 小区绿地结构指数与温度信息

小区名称	结构指数	分离度/%	分维数	形状指数	绿地缀块平均面积/ha	连通指数	植被覆盖度/%	平均温度/℃
1	北航	0.98	1.12	1.84	0.95	98.37	29.18	30.01
2	地大	0.98	1.15	1.94	0.56	98.00	20.63	31.09
3	科大	1.00	1.15	1.66	0.12	91.16	18.35	30.10
4	天通苑	1.00	1.17	1.61	0.03	93.32	20.99	30.85
5	师大	1.00	1.10	1.46	0.26	92.89	23.36	29.91
6	王府井	0.99	1.07	1.21	0.12	94.83	18.79	30.97
8	方庄	0.97	1.21	3.53	3.57	98.80	37.38	28.10
9	西单	1.00	1.07	1.22	0.05	78.72	6.82	31.42
14	崇文门	1.00	1.09	1.29	0.08	92.14	4.66	30.84
15	经贸大学	1.00	1.11	1.48	0.14	92.30	24.83	30.21
16	北京理工	0.99	1.12	1.58	0.24	96.04	33.67	29.71
17	人民大学	1.00	1.11	1.46	0.12	90.03	24.07	30.77
18	首都医大	0.99	1.12	1.56	0.18	96.50	31.39	29.98
19	南湖公园	0.99	1.11	1.72	2.07	97.56	81.00	29.42
20	林大	1.00	1.09	1.49	0.42	95.60	18.49	31.68
21	使馆区	0.96	1.10	1.47	0.42	99.03	25.67	28.04
24	天坛公园	0.97	1.11	1.51	6.11	99.87	86.82	26.25

6.6 绿地布局结构与城市热场的关系研究

在分析的过程中，考虑到水体的降温效应，为了更好地分析绿地对地表温度的影响，我们在原来 24 个小区里剔除含有水域的部分样本，剩余 17 个小区作分析的对象。通过线性相关统计，我们得到绿地空间布局指标与地表温度的关系，如表 6-10 所示。

表 6-10　绿地结构指数与温度统计分析

分离度	分维数	形状指数	平均面积	连通指数	植被覆盖
0.70*	−0.28	−0.36	−0.79*	−0.54*	−0.83*

备注：其中，带有"*"的相关系数表示通过显著性系数 $\alpha=0.05$ 的 T 分布检验。

由表 6-10 可知，温度与植被覆盖、绿地缀块平均面积、连通指数、形状指数、分维数呈负相关性，与分离度呈正相关性。相关性最强的是植被覆盖。为了进一步研究温度随着各结构指数变化的关系，我们分别对以上 6 个结构指数作与温度的关系图，为了使数据具有可对比性，在分析前我们对所有数据进行归一化处理。

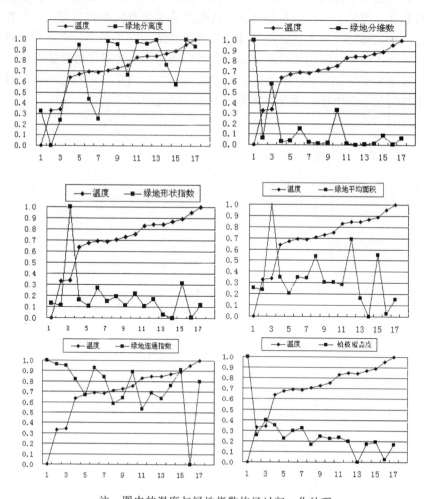

注：图中的温度与绿地指数均经过归一化处理

图 6-12　绿地结构指数与温度的折线关系图

　　图 6-12 形象地表明，只有绿地分离度与温度呈正相关，其余 5 个结构指数与温度则呈负相关。不论是正相关还是负相关的指数，其与温度的关系都表现了很大的起伏性，起伏的幅度因结构指数不同而异，相对而言植被覆盖与温度的负相关比较稳定，起伏较小。分形维数反映的是绿地景观的复杂性，分形维数越小，绿地斑块的形状越规则，其与周围环境的接触面积越小，对环境影响相对较少；随着分形维数的增加，温度具有减小的趋势。分离度反映的是绿地斑块的细碎和分散程度，随着斑块的细碎和分散程度增加，其对环境的影响要大于集中的、团聚的情况。形状指数表示缀块边界的复杂情况，指数越大，边界越复杂，自然性越大，人工干扰程度越小。连通性指数，表示小区内相同类型缀块的连通性，值越大表示相同类型的缀块连通性越好。当然，从结构指数与温度的相关系数来看，有很多相关系数没有通过检验，显著性不大；说明了城市绿地微观结构的复杂性，小区的温度不可能由其中任何一结构指数所决定，是多种结构指数共同作用的结果。

　　根据上面的分析我们认为：在一定植被覆盖的前提下，我们可以通过将绿地均匀化、分散化、边界不规则化来提高绿地的降温效果。

第 7 章　城市景观格局变化与城市热场效应分析

7.1　城市景观格局变化研究

为了研究北京主城区土地利用/土地覆盖城市景观年度及季节变化过程，本研究选取了 2001—2005 年间 8 景 TM/ETM 影像，时相分别为：2001-05-19、2002-05-22、2003-05-25、2004-01-28、2004-05-19、2004-07-06、2005-05-22、2005-10-29。同时为了让不同时相的土地利用/覆盖结果具有可比性，首先对以上 8 景卫星影像做了相同的处理，严格控制每一景影像的分类流程，并对分类精度进行评价，得出每个时相影像的总体分类精度和使用者精度均控制在 80% 以上，Kappa 系数也都在 0.8 以上，达到了变化检测的最低允许精度 0.7。覆盖类型依然取水体、建筑用地、裸露地表、林地、农作物、草地六种。

通过对研究区历年遥感影像决策树分类结果的分析，本研究分别从年度变化、季节变化两个角度分析了北京主城区土地利用/土地覆盖城市景观演变过程。

7.1.1　年度间夏季土地利用/土地覆盖景观变化研究

遥感变化检测的工作对象是同一区域不同时期的图像。由于遥感图像信息的获取过程受到各种因素的影响，因此不同瞬间获取的遥感图像所反映的当时环境背景是不同的。在变化检测时必须充分考虑这些因素在不同时间的具体情况及其对于图像的影响，并尽可能消除这种影响，使这种检测建立在一个比较统一的基准上，以获得比较客观的变化检测结果。在选择多时相遥感数据进行变化检测时需要考虑两个时间条件。首先，应当尽可能选用每天同一时刻或者相近时刻的遥感图像，以消除因太阳高度角不同引起的图像反射特性差异。另外，尽可能选用年间同一季节，甚至同一日期的遥感数据，以消除因季节性太阳高度角不同和植物物候差异的影响。因此本文在研究北京城十区 2001—2005 年度土地利用/覆盖变化时均采用夏季 TM 影像，且均在 5 月，影像获取的时间前后不超过一个星期，这样可以很好地消除时间效应所造成的影响。

通过对研究区历年遥感影像分类结果的分析，本文得出了研究区 2001—2005 年度间主要地物覆盖类型面积统计表（表 7-1），同时为了更加直观地表示研究期间内主要地表覆盖类型的变化情况，我们还做了相应的土地利用/覆盖面积变化图(图7-1)。

表 7-1　2001—2005 年研究区土地利用/覆盖面积统计

土地利用类型	面积(2001年)/km²	面积(2002年)/km²	面积(2003年)/km²	面积(2004年)/km²	面积(2005年)/km²
建筑用地	1 108.41	1 156.64	1 184.88	1 218.90	1 240.20
裸露地表	1 136.42	972.81	851.84	747.56	733.54
农作物	371.91	365.56	352.85	359.95	358.55
林地	919.13	1 049.57	1 162.08	1 222.46	1 220.59
草地	119.98	112.51	108.02	109.80	104.66
水体	82.23	80.74	78.12	79.13	80.26

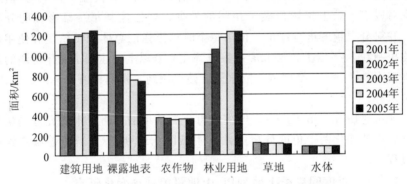

图 7-1　2001—2005 年研究区土地利用/覆盖面积变化

同时我们还得出每一年主要覆盖类型地表在研究区中所占的比例，如图 7-2 所示。

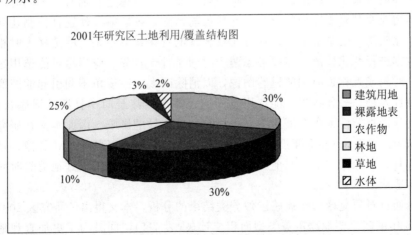

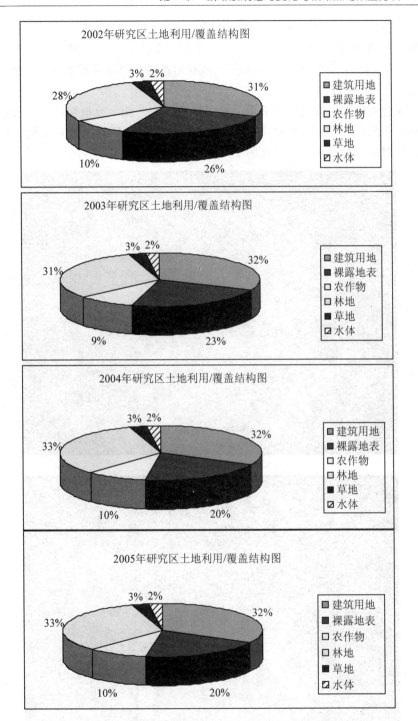

图 7-2　2001—2005 年研究区土地利用/覆盖结构图

通过以上图表分析可知：北京城十区 2001—2005 年间，建筑面积逐年增加，由 2001 的 1 108.41km² 到 2005 年的 1 240.20 km²；同时裸露地表则由 1 136.42 km² 减少到 753.54 km²；林业用地的面积也呈现上升的趋势；其他类型土地覆盖变化幅度不是很大。

城市的扩展以建筑面积的增加得以体现，为了便于分析城市扩展对城市热场分布的影响，本研究以 2001 年 5 月城市建筑面积为基数，分析了接下来四年时间同期建筑面积扩展的空间分布如图 7-3 所示。

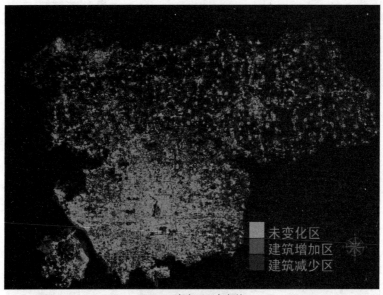

(a) 2002年与2001年相比

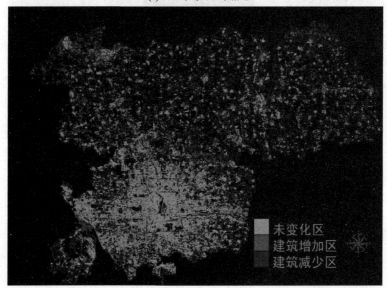

(b) 2003年与2001年相比

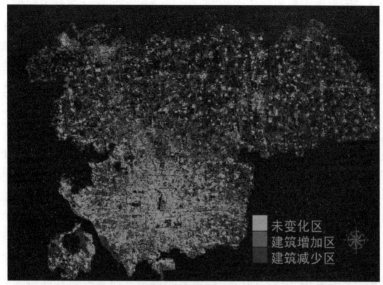

(c) 2004年与2001年相比

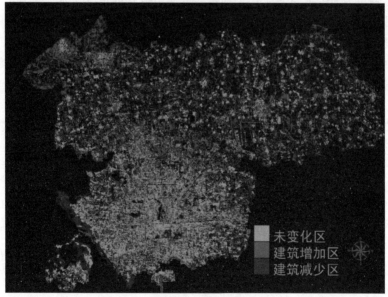

(d) 2005年与2001年相比

图 7-3　2001—2005 年北京城十区建筑变化监测结果图

　　从上图可以看出：随着城市化进程的加快，北京城区也出现向外扩展的趋势，从 2001—2005 年，建筑面积逐年增加，主要体现在朝阳、海淀、昌平、顺义四个区。相对而言，东城、西城等区，由于地处市中心，至 2001 年度，建筑面积已经基本达到饱和状态，所以没有出现建筑面积增加的现象；相反，还出现了貌似建筑面积"减少"的情况。当然，这种情况的出现不是真正的建筑密度减少，而是由于北京政府这几年加大了城区绿化，取得了明显的效果，所以植被覆盖也相应增加，也导致了一些建筑表面被植被所覆盖，而遥感信息的获取主要是通过卫星传感器接收地表的反射辐射成图，因此对于这些被植被覆盖的建筑地表就理所当然被认为是非建筑地表。

7.1.2 不同季节土地覆盖变化研究

土地利用主要研究各种土地利用的现状（包括人为和天然的状况），它指地球表面的社会利用状态；而土地覆盖是指地球表面的自然状态。土地利用/覆盖状况会随着人为以及自然因素的改变而发生变化。不同研究区具有不同的气候条件，也必然有其适合发展的农作物及植被。任何一种作物及植被在一年的周期内都有生长、茂盛、凋谢的过程，这必然会产生地表发射率及其他相应物理性质的改变，从而也会导致对太阳辐射反射、吸收上产生差别，改变着研究区的热场分布等生态环境。因此，具有相同利用状况的土地也会随着季节的变化导致不同的土地覆盖状况，从而也对研究区的生态环境产生影响。为研究北京城十区土地覆盖随季节变化的情况，本文分别取 2004年 1 月、2004 年 5 月、2004 年 7 月、2005 年 10 获取的 TM 影像近似代表春、夏、秋、冬四个季节，经过相同的几何纠正、配准等一系列处理，我们采用决策树分类与传统遥感分类方法相结合获取了研究区不同季节的土地利用/覆盖图，结果进行统计分析如表 7-2 和图 7-4。

表 7-2 2004—2005 年北京城十区季节土地覆盖结果统计

土地覆盖类型	面积（春）/km²	面积（夏）/km²	面积（秋）/km²	面积（冬）/km²
建筑用地	1 227.87	1 218.90	1 218.52	1 233.85
裸露地表	1 545.58	747.56	746.81	1 461.48
农作物	149.89	359.95	362.57	173.43
林地	697.85	1 236.46	1 232.35	746.81
草地	45.97	99.80	101.67	52.33
水体	70.64	75.13	75.88	69.90

由以上的图表分析可知，不同季节土地覆盖发生变化最大的依次为裸露地表、林业用地、草地等。夏、秋季正是植被长势峰期，此两季节的植被及农作物生长旺盛，到了 10 月、1 月很多农作物已经收割，山上林地植被也刚好处于凋谢期，此时原本是植被覆盖的区域也呈现出裸露地表，因此冬天裸露地表的覆盖面积大增，建筑与水体基本保持不变。

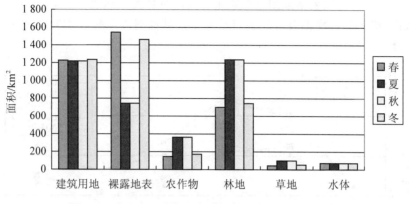

图 7-4　2004—2005 年北京城十区季节土地覆盖变化

7.2　土地利用/土地覆盖景观格局变化对城市热场的影响

7.2.1　不同景观类型对城市热场的影响

在城市化过程中，城市扩展通常引起城市区域地表的剧烈变化，原本自然的植被、土壤表面逐步被不透水、不透气的水泥、沥青建筑等取代，城市下垫面的热辐射性质发生了很大的变化，这也不可避免地导致城市与郊区的太阳辐射分布出现巨大差异。因此，土地利用/覆盖类型与地表温度之间存在一定的定量关系。为了进一步研究不同地表覆盖类型与城市热岛之间的关系，本研究利用遥感图像处理软件 ENVI 把 2001—2005 年间经过一系列处理所得到的土地利用/覆盖分布图与地表真实温度分布图相结合，统计出研究区内每一类地表温度的均值与标准差（表 7-3），均值代表各类型地表温度的高低，标准差则表示该类型地表温度的聚集情况。

表 7-3　2001—2005 年夏季各地表类型温度统计

类型 \ 日期	2001-05-19		2002-05-22		2003-05-25		2004-05-19		2005-05-22	
	均值	标准差	均值	标准差	均值	标准差	均值	标准差	均值	标准差
裸露地表	42.49	3.03	41.96	3.48	36.27	3.08	35.36	3.03	30.49	2.86
建筑用地	40.12	2.51	39.83	2.81	35.23	2.22	36.17	3.10	30.00	2.32
草地	36.62	2.42	35.23	3.58	31.27	2.48	32.07	2.61	26.87	2.01
林地	33.02	2.18	33.10	2.20	29.29	3.01	30.44	3.12	24.29	2.82
水体	31.09	2.01	29.54	2.12	29.14	1.98	26.34	1.89	23.25	2.01
农作物	35.29	3.70	36.13	4.31	31.70	2.75	32.51	3.33	26.38	2.85

为了使得上述表格数据更形象化，我们对各类型地表平均温度做如下的曲线图（图 7-5），横轴表示地表覆盖类型，纵轴则表示每一类对应的平均地表温度。

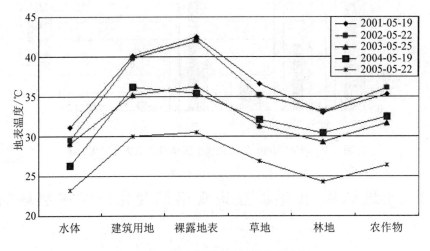

图 7-5　不同类型地表温度变化曲线

从表 7-3 和图 7-5 可以看出，各类型地表平均温度以裸露地表、建筑用地居首，水体最低。但每一年的具体情况又不尽相同。按平均温度从高到低的次序排列的话，2001 年次序为：裸露地表、建筑用地、草地、农作物、林地、水体；2002 年次序为：裸露地表、建筑用地、农作物、草地、林地、水体；2003 年次序为：裸露地表、建筑用地、农作物、草地、林地、水体；2004 年次序为：建筑用地、裸露地表、农作物、草地、林地、水体；2005 年次序为：裸露地表、建筑用地、草地、农作物、林地、水体。每年度各类型地表温度排序存在微小的差别，总体而言，裸露地表和建筑用地占据前两位，农作物、草地和林地次之，排在最后的始终是水体。建筑用地平均温度高，一方面是由于大量的建筑表面存在于城区，建筑高大密集，不利于空气流通，同时水泥、沥青等建筑材料热容量和热惯量小，热传导率和扩散率大，接收太阳辐射后快速向周围大气扩散，导致周围地表温度高于其他地区；另一方面则是由于建筑表面的比辐射率相对来说比较低，吸收太阳辐射后升温快，同等条件下温度较高。裸露地表温度高则是由于，裸露在外的地表植被覆盖度低，在夏季受太阳直接辐射，这些干燥地表多数都比较疏松多孔，且热惯量等都相对小，在阳光的直射下其表面升温快，从而导致该类型地表温度高。同时，从上表可以看出，该类型地表温度标准差是所有类型中最大的，根据分析，主要是由于在本研究中，裸露地表包括的范围较广，下热面较为复杂，从而导致地表温度分布较离散。水体由于热容量大，热传导率小，温度上升特别缓慢，因而温度总是最低。同时，有植被覆盖的地表，诸如林地、草地、农作物等类型地表温度相对较低，主要是由于植物通过蒸腾，从环境中吸收大量热量，从而降低空气温度也相应地降低了地表温度；然而经过仔细分析可以发现，在大部分年份中林地、草地、农作物三种地表覆盖的地表温度从高到低排序。究其原因主要可以归结为两点，一是由于植被覆盖度大小造成的，农作物在春末夏初时期，由于各种作物生长周期不尽相同，这时部分作物不太茂盛，该地表实际是农作物与裸露地表的混合，因此导致农作物的地表温度相对较高；另一方面，虽然草地的覆盖较好，但由于草地与林地在调节环境功效方面存在较大的差距，因此导致草地的温度高于林地，林地具有更好的降温效应。

表 7-4　不同类型地表温度季节变化统计

日期\n类型	2004-01-28		2004-05-19		2004-07-06		2005-10-29	
	均值	标准差	均值	标准差	均值	标准差	均值	标准差
裸露地表	0.61	2.04	35.36	3.03	36.8	4.24	17.49	2.93
建筑用地	−0.22	1.18	36.17	3.1	39.89	3.96	17.27	1.56
草地	0.13	1.44	32.07	2.61	35.28	2.45	16.63	1.19
林地	0.23	1.12	30.44	3.12	31.54	2.73	15.11	2.84
水体	−3.79	2.2	26.34	3.51	29.02	3.01	13.4	1.62
农作物	0.1	1.51	32.51	3.33	32.46	1.55	17.3	1.55

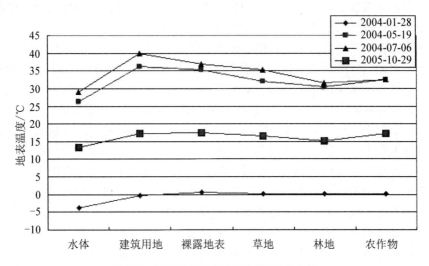

图 7-6　不同类型地表温度季节变化曲线

　　为了研究季节变化对地表覆盖类型与地表温度关系的影像，我们对各季节的分类影像及相应的地表温度分布图作了与上面相同的处理。据分析可知，不管在什么季节，由于水体本身热容量、热传导率等热性质的影响，其平均温度始终保持最低。在夏、秋两个季节地表温度从高到低依然保持为：建筑用地、裸露地表、农作物、草地、林地、水体；到了春、冬两个季节，由于太阳辐射低，各类型地表温度差异进一步缩小，建筑用地与裸露地表两种类型地表温度依然占有领先，但优势已经不是那么明显，一方面由于春、冬两个季节太阳辐射低，地表类型差异没有得到充分的体现；另一方面则是由于用以反演地表温度的 TM 卫星影像为早上 10：40 左右获取，此时地表正处于温度缓慢上升的阶段，也进一步缓冲了各类型地表差异造成的热影响。

7.2.2　各景观类型在温度等级中所占的比例

　　要研究城市热岛布局与土地利用/土地覆盖景观类型的关系，另一个重要的方法就是通过计算不同土地覆盖类型在不同的温度等级范围内所占的比例来衡量不同的土地覆盖对城市热岛效应的贡献大小，温度等级的划分方法见 4.3.1 节。然而，不同季节太阳辐射大小存在明显差异，因此也会对各种类型覆盖的地表温度产生影响。为了全面地分析不同土地覆盖类型对城市热场影响及其变化，本研究选择了 2004 年 1 月 28 日、2004 年 5 月 19 日、2004 年 7 月 6 日、2005 年 10 月 29 日四景 TM 卫星影像近似代表春、夏、秋、冬不同的季节，分析了不同季节各地土地覆盖的热分布状况，为研究北京城十区的热变化做准备。通过遥感图像处理软件 ENVI 对标准化过的地表温度分布图进行相关统计，得到不同地表覆盖类型在每一温度等级中所占的比例，以及各温度等级在每类地表覆盖中所占的比例，从两个角度来研究地表覆盖对地表温度的影响，既考虑到土地覆盖的面积数量，同时又考虑到了每种地表覆盖的热特性。表 7-5 中每种地表覆盖类型对应有两列数据，第一列为该类型地表各等级温度像元总数在研究区各温度等级像元总数中所占的百分比，体现了该类型地表覆盖对研究区热场的影响大小；第二列为每种地表覆盖类型内部各温度等级所占的比例，表示了该类型覆盖地表温度的分布状况。

　　1 月属于冬季，此时太阳辐射为所有研究时相中最低，不同地表类型覆盖的地表温度相差较小。此时相中的水体由于本身面积数量有限，所以只占整个低温区、亚低温区的 22.60%，但其所有像元中 85.39% 的地表温度均属于该级，由此可知，水体由于其较大的热容量，升温慢，所以整个该类型的地表温度较低，但由于其面积数量有限，对整个研究区的热场空间影响较小。在该时相中，由于植被凋零，本来植被覆盖的地表基本上裸露，此时裸露地表覆盖面积骤增，再加上太阳辐射较弱，导致该地表类型在任何一个温度等级均占有较大的比重，低温区也不例外，但从其温度分布来看，仍主要集中在高温区（占总比例的 54.13%）。

表 7-5　2004 年 1 月 28 日不同类型地表占各温度等级统计表

2004-01-28	水体		建筑用地		裸露地表		草地		林地		农作物	
低温区	16.63	62.82	7.97	4.75	35.85	11.36	4.38	23.22	25.53	19.78	9.64	22.80
亚低温区	5.97	22.57	40.27	24.01	32.40	10.27	1.92	10.21	13.99	10.84	5.45	12.88
弱低温区	1.50	5.65	57.57	34.32	30.95	9.81	1.11	5.87	6.81	5.28	2.07	4.88
中温区	0.85	3.23	38.25	22.81	45.54	14.43	0.95	5.04	10.24	7.94	4.16	9.84
弱高温区	0.60	2.26	14.47	8.63	37.24	11.80	0.46	2.44	42.33	32.79	4.90	11.59
亚高温区	0.83	3.13	6.54	3.90	65.87	20.87	1.38	7.32	22.94	17.77	2.44	5.77
高温区	0.09	0.33	2.66	1.58	67.73	21.46	8.65	45.89	7.24	5.61	13.63	32.23

表 7-6　2004 年 5 月 19 日不同类型地表占各温度等级统计表

2004-05-19	水体		建筑用地		裸露地表		草地		林地		农作物	
低温区	13.48	67.82	2.00	0.88	2.81	1.87	0.74	5.37	69.93	31.11	11.04	17.41
亚低温区	4.83	24.28	9.26	4.07	6.97	4.63	1.81	13.13	64.33	28.62	12.80	20.19
弱低温区	0.96	4.84	20.26	8.90	12.94	8.61	2.68	19.50	50.07	22.27	13.08	20.63
中温区	0.21	1.07	36.46	16.01	22.90	15.23	3.40	24.76	26.71	11.88	10.32	16.26
弱高温区	0.06	0.30	47.38	20.80	31.44	20.88	5.08	36.93	11.63	5.17	4.45	7.02
亚高温区	0.09	0.45	65.73	28.86	23.53	15.65	0.19	2.10	0.94		8.52	13.44
高温区	0.25	1.25	46.66	20.49	49.85	33.14	0.02	0.14	0.01	0.01	3.21	5.07

随着太阳辐射的增强，到 5 月中旬，各种类型覆盖的地表温度的差异开始得以体现。水体仍主要表现为低温，占整个低温区的 13.48％及亚低温区的 4.83％，但这两个等级的温度像元占据了所有水体的 92.1％。

建筑表面主要由水泥、沥青等建筑材料构成，由于它们热容量小升温快，再加上不透水性，使得该类型平均地表温度较高，主要集中在中温区以上，占高温区的 46.66％以及亚高温区的 65.73％。

裸露地表，由于缺少植被覆盖，受太阳直接辐射的影响，再加上土壤本身反射率较低，使得温度升高较快，该类型地表覆盖温度较高，其与建筑用地一同构成了亚高温区、高温区的主要来源。由于干燥地表多数都比较疏松多孔，且热惯量等都相对小，使得其温度上升速度甚至高于建筑地表，再加上该地表面积数量较大，因此了高温区的主要来源，占高温区的 49.85％。

对于草地与林业，经过分析发现，草地在两个极端温度等级比例较低，主要集中的弱中温区至弱高温区，表明草地对于降低城市热岛效应作用并不明显。反观林地由于研究区存在大量的林地，使得该类型覆盖占低温区的

69.93％之多，而其在亚高温区、高温区所占的百分比总和不到2.5％，说明与草地相比林地在降低城市地表温度方面起着很大的作用，加上吸尘降噪、降风固土、美化绿化等作用，使得林地被认为是维护城市生态系统保持协调的主力军。

农作物相对草地、林地而言，其地表温度分布更为均匀，但其在中温级别以下的温度等级中所占的比例明显高于中温区以上的比例。仔细分析可以发现，该类型覆盖的地表总体而言温度较低，这说明农作物对于缓解城市热岛效应也有较为重要的作用，主要是由于时处夏季，大部分作物长势较好，植被覆盖较高；同时该类地表也存在一定数量的像元温度较高，占亚高温区的8.52％、高温区的3.21％，这是因为，虽然此时相大部分作物长势不错，但不同的农作物生长周期不同，5月仍有部分作物处于生长初期，该地表植被覆盖则较低，导致高温。

表7-7　2004年7月6日不同类型地表占各温度等级统计表

2004-07-06	水体		建筑用地		裸露地表		草地		林地		农作物	
低温区	7.35	57.73	0.44	0.14	2.57	1.76	0.65	4.43	74.87	43.97	14.11	30.54
亚低温区	2.05	16.12	6.63	2.14	3.94	2.70	2.95	20.09	63.04	37.02	21.39	46.30
弱低温区	1.10	8.61	24.67	7.96	34.32	23.51	4.97	33.86	24.65	14.47	10.30	22.29
中温区	0.97	7.62	52.27	16.86	35.39	24.25	4.46	30.41	6.57	3.86	0.33	0.71
弱高温区	0.37	2.90	73.76	23.78	23.47	16.08	1.37	9.34	1.01	0.59	0.02	0.04
亚高温区	0.71	5.59	61.44	19.81	37.44	25.66	0.25	1.73	0.13	0.08	0.02	0.04
高温区	0.18	1.43	90.92	29.32	8.82	6.04	0.02	0.14	0.02	0.01	0.04	0.08

从5月到7月，随着太阳辐射强度进一步增大，各类型覆盖在此时相的温度分布较夏季初又存在一些差别，主要体现在建筑用地温区中的比例占绝对优势，高达90.92％，虽然只占建筑用地本身的29.32％，也比5月数据高出不少。究其原因，一方面是市区高层建筑密集，不利于空气流通，不利于热量的散发；另一方面是北京作为国际大都市，人口密度大，人为制造的热源数量相当惊人；再者，7月，连续的干燥使得水泥、沥青等材料急骤升温，形成了名副其实的"城市热岛"现象，从中也可以发现，此时的热岛效应明显强于5月。

另一个比较有趣的现象就是，林地、农作物、草地三种类型覆盖地表温度进一步向低温集中，任何一种覆盖像元在中温区以下的温度等级中所占的比例均达到95％以上，取得了很好的降温效应。以上结论表明：只有在热岛效应比较明显的夏季中期，城市绿地的降温效应才能得到更好的体现，城市绿地确实可以为炎热的夏季带来一些凉意，我们可以通过合理地布局城市绿地来达到降温的效果，改善人们的居住环境。

表 7-8　2005 年 10 月 29 日不同类型地表占各温度等级统计表

2005-10-29	水体		建筑用地		裸露地表		草地		林地		农作物	
低温区	15.82	41.07	0.97	0.66	35.83	10.76	0.77	10.03	46.07	31.64	0.53	1.99
亚低温区	16.19	42.03	9.79	6.59	55.81	16.75	1.22	15.91	14.45	9.92	2.54	9.59
弱低温区	4.96	12.87	23.45	15.79	32.82	9.85	0.93	12.12	29.19	20.05	8.65	32.71
中温区	0.77	1.99	38.20	25.71	27.40	8.22	1.05	13.62	25.39	17.44	7.19	27.20
弱高温区	0.48	1.26	43.59	29.34	32.19	9.66	1.91	24.79	17.89	12.29	3.94	14.89
亚高温区	0.24	0.62	22.16	14.92	64.88	19.47	1.80	23.44	9.81	6.74	1.10	4.15
高温区	0.05	0.14	10.41	7.01	84.22	25.28	0.01	0.13	2.79	1.92	2.50	9.46

秋末冬初，各种覆盖类型地表开始降温，水体是城市最稳定的温度调节者，总体表现属于低温行列，但由于面积数量有限，只占到低温区的15.82％；林地以及农作物区开始出现裸露地表，使得裸露地表的面积数量急骤增加，加上土壤本身的热性质，使得该类地表覆盖构成了亚高温区、高温区的主要来源，并不能说明此时的城区成为冷源；与此同时，城区建筑用地的温度开始缓和，但大部分城市像元仍处在中温区以上，城市热岛效应有所减弱，但能得到体现。

7.2.3　城市热岛强度变化监测分析

为了研究北京市城市热岛强度的年度以及季节变化，本文以北京市四环为界线划分为城区和郊区，四环以内覆盖了东城、西城两个老城区及丰台、海淀、朝阳等区的部分，下垫面覆盖主要由建筑地表构成，含有少量的水体及植被覆盖，可以很好地代表北京市区的情况；四环以外地表覆盖类型逐渐丰富，涵盖了所有常见的地表，以及存在大量的林地，可以很好地体现郊区的特性。通过比较城区与郊区的地表温差来评价热岛强度及其变化，界线的划分如图 7-7 所示。

为了比较 2001—2005 年间城市同期城市热岛强度变化的情况，我们对每一景反演得到的地表温度分布图进行了城区与郊区地表温度均值及标准差的统计，如表 7-9 所示。

由于天气等因素的影响，上表统计的各年市、郊均温本身没有对比性，但市郊温差可以很好地反映当年夏季的热岛强度。通过对上表的分析可知，市郊温差从 2001 年的 0.53℃上升到 2004 年的 4.56℃，逐年增加，而且幅度越来越大，速率越来越高；2005 年 5 月 22 日市郊温差又有所缓和，降到了 2.19℃，乍看起来好像城市热岛效应得到了缓解，仔细对比该时相反演的地表温度可以发现，此时反演的地表温度与往年同时间相比温度降了近 10℃左右，后查询气象数据发现，原因是卫星过境前天北京市普遍降雨，造成了

图 7-7 北京市城区、郊区选取的位置示意图

表 7-9 2001—2005 年北京市夏季卫星过境时刻地表温度对比

日 期	市区地表温度		郊区地表温度		市郊差值/℃
	均值/℃	标准差	均值/℃	标准差	
2001-05-19	40.20	2.52	39.66	4.07	0.53
2002-05-22	39.24	2.88	37.98	4.99	1.26
2003-05-25	35.52	2.32	32.81	4.08	2.71
2004-05-19	37.99	2.90	33.43	3.83	4.56
2005-05-22	29.95	2.30	27.76	3.79	2.19

温度的下降，因此当时市郊温差的减少很有可能是因为天气因素造成。同时通过比较市、郊地表温度的标准差可以发现，市区的标准差均要小于郊区，表明市区地表温度比较集中，究其原因是因为市区下垫面结构比较单一，基本以水泥、沥青地表为主，而郊区的下垫面则复杂得多，所以也使得郊区的温度分布比较离散。

表 7-10 对 2004/2005 年不同月份的市、郊地表温度均值及差值做了相关统计。虽然所有的时相不是取于同一年，而且不能严格代表不同季节，但通过对它们的分析，还是可以在一定程度上掌握北京市城市热岛季节变化的规律。从上表中可以发现一个有趣的现象：10 月末，郊区地表温度还略高于市区均温，差值为 -0.66℃，随着冬季的深入，差值扩大到了 -2.07℃，市区

表 7-10 北京市不同季节卫星过境时刻地表温度对比

日 期	市区地表温度		郊区地表温度		市郊差值/℃
	均值/℃	标准差	均值/℃	标准差	
2004-01-28	−1.56	1.44	0.50	2.48	−2.07
2004-05-19	37.99	2.90	33.43	3.83	4.56
2004-07-06	43.29	3.13	34.20	5.26	9.09
2005-10-29	16.58	1.50	17.24	2.49	−0.66

在一定程度上显示出冷岛；到了 5 月时，随着太阳辐射的增强，市区普遍增温，速度明显高于郊区，导致了平均温差达到 4.56℃，到了 7 月则上升到了 9.09℃，表示出强热岛效应。通过对冬季时相土地覆盖分类图的分析，可以发现郊区原本茂密的植被覆盖逐渐降低，裸露面积骤增，加上郊区较为空旷，容易接收太阳辐射，使得郊区的地表升温较快；相反，市区建筑密度大，下垫面棱角多，太阳辐射折射厉害，遮挡厉害，使得部分市区长时间不能接收太阳辐射。到了夏季，郊区植被覆盖增加，由于植被具有很好的降温效应，使得郊区地表相对来说较低；相反，市区建筑表面热容热小，升温快，加上空气流动小，造成了极强的热岛效应，并随着太阳辐射的增强而增大。

7.3 城市各功能小区热场效应评价

7.3.1 数据获取及分析

本研究选取了北京市主城区各类型功能小区总计 24 个。见第 6 章图 6-10。

下垫面信息的获取，采用人机互助目释解译的方式从 2005 年 5 月 QuickBird 影像中提取，在提取的过程中，根据研究的需要把下垫面类型分为：建筑用地、水体、未利用土地和绿地四种，其中绿地包括林地、草地。

同时，利用遥感反演的方法获得卫星过境时刻(10：40)的地表温度热场空间分布，计算每个小区的平均地表温度，如表 7-11 所示。

7.3.2 下垫面类型与地表温度关系的研究

地表温度变化由太阳辐射状况及地表覆盖物体的热学性质决定，不同地物具有不同的热学性质，建筑用地、水体和绿地作为城市地表最主要的三种下垫面，对城市整体地表温度的影响很大，为了分析他们对地表温度的影响，我们对各种下垫面覆盖率与地表温度作了单元、多元回归分析，相关的统计信息如表 7-12 所示。

表 7-11 典型小区下垫面类型及温度统计

小区名称		小区总面积/ha	建筑用地/%	水体/%	未利用土地/%	绿地/%	精度检验/%	平均温度/℃
1	北航	132.66	68.23	0.25	2.34	29.18	95.00	30.01
2	地大	89.55	77.69	0.00	1.68	20.63	91.00	31.09
3	科大	73.11	81.65	0.00	0.00	18.35	92.00	30.10
4	天通苑	204.39	79.01	0.00	0.00	20.99	90.00	30.85
5	北师大	141.66	74.97	0.00	1.67	23.36	93.00	29.91
6	王府井	35.64	81.21	0.00	0.00	18.79	90.00	30.97
7	北海公园	73.30	26.27	51.17	0.00	22.55	92.00	23.15
8	方庄	186.93	61.96	0.00	0.66	37.38	92.00	28.10
9	西单	255.15	93.18	0.00	0.00	6.82	93.00	31.42
10	新街口	170.28	74.82	16.60	0.00	8.57	91.00	28.90
11	颐和园	304.92	12.28	65.09	0.00	22.63	92.00	21.71
12	玉渊潭	144.27	9.16	46.15	0.74	43.94	93.00	22.09
13	紫竹苑	43.74	9.17	30.29	0.00	60.54	93.00	23.49
14	崇文门	40.26	62.86	0.00	32.47	4.66	96.00	30.84
15	经贸大学	75.10	72.96	0.10	2.11	24.83	93.00	30.21
16	北京理工	98.15	62.57	0.00	3.76	33.67	96.00	29.71
17	人民大学	127.65	74.35	0.00	1.59	24.07	97.00	30.77
18	首都医大	71.32	68.61	0.00	0.00	31.39	95.00	29.98
19	南湖公园	33.40	19.00	0.00	0.00	81.00	94.00	29.42
20	林大	65.88	81.51	0.00	0.00	18.49	93.00	31.68
21	使馆区	33.12	72.48	1.06	0.78	25.67	94.00	28.04
22	海淀公园	48.24	20.55	4.91	19.71	54.83	96.00	29.58
23	朝阳公园	159.52	20.23	14.91	11.53	53.34	97.00	27.32
24	天坛公园	190.11	12.52	0.00	0.67	86.82	96.00	26.25

表 7-12　小区温度与下垫面类型关系统计

下垫面类型	温度与下垫面类型拟合方程	相关系数	样本量	直线斜率
建筑用地	$y=0.12x+21.28$	0.96^*	19	0.12
绿地	$y=-0.13x+31.98$	-0.53^*	19	-0.13
水体	$y=-0.15x+30.27$	-0.95^*	19	-0.15
建筑、绿地、水体	$y=29.84+0.02x_1-0.05x_2-0.12x_3$	0.99^*	19	

其中，带有"*"的相关系数表示通过显著性指数 $a=0.05$ 的 T 分布检验；x_1，x_2，x_3 分别表示建筑、绿地、水体的覆盖率。

为了对各种情况下的回归方程进行代表性检验，我们将总样本分为两部分：一部分为统计样本，19 个，作为回归分析的数据源；另一部分为检验样本，5 个，用来检验回归方程的代表性。在评价回归方程时，我们分别利用统计所得到的回归方程模拟出检验样本的温度数据，并与实际由 TM 影像反演的温度数据进行对比。

由表 7-12 中的单元线性回归结果我们可以得出：

人工建筑与地表温度呈强正相关，水体与地表温度呈强负相关，绿地与温度在一定程度上呈负相关，相关系数不如前两者高。人工建筑如水泥面、柏油面由于热容量与比热较小，白天受太阳光直视温度增加比较快，表现出比周围区域更高的温度，呈强热源；水体由于比热大、惯量大，升温慢，呈冷源；绿地，白天虽受阳光照射，但因水分蒸腾作用降低叶的温度，升温不甚明显，表现出一定的降温作用，并随着太阳辐射的增加，对周围环境的温度影响越来越明显。

同时，为了研究典型下垫面结构与地表温度的关系，我们还对温度与建筑用地、水体、绿地进行了多元回归。回归方程中自变量系数的符号代表了相应下垫面与温度相关的正负，而系数的绝对值则表示对温度影响的大小。其结果基本与线性回归相吻合，但建筑用地对温度的影响在三元回归中有所缓和，具体表现在 x_1 的系数较小，这可能是由于水体与绿地对温度的负作用在一定程度上缓冲了建筑用地的正作用。

为了对表 7-13 中所反映的温度信息有更直观的了解，我们做了图 7-8 的处理，从图中可以看出，各模拟曲线与 TM 反演温度曲线形状不尽一致，总体而言多元回归方程所模拟出的温度与实际反演温度最为接近，与表 7-13 所反映的情况一致。由此可知，建筑用地、水体和绿地三种典型下垫面与温度关系密切，我们可以通过确定它们的覆盖信息近似得出小区的平均地表温度信息。

表 7-13　TM 反演温度与各模拟温度的对比

	林业大学	使馆区	海淀公园	朝阳公园	天坛公园	ΔT 均值	ΔT 均方差
TM 反演温度	31.68	28.04	29.58	27.32	26.25		
建筑模拟温度	31.12	30.03	23.77	23.73	22.80	3.08	3.55
水体模拟温度	30.27	30.11	29.53	28.03	30.27	1.65	2.14
绿地模拟温度	29.49	28.53	24.61	24.81	20.31	3.22	3.78
多元模拟温度	30.73	29.99	26.84	25.74	25.53	1.59	1.75

备注：建筑模拟温度，为依据建筑与温度所拟合的线性方程，模拟所得的小区地表温度。

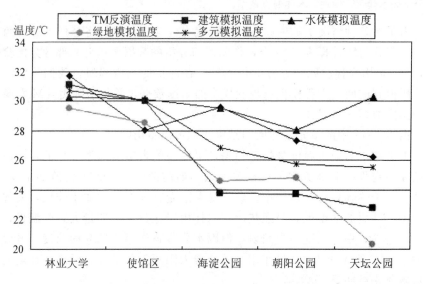

图 7-8　TM 反演温度与各种情况下模拟温度对比

7.3.3　典型功能类型小区热场比较

小区是城市的缩影，不同类型的小区具有不同的下垫面和布局结构，所对应的建筑用地、水体和绿地信息也不尽相同，从而也导致了热场空间分布存在很大的差异。

为了探讨小区类型热场分布的特点，我们把所有的小区分成了四类，分别为生活区、学校、商业区、公园；同时为了比较各类型小区热状况，我们对地表温度的均值和均方差作如表 7-14 的统计。为了让不同类型小区更直观地显示，我们对所有的样本进行了重新排序，如图 7-9 所示。

从中可以发现：由于商业区下垫面结构单一，主要由建筑构成，水体、绿地覆盖少，所以该类型小区表现出白天高温，相对较稳定；学校类型小区，由于各小区间下垫面结构基本接近，其实所表现出来的温度信息也比较稳定，且其白天温度也较高，仅低于商业区，同时由于学校人口密度大，相

表 7-14　类型小区地表温度统计

	学校	生活区	公园	商业区
温度均值/℃	30.38	29.24	24.8	31.08
温度均方差	0.62	1.15	2.74	0.25

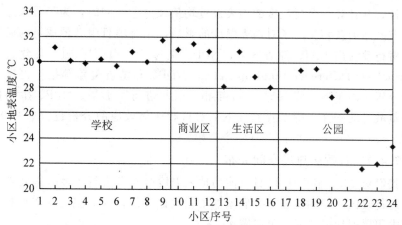

图 7-9　不同类型小区温度分布

较于生活区其温度略高；由于所选择的生活区下垫面信息相差较大，所以体现在温度上也存在起伏，同时由于小区都存在一定面积的绿化带，所以其温度在白天相对较低；公园存在大面积的大热容量水体以及高绿化覆盖率，使得其温度日变化幅度最小，同时由于不同公园内水体、绿地所占的比例相对较大，也使得该种类型的小区间温度起伏较大。

在所有类型小区中，商业区的温度分布最为集中，而温度分布最分散的是公园。

通过从下垫面类型覆盖、绿地空间布局两个层次上对城市热场的分析，我们可以得出城市热场与功能小区内部结构关系的一些初步结论：

(1)水体、绿地具有明显的降温功能，人工建筑表面则具有增温效果；该三种地表类型的覆盖程度可以通过多元回归较好地反映地表温度的状况；

(2)在所有绿地结构指数中，对温度影响最大的是绿地覆盖率，然后是分离度、缀块平均面积、连通指数。白天只有分离度与温度呈现正相关，其他指数呈负相关；

(3)在所有功能类型小区中，白天温度最高的是商业区，最低的是公园；公园的温度分布最分散。

7.4   城市行政区热效应评价与分析

本研究区包括北京城八区以及其北部的昌平、顺义两个远郊区，为了比较各行政区地表温度热场分布状况，我们对每个行政区单独进行各温度等级的统计，并计算每个行政区的地表温度均值及方差。同时，为了寻求地表热场分布的原因及相关因子对地表温度的影响，结合项目组其他成员的研究成果，对行政区内 LAI、地表蒸散、NPP、生物量、NDVI、归一化建筑指数（Normalized Difference Build-up Index，NDBI）和植被覆盖等指标也进行了统计分析。由于项目组只对 2005 年相关时相进行了 LAI、NPP、生物量和地表蒸散等的研究，所以我们接下来对行政区热效应的分析也只取 2005 年 5 月22 日、2005 年 10 月 29 日两个时相。

7.4.1   行政区热场空间分布

我们对 2005 年 5 月 22 日反演的地表温度分布图进行密度分割处理，为了进行行政区之间的比较，我们添加了行政区界线，并对温度＞36℃的像元在图中用黑框加以凸显，见彩图 14。

通过对大于 36℃ 像元的统计（表 7-15），表明此时相地表温度高温像元主要存在于昌平、顺义两个远郊区，以及宣武区北面一定数量像元的高温区。

表 7-15   各行政区 36℃ 以上高温像元统计

行政区	昌平	朝阳	崇文	东城	丰台	海淀	石景山	顺义	西城	宣武
像元数	8 596	2 487	63	30	548	3 396	691	12 196	10	50

通过对该些高温区所处像元与研究区地形图对比分析可知道，昌平、顺义两区的高温区主要是农作物收割后的裸露田块，以及枯水的河床，如顺义区内的潮白河段存在大面积的高温区就是由于枯水，沙滩裸露，造成河床急剧升温，这一现象可以从典型地物的热学性质得到解释，如表 7-16 所示。

表 7-16   常用物质的热特性（Oke，Campbell James B，1987）

热特性 物质类别	热传导率 K /(J·cm⁻¹·s⁻¹·K⁻¹)	热容量 c /(J·g⁻¹·K⁻¹)	热惯量 P /(J·cm⁻²·s^{1/2}·K⁻¹)
干燥裸土	0.002 5	1.42	0.059 7
湿润裸土	0.015 8	3.10	0.221 3
沥青	0.007 5	1.94	0.120 7
水泥	0.015 1	2.11	0.178 6
沙土	0.001 4	0.24	0.024 0

其中，热传导率又称导热系数，是对热量通过物体速度的量度；而热容量，则表示物质储存热能力的量度；热惯量是一种综合指标，是物质对温度变化的热反应的一种量度。从表中我们可以发现，干燥裸土、沙土的热惯量与热容量都比建筑表面的沥青、水泥等材料低，表明在同等热辐情况下，干燥裸土、沙土升温快，从而导致了卫星过境时刻的高温区主要出现于昌平、顺义两远郊区。

然而，以上现象虽然合理，但不普遍；从表 7-16 中可以发现，该时相＞36℃的像元总数只有 28 065，不到整个研究区的 0.4％，不足以支持"北京城市热岛效应减弱"这种观点，研究区的热效应评价需要从整体上考虑。通过对地表温度分布图进行统计，可以得到各行政区在该时相温度分布状况，如图 7-10 所示。

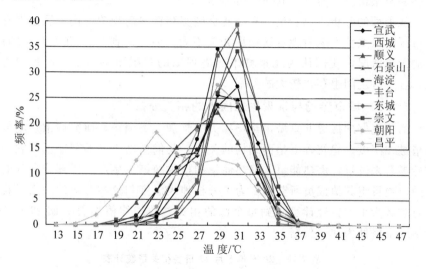

图 7-10 2005 年 5 月 22 日卫星过境时刻北京十区地表温度分布统计图

从图中我们发现，在所有行政区中，东城、西城、宣武、崇文四个老城区地表温度分布集中，曲线离散度小，大部分像元处于 27～35℃之间，而这四个区中，代表崇文区温度分布的曲线峰值略偏于右，表明此时相下，崇文区地表均温略高于其他三城区；在所有曲线中，代表昌平区温度分布的曲线最为平坦，温度分布范围较广，从 14～40℃均有相当数量的像元，出现多峰现象，经分析得，该区存在大面积的森林，在夏季植被覆盖可以有效地降温，从而导致其地表温度普遍低于其他行政区；海淀、顺义、丰台、朝阳、石景山区则介于前两者之间，曲线分布比"昌平"陡，又缓和于四个老城区，经分析，该些行政区下垫面结构较老城区为复杂，既有大量的建筑面积，又有适当数量的农作物、草地等。

为了定量地比较各行政区地表温度分布情况，可以对每个区的温度计算均值及方差，如表 7-17 所示。

表 7-17　2005 年 5 月 22 日北京城十区地表温度统计表

	海淀	朝阳	石景山	丰台	崇文	西城	东城	宣武	顺义	昌平
均值	28.92	29.15	28.96	29.5	30.76	29.54	30.41	29.56	27.90	25.93
方差	3.31	2.78	3.02	2.22	2.29	2.49	2.04	2.97	3.57	4.44

其中，地表温度均值代表该区整体温度的大小，方差则表示温度分布的集中情况。从上表可以看出，均值最高的区为崇文、接下来依次是东城、宣武、西城，温度最低的则是昌平区；温度分布最集中的依然是东城、西城、崇文等区，昌平区方差最大，达到了 4.44，这一情况表明了昌平这个远郊区下垫面复杂情况。与图 7-10 得到的结果一致。

从上面的分析可以看出，夏季北京确实存在热岛现象，高温区主要存在于市区，虽然从上表看似各区温度相关不大，但考虑到 2005 年 5 月 22 日当天的天气状况，我们认为北京城市热岛现象的状况不容乐观，而且同为城区，各个区之间也存在较大的差别。

7.4.2　城市热场与景观生态因子的相关分析

为了更好地探寻北京城市热场相关的景观生态因子，研究城市热场分布与植被、湿度、建筑等下垫面结构的关系，我们借助于一系列能反映它们的指标参数来进行，潜热能量、显热通量和植被净第一生产力等部分参数的分布图由项目组其他成员所获得。为了分析地表温度与这些参数的关系，我们以行政区为单元，经计算得到每个区的相关参数的均值如表 7-18 和表 7-19所示，空格处为缺少数据。

表 7-18　2005 年 5 月 22 日各相关量统计表

2005-05-22	植被净第一生产力	叶面积指数	植被覆盖度	归一化植被指数	归一化建筑指数	归一化水分指数
海淀区	0.043	0.33	0.30	0.20	0.111	0.704
朝阳区	0.019	0.17	0.18	0.10	0.154	0.681
石景山区	0.045	0.21	0.26	0.18	0.118	0.702
丰台区	0.017	0.10	0.16	0.09	0.168	0.675
崇文区	0.003	0.05	0.13	0.04	0.152	0.686
西城区	0.006	0.10	0.14	0.06	0.128	0.698
东城区	0.005	0.09	0.15	0.08	0.134	0.695
宣武区	0.018	0.19	0.16	0.09	0.122	0.700
顺义区	0.012	—	0.33	0.21	0.136	0.686
昌平区	0.016	—	0.48	0.34	0.081	0.718

表 7-19　2005 年 10 月 29 日各相关量统计

2005-10-29	植被净第一生产力	叶面积指数	植被覆盖度	归一化植被指数	归一化建筑指数	归一化水分指数	潜热通量	显热通量
海淀区	0.029	0.31	0.39	0.22	0.144	0.075	118.92	86.72
朝阳区	0.016	0.19	0.32	0.18	0.155	0.061	115.24	87.81
石景山区	0.030	0.19	0.36	0.18	0.159	0.058	114.06	92.41
丰台区	0.013	0.11	0.30	0.17	0.175	0.039	109.04	92.43
崇文区	0.003	0.06	0.24	0.11	0.128	0.094	124.52	86.72
西城区	0.005	0.10	0.17	0.13	0.104	0.125	130.21	83.80
东城区	0.004	0.09	0.28	0.14	0.120	0.103	128.72	83.92
宣武区	0.015	0.20	0.33	0.16	0.103	0.121	127.76	83.84
顺义区	0.012	—	0.38	0.24	0.208	0.001	105.58	91.19
昌平区	0.016	—	0.35	0.21	0.226	−0.014	112.39	90.06

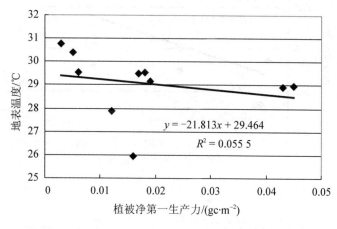

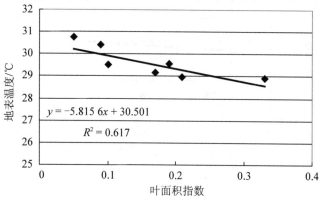

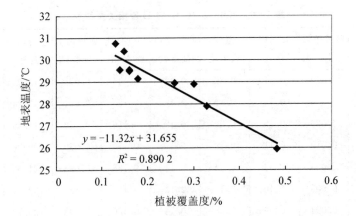

图 7-11　2005 年 5 月 22 日行政区相关参数与地表温度线性分析

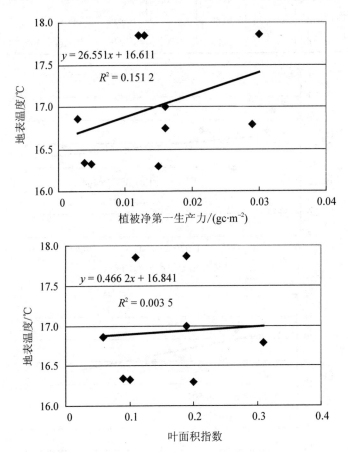

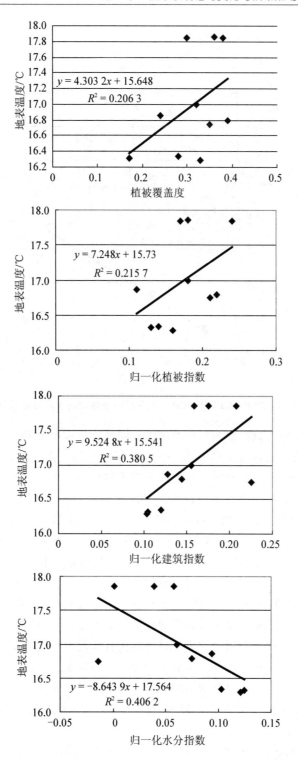

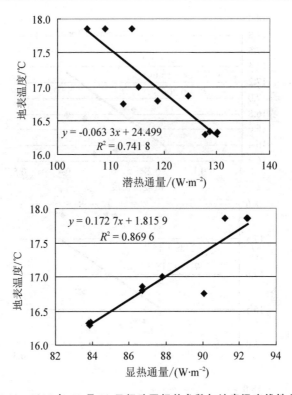

图 7-12 2005 年 10 月 29 日行政区相关参数与地表温度线性分析

以上线性分析数据源为各行政区地表温度、植被覆盖和归一化植被指数等参数的均值。通过对不同时相下各相关指标与地表温度的线性分析可知，上述分析的一系列参数对地表温度的影响不尽相同，既存在不同时相上的差别，也存在参数本身的差别，具体分析如下。

(1)归一化建筑指数(NDBI)和归一化水分指数(Normal Differential Water Index，NDWI)对温度的影响不因时相改变而改变，都表现出很强的显著性；植被覆盖度与归一化植被指数(NDVI)则正好相反，在 5 月表现出显著的负相关，在 10 月底则表现出正相关。

(2)植被净第一性生产力(Net Primary Productivity，NPP)，指绿色植物在单位时间、单位面积上所累积的有机物的数量，是植物自身生物学特征与外界环境因子相互作用的结果，是植物光合作用有机物质的净创造。其反映了植物群落在自然环境条件下的生产能力，是生态系统的重要功能，也是物质与能量运转及变化研究的基础。经分析可知，在 5 月，NPP 与地表温度呈现弱负相关关系；10 月末，则呈现弱正相关。由此可知，NPP 与地表温度的相关性较差。

(3)叶面积指数(LAI)，植被组分面积(每个单元面积)之和与植被在地面垂直投影面积的比值,在一定程度上体现了植被的垂直密度。在炎热的 5 月,地表温度与叶面积指数呈现较强的负相关,R^2 达到 0.62;而到了 10 月两者关系不明显,这与冬季下垫面类型热效应差异进一步缩小,植被降温效应不甚明显有关。

(4)植被覆盖度与归一化植被指数(NDVI),在一定程度上反映了像元内植被生物量和生长状态,也是植被类型、覆盖形态等的综合体现。通过对它们与温度的线性分析可知,在夏季,因为植被具有较好的降温效应,使得植被覆盖度与 NDVI 对地表温度均呈现出极强的负相关,R^2 达到了 0.88 左右。

(5)归一化建筑指数(NDBI),反映了城市下垫面不透水层(水泥、沥青等)的建设规模。从上面分析可知,无论是在炎热的夏季还是寒冷的冬季,地表温度都和 NDBI 呈正相关。NDBI 值越大,地表温度也越高。从而也说明,随着城市化程度的提高,地表温度也会增加,城市热岛效应也将越趋明显。

(6)归一化水分指数(NDWI),是基于短波红外(Short-wave Infrared,SWIR)与近红外(Near Infrared,NIR)的归一化比值指数。能有效地提取植被冠层的含水量,对旱情的监测具有重要的意义。研究表明地表温度与 ND-WI 无论在 5 月还是在 10 月,均呈现出较强的负相关性。NDWI 值大的覆盖区,表示植被长势好,地表温度低;NDWI 值小的覆盖区,则表示植被覆盖差,裸露地表较多,对应地表温度也高。

(7)潜热通量(Latent Heat Flux,LHF)指地表吸收辐射能与蒸发耗热的热交换,即地面蒸发或植被蒸腾、蒸发的能量,又称蒸散(Evapotranspiration)。前人研究表明,通常含水量较大的水域或植被覆盖区潜热能量较大,而城市下垫面不透水层及干燥裸露地表蒸散较小。通过对其与地表温度相关性分析可知,地表温度与潜热能量存在强负相关性。蒸散强的地表覆盖,对应温度低;蒸散弱的不透水层城市下垫面,对应温度高。与前人的研究结果一致。

(8)显热通量(Sensible Heat Flux,SHF)表征下垫面与大气间湍流形式的热交换,又称感热能量。其与潜热通量的分布正好相反。从热平衡的角度也证明,一方面能量的增加,必然以另一方面能量的减少为代价。分析表明,地表温度与显热通量呈很强的正相关,能使被线性方程所解释的方差量 R^2 高达 0.87。显热通量高的下垫面,地表温度高;而温度最低的水体所对应的显热通量最少。

综上所述,归一化建筑指数、归一化水分指数可以分别很好地代表研究区建筑覆盖与植被覆盖的情况,其与地表温度的关系也较为稳定;植被覆盖度、归一化植被指数在炎热的夏季可以很好地反映植被的生长状态,其与地表温度有非常高的负相关性;不同的水热通量代表能量分布情况,可以很好地表示能量交换情况,与地表温度也有着较强的相关性,其中潜热能量与地表温度呈负相关,显热通量则呈正相关。

第8章　结论与展望

随着中国城市化进程的不断深入，建设生态城市与低碳城市的浪潮不断掀起，生态城市规划已成为当前城市规划的热点。而城市化所带来的大规模土地利用/土地覆盖景观格局的变化，是一种典型的人地系统相互作用的过程，具有极为重要的自然与社会经济文化生态意义。本书选择中国最大的城市之一，也是中国的首都北京作为案例，选取城市生态环境研究中最为重要研究内容之一的城市热环境为研究对象，以卫星遥感、地理信息系统为支持，辅以大量的地面实验及观测资料，在对卫星遥感反演诸多参数的精度和可靠性进行充分验证的基础上，对北京市城区地表热场不同时间及空间尺度上的变化进行分析，并研究与其相关的景观生态因子，从而为有关部门进行生态城市规划、城市可持续发展与环境保护等提供科学的决策依据。

8.1　主要工作及结论

本书的工作及结论主要有以下几点。

（1）本书首先对城市热岛研究的历史和现状、城市景观生态及城市通量研究进行了回顾和总结。在详尽了解国内外学者如何利用地面观测、卫星遥感及边界层数值模式这三种不同的方法进行城市热岛的形态结构、过程变化及成因分析等研究工作的基础上，提出必须区分大气热岛和地表城市热岛的概念及其所使用的大气温度和地表温度的本质差异，以及必须提高并验证卫星遥感反演参数的精度。同时也认识到仅仅依靠卫星遥感过境时刻的瞬时信息和直接使用亮度温度是无法获取城市热岛的真实信息的。我们需要充分利用已有数据和仪器、结合地表观测及卫星遥感观测的优点、综合大气热岛和地表城市热岛的研究结果，才能真正获取北京市城区热场不同时间尺度上的空间变化规律及其相关影响因子，并为治理和缓解北京市的城市热岛提供有效的决策支持。

（2）本书概述了研究中使用到的各种数据的来源和使用方法，然后重点介绍了如何使用已有的地面实验观测数据和波谱库数据改进 ASTER/TM 数据反演地表温度的方法。在这里，本书根据北京市的下垫面特点，在多个波谱库数据的支持下，提出了与之适用的 ASTER 窄波段比辐射率到宽波段比辐射率的转换公式，以及适用于反演不同下垫面 TM 窄波段比辐射率及应用于地表能量平衡研究中 $8 \sim 14 \mu m$ 宽波段比辐射率的公式。在得到了反演结

果之后，我们使用星—地同步地表温度验证数据对 ASTER 地表温度产品及
TM 两种不同算法反演出的地表温度进行验证，并提出了一种利用所得验证
点误差值对影像中所有地物地表温度反演结果进行纠正的方法。结果表明，
ASTER 地表温度产品及 TM 使用辐射传输方程结合大气廓线的方法反演出
的地表温度的精度是可靠的。最后，本书还使用广泛应用的地表通量模型
SEBS/SEBAL 对卫星遥感反演所得地表反照率、NDVI、地表温度和地表比
辐射率等参数进行综合验证，与地面同步观测的地表能量平衡及通量数据的
对比结果表明，这些参数的精度是可靠的，可以应用到地表热场的时空变化
及其相关影响因子的研究中。

　　(3)本书在进行北京市土地利用/土地覆盖分类方面，首先针对存在大量
混合像元的北京市城区，使用简单实用的线性混合像元分解方法结合 V-I-S
模型，将城市下垫面分解为不透水地表和植被的混合。结果表明，所得植被
覆盖比例与地表温度之间的相关性要高于 NDVI，这是衡量城市热场变化影
响因子更好的指标，因而对于单景影像的地表热场分析而言，使用混合像元
分解结合 V-I-S 模型是一种更好的方法。但对需要进行多个时相的地表热场
分析的本研究而言，易于使用且可重复性强的决策树分类算法是更好的选
择。因此本书根据 ASTER 和 TM 数据的特点，采用不同的决策规则对不同
时相和季节的遥感影像进行城区土地利用/土地覆盖分类。通过对分类结果
的比较分析，得出 2001—2005 年，北京主城区建筑面积逐年增加，由 2001
年的 1 108.41 km² 到 2005 年的 1 240.20 km²；裸露地表则由 1 136.42 km²
减少到 733.54 km²；林业用地的面积呈现上升的趋势；其他类型土地覆盖变
化幅度不是很大。

　　(4)本书利用多个时相 ASTER/TM 卫星遥感反演的地表温度、NDVI
等各种参数，结合地表实测温度日变化数据，从不同的时间尺度分析了北京
市城区地表热场的空间变化规律及其相关影响因子。首先对夏季晴天北京市
城区地表热场的日变化的研究结果表明，地表城市热岛幅度在下午 14：00
左右达到高峰值，在早上 5：00 左右达到最低值，其余时候则分别以这两个
时刻为中心呈对称分布。和前人研究的结果类似，地表城市热岛在晚上较
弱，而大气热岛则在晴天的晚上发展最为充分。使用 TM 夜间影像反演的地
表温度分布与由北京市气象站点观测到的大气热岛分布进行对比，结果表
明：在晴空、稳定的夜晚，两者的相关性较高，这就为大气热岛与地表城市
热岛之间的链接提供了一种有效的途径。本书还对北京市城区白天地表热场
的季节变化及夏季地表热场多年演变进行了研究，结果表明：北京市城区白
天地表热场的季节变化和大气热岛的季节变化类似，都是夏季最强，春秋季
较弱，冬季几乎没有；而对夏季地表热场多年演变的研究结果则表明，
2001—2005 年间，夏季地表热场的相对幅度在减少，同时各下垫面地表类型

与 NDVI 之间的负相关性在增强，说明这几年城区植被覆盖的增加能有效减缓城市地表热岛的发展。这些研究结果表明：局地的气候环境和下垫面的热特性是北京市地表城市热岛发生发展的主要控制因素。地表城市热岛强度越高，植被的覆盖对其影响越大；在冬季或清晨地表城市热岛很微弱时，植被的覆盖对其几乎没有影响。

(5)本书通过选取 2005 年北京市夏季昼、夜 Landsat TM 影像，从三个角度分析了城市热场与城市植被景观之间的相关关系。研究表明：植被景观有很好的降温效应，但降温的速率会随着植被覆盖程度的不同而异，当植被覆盖位于 10%～60% 时，温度随着覆盖度的增加下降比较明显；当植被覆盖高于 60% 时，逐渐呈现饱和状态，降温速率有所降低；相较于夜晚，无论在何种植被覆盖程度下，白天晴朗条件下植被降温更为明显；不同下垫面组合下，植被降温的效果不尽相同；在同等条件下，增加裸露地表的植被覆盖，降温效果最为明显。

(6)本书还研究了城市绿地空间景观格局与城市热场的关系。考虑到城市下垫面的破碎性及绿地分布的复杂性，从 2005 年 QuickBird 影像中提取了多种类型的功能小区。通过人机交互解译的方式获取了各小区的下垫面信息，计算了植被覆盖、绿地缀块平均面积、连通指数、形状指数、分维数、分离度六个具有代表性的指数，对小区绿地空间布局结构进行评价。通过与地表温度的相关性分析指出：温度与植被覆盖、绿地缀块平均面积、连通指数、形状指数、分维数呈负相关性，与分离度呈正相关性；相关性最强的是温度与植被覆盖，最差的是与分维数。根据分析的结论可以认为：在一定植被覆盖的前提下，可以通过将绿地均匀化、分散化、边界不规则化来提高绿地的降温效果。

(7)本书对典型功能小区的热效应进行了评价与分析。小区是城市的缩影，不同类型的小区具有不同的下垫面结构布局，从而也导致了热场空间分布存在很大的差异；各类型功能小区的热分布研究可以让我们从点上把握研究区的热状况。通过对所选取的生活区、学校、商业区、公园四类小区热场及下垫面的分析可知：水体、绿地具有明显的降温功能，人工建筑表面则具有增温效果，该三种地表类型的覆盖面积比例在一定程度上决定了小区的平均地表温度；在所有类型小区中，白天温度最高的是商业区，最低的是公园；公园的温度分布最离散，商业区最集中。

(8)最后，本书对行政区热效应进行了评价与分析。通过对研究区各个行政区热场的分析可知：在所有行政区中，地表温度最高的是四个老城区，温度分布也相对集中。这表明，夏季北京存在热岛现象，高温区主要存在于市区；归一化建筑指数、归一化水分指数分别可以很好地代表研究区建筑覆盖与植被覆盖的情况，其与地表温度的关系也较为稳定；植被覆盖度、归一化植被指数在炎热的夏季可以很好地反映植被的生长状态,其与地表温度有非常高的负相关性;不同的水热通量代表能量分布情况,可以很好地表示能量交换情况,与地表温度也有着较强的相关性,其中潜热能量与地表温度呈负相关,显热通量则呈正相关。

总之,本书在前人研究的基础之上,系统研究了北京城区热场在不同时间尺度上的空间变化及其主要景观生态因子,研究结果对北京市生态城市规划与建设具有一定的参考价值。

8.2　研究展望

本书主要是在大量数据的支持下从事的研究工作,仅仅是对城市热环境及城市景观生态系统的初步分析。在该研究领域,尚有大量有待进一步深入分析的问题及工作。

本书的创新点主要集中在以下几点。

(1)在波谱库的支持下,发展出新的适用于各种下垫面 TM 窄波段和8～14μm 宽波段的比辐射率公式。

(2)使用目前已有的验证数据,提出了应该在使用辐射传输方程结合大气廓线的方法反演地表温度之后,进行误差纠正的方法和参考值。

(3)使用地表实测数据,同时结合 TM 白天和夜间景的数据,研究了地表城市热岛的日变化,并总结其规律,证明了 TM 夜间景的数据是链接大气热岛和地表城市热岛的有效途径。

本书需要存在的主要问题和不足包括以下几个方面。

(1)如同在本书第一章综述中所说,使用卫星遥感数据进行城市热岛的各种研究,从本质上讲,都只是使用经验的统计关系,缺乏深入定量化的机理分析,因此所得结论难以直接推广使用。而作为真正从物理机制上进行大气热岛研究的边界层模型模拟暂时还无法与卫星遥感所得地表城市热岛直接关联,这就极大地限制了卫星遥感所得结果的使用范围。

(2)受卫星分辨率的影响,城市下垫面普遍以混合像元存在,土地利用/土地覆盖景观格局的精度有待提高,同时也对后续地表温度的反演造成了影响。

(3)地面实际验证数据的获取不够全面。由于天气的原因,我们只获取了 2005 年为止的 Landsat 卫星数据,再加上人手的不足,卫星过境时刻地表同步实验很难操作;因此我们只能分析 2001—2005 年度间的北京城市热状况,没有研究最新的城市热场分布;在对遥感反演的地表温度进行验证时,受影像分辨率和天气的影响,我们只对 2005 年 10 月 29 日的水体进行了实在验证。

(4)在分析研究区热岛效应时，我们采用的是 Landsat 陆地卫星影像数据，白天卫星过境时刻大约在 10：40，此时的地表正处于升温过程中，热场分布还不稳定，热岛强度未能反映真实的情况，用此时相反演的地表温度数据来研究城市热场效应，其状态未达到极致，不够典型。

(5)在研究城市小区绿地空间布局结构与城市热场的相关关系时没有考虑到小区间绿地本身量上的差别，所得到的绿地布局结构评价指数与地表温度的关系在一定程度上受绿地整体量及绿地面积大小的影响。

(6)在分析行政区热效应时，我们引入了地表蒸散等变量。由于受实验数据的影响，我们只获取了 2005 年 10 月底的研究区地表蒸散的情况，没有得到夏季的相关数据，因此未能研究夏季蒸散与地表温度的关系。

经过本书所开展研究工作的体会，我们深深认识到想要达到之前设定的切实了解城市热场的发生、发展、变化过程和规律及其相关景观生态因子的研究目标，还有漫长的道路要走。总的来说，在最近的数据和技术支持下，未来可以开展以下几方面的工作。

(1)加强卫星遥感反演地表参数与边界层数值模式的结合，这方面的工作虽然在国内外已经初步展开，但亟待加强。

(2)获取更多的卫星白天、夜间景的数据，积累更多城市各种下垫面地表温度的日变化数据，进一步探讨使用卫星遥感夜间数据研究夜晚大气热岛的可行性。

(3)加强卫星遥感地表温度的反演及验证工作，特别是解决在城区特殊复杂下垫面情况下，非同温混合像元及大气下行辐射的不均一问题。

主要参考文献

鲍淳松，楼建华，曾新宇，等．杭州城市园林绿化对小气候的影响[J]．浙江大学学报，2001，27(4)：415-418.

北京市地方志编纂委员会．北京志·地质矿产水利气象卷·气象志．北京：北京出版社，1999.

北京市哲学社会科学规划办公室．北京人口发展研究报告2007[M]．北京：同心出版社，2007.

边海，铁学熙．天津市夜间城市热岛的数值模拟[J]．地理学报，1999，43(2)：150-158.

车生泉，王洪轮．城市绿地研究综述[J]．上海交通大学学报：农业科学版，2001，19(3)：229-234.

陈晋，陈云浩，何春阳，等．基于土地覆盖分类的植被覆盖率估算亚像元模型与应用[J]．遥感学报，2001，5(6)：416-422.

陈燕，蒋维楣，吴涧，等．利用区域边界层模式对杭州市热岛的模拟研究[J]．高原气象，2004，23(4)：519-528.

陈云浩，王洁，李晓兵．夏季城市热场的卫星遥感分析[J]．国土资源遥感，2002，(4)：55-59.

程承旗，吴宁，郭仕德，等．城市热岛强度与植被覆盖关系研究的理论技术路线和北京案例分析[J]．水土保持研究，2004，11(3)：172-174.

承继成，郭华东，史文中，等．遥感数据的不确定性问题[M]．北京：科学出版社，2004.

邓莲堂，束炯，李朝颐．上海城市热岛的变化特征分析[J]．热带气象学报，2001，17(3)：273-280.

丁金才，张志凯，奚红，等．上海地区盛夏高温分布和热岛效应的初步研究[J]．大气科学，2002，26(3)：412-421.

杜云艳，周成虎．水体的遥感信息自动提取方法[J]．遥感学报，1998，2(4)：264-269.

房莉，吕光辉．库尔勒市绿地系统综合效益分析[J]．新疆环境保护，2006，28(2)：31-34.

甘甫平，陈伟涛，张绪教，等．热红外遥感反演陆地表面温度研究进展[J]．国土资源遥感，2006，67(1)：6-11.

宫阿都．基于Landsat-TM影像的北京城市空间热环境遥感研究[D]．

北京：北京师范大学，2005.

郭晓峰，康凌，蔡旭晖. 华南农田下垫面地气交换和能量收支的观测研究[J]. 大气科学，2006，30(3)：453-463.

郝兴宇，蔺银鼎，武小钢. 城市不同绿地垂直热力效应比较[J]. 生态学报，2007，27(2)：685-692.

何春阳. 北京地区城市化过程中土地利用/覆盖变化动力学研究[D]. 北京：北京师范大学，2003.

何春阳，史培军，陈晋，等. 北京地区城市化过程与机制研究[J]. 地理学报，2002，57(3)，363-371.

何奇瑾，周广胜，周莉. 盘锦芦苇湿地水热通量计算方法的比较研究[J]. 气象与环境学报，2006，22(4)：35-41.

何兴元，陈玮，徐文铎. 沈阳城区绿地生态系统景观结构与异质性分析[J]. 应用生态学报，2003，14(12)：2085-2089.

何云玲，张一平，刘玉洪，等. 昆明城市气候水平空间分布特征[J]. 地理科学，2002，22(6)：724-729.

胡华浪. 北京夏季城市热岛遥感监测及其相关因子分析[D]. 北京：北京师范大学，2005.

胡华浪，陈云浩，宫阿都. 城市热岛的遥感研究进展[J]. 国土资源遥感，2005，(3)：5-9.

黄良美，李建龙，黄玉源. 南宁市不同功能区绿地组成与格局分布特征的定量化分析[J]. 南京大学学报(自然科学)，2006，42(2)：191-198.

黄良美，黄玉源，黎桦. 城市不同绿地生境小气候的时空变异规律分析[J]. 城市环境与城市生态，2007，20(1)：29-34.

黄妙芬. 大气下行辐射反演模型及地表温度尺度效应研究[D]. 北京：北京师范大学，2005.

黄妙芬，刘绍民，刘素红，等. 地表温度和地表辐射温度差值分析[J]. 地球科学进展，2005，20(10)，1075-1082.

季崇萍，刘伟东，轩春怡. 北京城市化进程对城市热岛的影响研究[J]. 地球物理学报，2006，49(1)：69-77.

江田汉，束炯，邓莲堂. 上海城市热岛的小波特征[J]. 热带气象学报，2004，20(5)：515-522.

焦敦基，傅哲民，张锦秀. 上海的城市热岛[J]. 上海环境科学，1991，10(4)：34-36.

康定明，王宏星，魏琳. 不同品种不同播期冬小麦株型和消光系数K的初步研究[J]. 石河子农学陆军学报，1993，3(25)：15-21.

李滨. 城市热岛及其与城市绿地关系的研究：以厦门市为例[D]. 北京：

北京大学，2004.

李庚，王野霏，彭继延．北京在国际参照系比较中的地位——北京现代化国际城市建设研究报告（摘要）[J]．北京规划建设，1996，（2）：24-30.

李辉，赵卫智，古润泽．居住区不同类型绿地释氧固碳及降温增湿作用[J]．环境科学，1999，20(6)：41-44.

李晶，孙根年，任志远．植被对盛夏西安温度/湿度的调节作用及其生态价值实验研究[J]．干旱区资源与环境，2002，16(2)：102-106.

李菊，刘允芬，杨晓光，等．千烟洲人工林水汽通量特征及其与环境因子的关系[J]．生态学报，2006，26(8)：2449-2456.

李苗苗，吴炳方，颜长珍，等．密云水库上游植被覆盖度的遥感估算[J]．资源科学，2004，26(4)：153-159.

李爽，丁圣彦，许叔明．遥感影像分类方法比较研究[J]．河南大学学报，2002，32(2)：70-73.

李四海．浅谈提高遥感数据分类精度的方法[J]．遥感信息，1995，(4)：17-19.

李维亮，刘洪利，周秀骥，等．长江三角洲城市热岛与太湖对局地环流影响的分析研究[J]．中国科学(D辑：地球科学)，2003，33(2)：97-104.

李兴生，朱翠娟．坡地对城市热岛影响的数值研究[J]．气象学报，1990，48(3)：293-301.

李延明，郭佳，冯久莹．城市绿色空间及对城市热岛效应的影响[J]．城市环境与城市生态，2004，17(1)：1-4.

李延明，张济和，古润泽．北京城市绿化与热岛效应的关系研究[J]．中国园林．2004，(1)：72-75.

林学椿，于淑秋．北京地区气温的年代际变化和热岛效应[J]．地球物理学报，2005，48(1)：39-45.

林志垒．福州市热岛效应动态分析研究[J]．四川测绘，2001，(03)：140-143.

蔺银鼎，韩学孟，武小刚．城市绿地空间结构对绿地生态场的影响[J]．生态学报，2006，26(10)：3339-3346.

蔺银鼎，武小刚，郝兴宇．城市绿地边界温湿度效应对绿地结构的响应[J]．中国园林，2006，(9)：73-76.

刘辉志，涂钢，董文杰．半干旱地区地气界面水汽和二氧化碳通量的日变化及季节变化[J]．大气科学，2006，30(1)：108-118.

刘纪远．中国资源环境遥感宏观调查与动态研究[M]．北京：中国科学技术出版社，1996.

刘骏，蒲蔚然．小议城市绿地指标[J]．重庆建筑大学学报，2001，2

(4)：35-38.

刘立民，刘明．绿量——城市绿化评估的新概念[J]．中国园林，2000，16(5)：32-34.

刘小磊，覃志豪．NDWI 与 NDVI 指数在区域干旱监测中的比较分析——以2003年江西夏季干旱为例[J]．遥感技术与应用，2007，22(5)：608-612.

刘允芬，宋霞，刘琪璟．亚热带红壤丘陵区非均匀地表能量通量的初步研究[J]．江西科学，2003，21(3)：183-188.

刘兆礼，党安荣，雷志栋，等．作物产量遥感预测研究[M]．北京：中国科学院遥感应用研究所，2002.

刘志武，党安荣，雷志栋，等．利用 ASTER 遥感数据反演陆面温度的算法及应用研究[J]．地理科学进展，2003，22(5)：507-514.

卢俐，刘绍民，孙敏章，等．大孔径闪烁仪研究区域地表通量的进展[J]．地球科学进展，2005，20(9)：932-938.

卢曦．城市热岛效应的研究模型[J]．环境技术，2003，(5)：43-46.

罗树如，刘熙明．北京市夏季城市强热岛边界层气象特征[J]．科学技术与工程，2005，5(10)：644-651.

毛德发．基于高分辨率遥感数据 TM/ETM＋估算区域蒸散量——以北京地区为例[D]．北京：北京师范大学，2005.

秦耀民，刘康，王永军．西安城市绿地生态功能研究[J]．生态学杂志，2006，25(2)：135-139.

曲绍厚，宋锡铭，李玉英，等．北京城区的气象效应[J]．地球物理学报，1981，24(2)：229-237.

任启福．重庆城市热岛效应[J]．重庆环境科学，1992，14(3)：37-41.

桑建国，张治坤，张伯寅．热岛环流的动力学分析[J]．气象学报，2000，58(3)：321-327.

沈立新，鲍淳松．关于城市热岛问题的综述[J]．浙江林业科技，2000，20(3)：89-92.

沈艳，缪启龙，刘允芬．亚热带红壤丘陵人工混交林区 CO_2 源汇及变化[J]．生态学报，2005，25(6)：1371-1375.

宋艳玲，张尚印．北京市近40年城市热岛效应研究[J]．中国生态农业学报，2003，11(4)，126-129.

孙飒梅，卢昌义．遥感监测城市热岛强度及其作为生态监测指标的探讨[J]．厦门大学学报(自然科学版)，2002，41(1)：66-70.

孙旭东，孙孟伦，李兆元，等．西安市城市边界层热岛的数值模拟[J]．地理研究，1994，13(2)：49-54.

覃志豪，李文娟，徐斌，等．利用 Landsat TM6 反演地表温度所需地表辐射率参数的估计方法[J]．海洋科学进展，2004，22(B10)：129-137.

覃志豪，李文娟，徐斌，等．陆地卫星 TM6 波段范围内地表比辐射率的估计[J]．国土资源遥感，2004，(3)：28-32.

覃志豪，Zhang Minghua，Arnon Karnieli，等．用陆地卫星 TM6 数据演算地表温度的单窗算法[J]．地理学报，2001，56(4)：456-466.

唐世浩．一种简单的估算植覆盖度和恢复北京信息的方法[J]．中国图像图形学报，2003，8(11)：1304-1309.

唐世浩，朱启疆，王锦地，等．三波段梯度差植被指数的理论基础及其应用[J]．中国科学(D辑：地球科学)，2003，33(11)：1094-1102.

佟华，刘辉志，李延明，等．北京夏季城市热岛现状及楔形绿地规划对缓解城市热岛的作用[J]．应用气象学报，2005，16(3)：357-366.

汪宏宇，周广胜．盘锦湿地芦苇生态系统长期通量观测研究[J]．气象与环境学报，2006，22(4)：18-24.

王安志，刘建梅，关德新．长白山阔叶红松林显热和潜热通量测算的对比研究[J]．林业科学，2003，39(6)：21-25.

王保忠，王彩霞，何平，等．城市绿地研究综述[J]．城市规划汇刊，2004，(2)：62-68.

王成．城镇不同类型绿地生态功能的对比分析[J]．东北林业大学学报，2002，30(3)：111-114.

王凤敏，田庆久，甓建宏．基于 ASTER 数据反演我国南方山地陆表温度[J]．国土资源遥感，2005，63(1)：30-33.

王祥荣．论生态城市建设的理论、途径与措施——以上海为例[J]．复旦大学学报(自然科学版)，2001，(8)：349-354.

王晓明，李贞，蒋昕．城市公园绿地生态效应的定量评估[J]．植物资源与环境学报，2005，14(4)：42-45.

王欣，卞林根，逯昌贵．北京市秋季城区和郊区大气边界层参数观测分析[J]．气候与环境研究，2003，8(4)：475-484.

王旭，尹光彩，周国逸．鼎湖山针阔混交林旱季能量平衡研究[J]．热带亚热带植物学报，2005，13(3)：205-210.

王圆圆，李京．遥感影像土地利用/覆盖分类方法研究综述[J]．遥感信息．2004，(1)：53-59.

魏斌，王景旭．城市绿地生态效果评价方法的改进[J]．城市环境与城市生态，1997，10(4)：54-56.

吴骅．北京城区陆面温度反演及空间热环境遥感研究[D]．北京：北京师范大学，2003.

吴健平，杨星卫. 遥感数据结果的精度分析. 遥感技术与应用，1995，10(1)：17-22.

徐涵秋，陈本清. 不同时相的遥感热红外图像在研究城市热岛变化中的处理方法[J]. 遥感技术与应用，2003，18(3)：129-134.

徐敏，蒋维楣，季崇萍，等. 北京地区气象环境数值模拟试验[J]. 应用气象学报，2002：13(S1)：61-68.

徐希孺，柳钦火. 遥感陆面温度[J]. 北京大学学报（自然科学版），1998，34(2)：248-253.

徐祥德，汤绪，等. 城市化环境气象学引论[M]. 北京：气象出版社，2002.

延昊，邓莲堂. 利用遥感地表参数分析上海市的热岛效应及治理对策[J]. 热带气象学报，2004，20(5)：579-585.

杨梅学，陈长和. 复杂地形上城市热岛的数值模拟[J]. 兰州大学学报（自然科学版），1998，34(3)：117-124.

杨玉华，徐祥德，翁永辉. 北京城市边界层热岛的日变化周期模拟[J]. 应用气象学报，2003，14(1)：61-68.

叶卓佳，关虹. 夜间城市边界层发展的数值模拟[J]. 大气科学，1986，10(1)：80-88.

于贵瑞，孙晓敏. 陆地生态系统通量观测的原理与方法[M]. 北京：高等教育出版社，2006.

岳文泽. 基于遥感影像的城市景观格局及其热环境效应研究[D]. 上海：华东师范大学，2005.

曾侠，钱光明，潘蔚娟. 珠江三角洲都市群城市热岛效应初步研究[J]. 气象，2004，30(10)：12-16.

张光智，徐祥德，王继志，等. 北京及周边地区城市尺度热岛特征及其演变[J]. 应用气象学报. 2001：13(1)：43-50.

张仁华. 实验遥感模型及地面基础[M]. 北京：科学出版社，1996.

张仁华，孙晓敏，朱治林[J]. 遥感区域地表植被二氧化碳通量的机理及其应用[J]. 中国科学（D辑：地球科学），2000，30(2)：215-224.

张霞，张兵，郑兰芬，等. 航空热红外多光谱数据的地物发射率谱信息提取模型及其应用研究[J]. 红外与毫米波学报，2000，19(5)：361-365.

张小飞，王仰麟，吴健生，等. 城市地域地表温度—植被覆盖定量关系分析以深圳市为例[J]. 地理研究，2006，25(3)：369-377.

赵英时. 遥感应用分析原理与方法[M]. 北京：科学出版社，2003.

周红妹，丁金才. 城市热岛效应与绿地分布的关系监测和评估[J]. 上海农业学报，2002，18(2)：83-88.

周红妹，周成虎，葛伟强，等. 基于遥感和 GIS 的城市热场分布规律研究[J]. 地理学报，2001，56(2)：189-197.

周明煜，曲绍厚，李玉英，等. 北京地区热岛和热岛环流特征[J]. 环境科学，1980，1(5)：12-18.

周淑贞. 上海近数十年城市发展对气候的影响[J]. 华东师范大学学报（自然科学版），1990，(4)：64-73.

周淑贞，束炯. 城市气候学[M]. 北京：气象出版社，1994.

周廷刚，陈云浩，郭达志，等. 模糊综合法在城市绿地系统景观生态综合评价中的应用——以上海市为例[J]. 城市环境与城市生态，1999，12(4)：23-25.

周志翔，邵天一，唐万鹏. 城市绿地空间格局及其生态效应[J]. 生态学报，2004，24(2)：187-192.

朱怀松，刘晓锰，裴欢. 热红外遥感反演地表温度研究现状. 干旱气象，2007，25(2)：17-21.

Ackerman B. Temporal march of the Chicago heat island[J]. Journal of Climate Applied Meteorology，1985，24：547-554.

Adebayo Y R. A note on the effect of urbanization on temperature in I-badan[J]. Journal of Climatology，1987，7：185-192.

Argiro D，Marialena N. Vegetation in the urban environment：microclimatic analysis and benefits [J]. Energy and Buildings，2003，35(1)：69-76.

Arnfield A J. Two decades of urban climate research：a review of turbulence，exchanges of energy and eater，and the urban heat island [J]. International Journal of Climatology，2003，23(1)：1-26.

Asner G P. Biophysical and biochemical sources of variability in canopy reflectance [J]. Remote Sensing of Environment，1998，64(3)：234-253.

Ayumi K，Michiaki S. Seasonal variation of surface fluxes and scalar roughness of suburban land covers [J]. Agricultural and Forest Meteorology，2005，135(1)：1-21.

Bakera J M，Griffis T J. Examining strategies to improve the carbon balance of corn/soybean agriculture using eddy covariance and mass balance techniques [J]. Agricultural and Forest Meteorology，2005，128(3)：163-177.

Baldocchi D D，Falge E，Wilson K. A spectral analysis of biosphere-atmosphere trace gas flux densities and meteorological variables across hour to multi-year time scales [J]. Agricultural and Forest Meteorology，2001，107(1)：1-27.

Baldocchi D D, Meyers T. On using eco-physiological, micrometeorological and biogeochemical theory to evaluate carbon dioxide, water vapor and trace gas fluxes over vegetation: a perspective [J]. Agricultural and Forest Meteorology, 1998, 90(1/2): 1-25.

Balling R C, Brazel S W. High-resolution surface-temperature patterns in a complex urban terrain[J]. Photographic Engineering Remote Sensing, 1988, 54(9): 1289-1293.

Baret F, Guyot G. Potentials and limits of vegetation indices for LAI and APAR assessment. Remote Sensing of Environment, 1991, 35(2/3): 161-173.

Barr A G, Morgenstern K, Black T A, et al. Surface energy balance closure by the eddy-covariance method above three boreal forest stands and implications for the measurement of the CO_2 flux [J]. Agricultural and Forest Meteorology, 2006, 140(1): 322-337.

Bastiaanssen W G M, Menenti M, Feddes R A, et al. A remote sensing surface energy balance algorithm for land (SEBAL): 1. Formulation[J]. Journal of Hydrology, 1998, 212: 198-212.

Becker F, Li Z L. Towards a local split window method over land surface [J]. International Journal of Remote Sensing, 1990, 11(3): 369-393.

Ben-Dor E, Irons J R, Epema G F, et al. Soil reflectance[M]//Rencz A N, Ryerson R A. Manual of Remote Sensing, Remote Sensing for the Earth Sciences. New York: John Wiley & Sons Ltd, 1999: 111-188.

Ben-Dor E, Saaroni H. Airborne video thermal radiometry as a tool for monitoring microscale structures of the urban heat island[J]. International Journal of Remote Sensing, 1997, 18(14): 3039-3053.

Berbigier P, Bonnefond J M, Mellmann P, et al. CO_2 and water vapour fluxes for 2 years above Euroflux forest site[J]. Agricultural and Forest Meteorology, 2001, 108(3): 183-197.

Betts A, Ball J, Beljaars A, et al. The land surface-atmosphere interaction: a review based on observational and global modeling perspectives[J]. Journal of Geophysical Research, 1996, 101(D3): 7209-7225.

Blondin C. Parameterization of land-surface processes in numerical weather prediction[M]// Schmugge T J, André J C. Land surface evaporation: measurement and parameterization. Berlin: Springer-Verlag, 1991: 31-54.

Bomstein R D. The 2-D URBMET urban boundary layer model[J].

Journal of Applied Meteorology, 1975, 14: 1459-1477.

Breiman L, Friedman J H, Olshen R A, et al. Classification and regression trees [M]. London: Chapman & Hall/CRC, 1984.

Byrne G F. Remotely sensed land cover temperature and soil water status—a brief review[J]. Remote Sensing of Environment, 1979, 8: 291-305.

Carnahan W H, Larson R C. An analysis of an urban heat sink[J]. Remote Sensing of Environment, 1990, 33: 65-71.

Carson T N, Gillies R R, Perry E M. A method to make use of thermal infrared temperature and NDVI measurements to infer surface soil water content and fractional vegetation cover[J]. Remote Sensing Reviews, 1994, 9: 161-173.

Castellvi F, Martinez A, Perez O. Short communication Estimating sensible and latent heat fluxes over rice using surface renewal[J]. Agricultural and Forest Meteorology, 2006, 139: 164-169.

Chang C R, Li M H, Chang S D. A preliminary study on the local cool-island intensity of Taipei city parks[J]. Landscape and Urban Planning, 2007, 80(4): 386-395.

Chiesura A. The role of urban parks for the sustainable city[J]. Landscape and Urban Planning, 2004, 68: 129-138.

Choudhury B J, Nizam U A, Sherwood B I, et al. Relations between evaporation coefficients and vegetation indices studied by model simulations [J]. Remote sensing of environment, 1994, 50: 1-17.

Clarke K C, Gaydos L J, Hoppen S. A self-modified cellular automation model of historical urbanization in the San Francisco Bay area[J]. Enviroment and Planning B, 1997, 24: 247-261.

Congalton R G. A review of assessing the accuracy of classification of remotely sensed data[J]. Remote Sensing of Environment, 1991, 37: 35-46.

David J, Lu L, Fan H. Estimating urban anthropogenic heating profiles and their implication for heat island development[Z]. Proceedings of International Association for Urban Climate-5, 2003: 107-110.

Deosthali V. Impact of rapid urban growth on heat and moisture islands in Pune City, India [J]. Atmospheric Environment, 2000, 34 (17): 2745-2754.

Di Gregorio A, Jansen L J M. FAO land cover classification: a dichotomous, modular-hierarchical approach[R/OL]. http://www.fao.org/WAICENT/FAOINFO/SUSTDEV/EIdirect/EIre0019.htm, 1996.

Dousset B. AVHRR-derived cloudiness and surface temperature patterns over the Los-Angeles area and their relationship to land use[Z]. Proceedings of IGARSS-89, 1989: 2132-2137. New York, NY: IEEE.

Dousset B. Surface temperature statistics over Los Angeles: The influence of land use[Z]. Proceedings of IGARSS-91, 1991: 367-371. New York, NY: IEEE.

Dupont S, Jason K, S Ching, et al. Implementation of an urban Canopy Parameterization in a Mesoscale Meteorological Model[J]. Journal of Applied Meteorology, 2004, 43: 1648-1660.

Eliasson I, Knez I, Westerberg U, et al. Climate and behaviour in a Nordic city[J]. Landscape and Urban Planning, 2007, 82(1-2): 72-84.

Epperson D L, Davis J M, Bloomfield P, et al. Estimating the urban bias of surface shelter temperatures using upper-air and satellite data 2: Estimation of the urban bias[J]. Journal of Applied Meteorology, 1994, 34: 358-370.

Flanagan M, Civco D L. Subpixel impervious surface mapping. Proceedings of American Society for Photogrammetry and Remote Sensing Annual Convention, St. Louis, MO, (2001). April 23-27.

Friedl M A, Brodley C E, Strahler A H. Maximizing Land Cover Classification Accuracies Produced by Decision Trees at Continental to Global Scales[J]. IEEE Transactions on Geoscience and Remote Sensing, 1999, 37 (2): 969-977.

Gallo K P, et al. The use of NOAA AVHRR data for assessment of the urban heat island effect[J]. Journal of Applied Meteorology, 1993, 32: 899-908.

Gallo K P, McNab A L, Karl T R, et al. The use of a vegetation index for assessment of the urban heat island effect[J]. International Journal of Remote Sensing, 1993, 14: 2223-2230.

Gallo K P, Owen T W. Assessment of urban heat islands: A multi-sensor perspective for the Dallas Ft Worth, USA region[J]. Geocarto International, 1998, 13(4): 35-41.

Gedzelman S D, Austin S, Cermak R, et al. Mesoscale aspects of the urban heat island around New York City[J]. Theoretical and Applied Climatology, 2003, 75: 29-42.

Gillespie A R. Lithologic mapping of silicate rocks using IMIS, The TIMS Data Users' Workshop, June, 18-19, 1985, JPL Publication 86-38, 1985, 29-44.

Gillespie A R, Rokugawa S, Hook S J, et al. A temperature and emissivity separation algorithm for Advanced Spacebome Thermal Emission and Reflection Radiometer (ASTER) image [J]. IEEE Transaction on Geoscience and Remote Sensing, 1998, 36: 1113-1126.

Gillespie A R, Rokugawa S, Hook S J, et al. Temperature/emissivity separation algorithm theoretical basis document, Version-2. 4[R/OL]. http: //asterweb. jpl. nasa. gov/, 2004.

Gillies R R, Carlson T N. Thermal remote sensing of surface soil water content with partial vegetation cover for incorporation into climate models [J]. Journal of Applied Meteorology, 1995, 34: 745-756.

Gillies R R, Carlson T N, Cui J, et al. A verification of the 'triangle' method for obtaining surface soil water content and energy fluxes from remote measurements of the normalized difference vegetation index, NDVI and surface temperature [J]. International Journal of Remote Sensing, 1997, 18: 3145-3166.

Goetz S J. Multisensor analysis of NDVI, surface temperature and biophysical variables at a mixed grassland site[J]. International Journal of Remote Sensing, 1997, 18: 71-94.

Goita K, Royer A. Surface temperature and emissivity over land surface from combined TIR and SWIR AVHRR data[J]. Geoscience and Remote Sensing, IEEE Transactions. 1997, 3(3): 718-733.

Golden J S, Carlson J, Kaloush K E, et al. A comparative study of the thermal and radiative impacts of photovoltaic canopies on pavement surface temperatures[J]. Solar Energy, 2007, 81(7): 872-883.

Gomez F, Gil L, Jabaloyes J. Experimental investigation on the thermal comfort in the city- relationship with the green areas, interaction with the urban microclimate[J]. Building and Environment, 2004, 39(9): 1077-1086.

Gorodetskii A K. Earth surface temperature determined from angular radiation distribution in atmospheric windows[J]. Soviet J. Remote Sensing. 1985, 2: 981-996.

Goward S N, Xue Y, Czajkowski K P. Evaluating land surface moisture conditions from the remotely sensed temperature/vegetation index measurements: An exploration with the simplified simple biosphere model[J]. Remote Sensing of Environment, 2002, 79: 225-242.

Green A A, Berman M, Switzer P, et al. A transformation for ordering multispectral data in terms of image quality with implications for noise removal[J]. IEEE Transactions on Geoscience and Remote Sensing, 1988,

26(1): 65-74.

Grelle A, Lindroth A, Molder M. Seasonal variation of boreal forest surface conductance and evaporation[J]. Agricultural and Forest Meteorology, 1999, 98-99(1-4): 563-578.

Gulya A, Ungera J, Matzarakis A. Assessment of the microclimatic and human comfort conditions in a complex urban environment: Modelling and measurements[J]. Building and Environment, 2006, 41: 1713-1722.

Gutman G, Ignatov A. The derivation of the green vegetation fraction from NOAA/AVHRR data for use in numerical weather prediction models [J]. International Journal of Remote Sensing, 1998, 19(8): 1533-1543.

Hafner J, Kidder S Q. Urban heat island modeling in conjunction with satellite-derived surface/soil parameters [J]. Journal of Applied Meteorology, 1999, 38: 448-465.

Hall D K, Foster J L, Verbyla D L, et al. Assessment of snow-cover mapping accuracy in a variety of vegetation-cover densities in Central Alaska [J]. Remote sensing of environment, 1998, 66: 129-137.

Halldin S, Grying S E, Gottschalk L, et al. Energy, water and carbon exchange in a boreal forest landscape NOPEX experiences[J]. Agricultural and Forest Meteorology, 1999, 98-99(1-4): 5-29.

Hansen M, Dubayah R, DeFries R. Classification Trees, An Alternative to Traditional Land Cover Classifiers[J]. International Journal of Remote Sensing, 1996, 17: 1075-1081.

Herold M, Roberts D A, Gardner M E, et, al. Spectrometry for urban area remote sensing-development and analysis of a spectral library from 350 to 2400 nm[J]. Remote Sensing of Environment, 2004, 91(3-4): 304-319.

Hogan A W, Ferrick M G. Observations in non-urban heat islands[J]. Journal of Applied Meteorology, 1998, 37: 232-236.

Howard L. Climate of London deduced from meteorological observation [M]. 2nd ed. London: Longman and CO. , 1833.

http: //www. city. toronto. on. ca/taf/cool _ toronto. html.

http: //www. epa. gov/global warming/actions/local/heatisland/index. html.

http: //www. fao. org/waicent/faoinfo/agricult/AGL/AGLS/FGDC-FAO. HTM.

Huang M, Liu S, Wang C, et al. A study of soil surface temperature with thermal infrared measurement[Z]. Proc. IGARSS'04 (IEEE), Anchorage, Alaska, USA.

Hydraulics, Kinouchi T, Yoshitani J. Simulation of the urban heat island in Tokyo with future possible increases of anthropogenic heat, vegetation cover and water surface[Z]. Proceedings of the 2001 International Symposium on Environmental, 2001: 78-82.

Ichoku C, Karnieli A. A review of mixture modeling techniques for subpixel land cover estimation[J]. Remote Sensing Reviews, 2000, (13): 161-186.

Jansson P E, Jansson P E, Cienciala E, et al. Simulated evapotranspiration from the Norunda forest stand during the growing season of a dry year [J]. Agricultural and Forest Meteorology, 1999, 98-99(1-4): 621-628.

Jasinski M. Sensitivity of the Normalized Difference Vegetation Index to subpixel canopy cover, soil albedo, and pixel scale[J]. Remote Sensing of Environment, 1990, 32: 169-187.

Jerome D F, Joel C T, Torcolini C, et al. Pseudovertical temperature profiles and the urban heat island measured by a temperature data logger network in Phoenix, Arizona[J]. Journal of Applied Meteorology, 2005, 44: 3-14.

Ji M, Jensen J R. Effectiveness of subpixel analysis in detecting and quantifying urban imperviousness from Landsat Thematic Mapper imagery [J]. Geocarto International, 1999, 14(4): 31-39.

Jim C Y, Chen S S. Comprehensive green space planning based on landscape ecology principles in compact Nanjing city, China[J]. Landscape and Urban Planning, 2003, 65: 95-116.

Jimënez-Muoz J C, Sobrino J A. A generalized single-channel method for retrieving land surface temperature from remote sensing data[J]. Journal of Geophysical Research, 2003, 108(D22), 4688, ACL 2-1 ~ ACL 2-9 (doi: 10.1029/2003JD003480).

Karaca M, Tayac M, Toros H. Effects of urbanization on climate of Istanbul and Ankara[J]. Atmospheric Environment, 1995, 29: 3411-3421.

Kidder S Q, Essenwanger O M. The effect of clouds and wind on the difference in nocturnal cooling rates between urban and rural areas[J]. Journal of Applied Meteorology, 1995, 34: 2440-2448.

Kim H H. Urban heat island[J]. International Journal of Remote Sensing, 1992, 13: 2319-2336.

Kusaka H, Chen F, Bao J W, et al. Simulation of the urban heat island effects over the Greater Houston Area with the high resolution WRF/LSM/

Urban coupled system [Z]. Symposium on "Planning, Nowcasting, and Forecasting in the Urban Zone", 2004: 101-107. Seattle, WA.

Kusaka H, Kimura F. Coupling a single-layer urban canopy model with a simple atmospheric model: Impact on urban heat island simulation for an idealized case[J]. Journal of the Meteorological Society of Japan, 2004, 82: 67-80.

Kusaka H, Kondo Y, Kikegawa, et al. A simple single-layer urban canopy model for atmospheric models: Comparison with multi-layer and slab models[J]. Boundary-Layer Meteorology, 2001, 101: 329-358.

Lamaud E, Ogde J, Brunet Y, et al. Validation of eddy flux measurements above the understorey of a pine forest[J]. Agricultural and Forest Meteorology, 2001, 106(3): 187-203.

Lambin E F, Ehrlich D. The surface temperature — vegetation index space for land cover and land-cover change analysis[J]. International Journal of Remote Sensing, 1996, 17: 463-487.

Landsberg H E. The Urban Climate[M]. New York: Academic Press, 1981: 21-22.

Laurence S. Kalkstein, Jared M. Scott. Assessing the Health Danger of the Urban Heat Island. Synoptic Climatology Lab.

Li F, Wang R, Paulussena J, et al. Comprehensive concept planning of urban greening based on ecological principles: a case study in Beijing, China [J]. Landscape and Urban Planning, 2004, 72(4): 325-336.

Li J. Study of relation between land-cover conditions and temperature based on LANDSAT/TM data [J]. Remote Sensing Technology and Application, 1998, 13(1): 18-28.

Li Z, Becker F. Feasibility of land surface temperature and emissivity determination from AVHRR data [J]. Remote Sensing of Environment, 1993, 43: 67-85.

Liang S. Quantitative Remote Sensing of Land Surfaces [M]. New Jersey: John Wiley&Sons Press, 2003, 322-325.

Liang S. Quantitative Remote Sensing of Land Surfaces [M]. New Jersey: John Wiley&Sons Press, 2003: 388-389.

Llewellyn-Jones D T, Bernard R, Williamson E J, et al. The along-track scanning radiometer for ERS-1[J]. In Instrumentation for Optical Remote Sensing from Space, edited by J. S. Seeley, J. W. Lear, A. Monfils, and S. L. Russak Proceedings of SPIE, 1986, 589: 114-120.

Lo C P, Quattrochi D A, Luvall J C. Application of high-resolution thermal infrared remote sensing and GIS to assess the urban heat island effect [J]. International Journal of Remote Sensing, 1997, 18: 287-304.

Loveland T R, Belward A S. The IGBP-DIS global 1km land cover data set, Discover first results [J]. International Journal of Remote Sensing, 1997, 18(15): 3289-3295.

Lu D, Batistella M, Moran E. Linear spectral mixture analysis of TM data for land-use and land-cover classification in Rondonia, Brazilian Amazon [M]//Armenakis I C, Lee Y C. Proceedings of the ISPRS Commission IV Symposium: Geospatial theory, processing nd applications. Ottawa, Canada: Center for Topographic Information Mapping Services Branch, 2002: 557-562.

Lu D, Weng Q. Spectral mixture analysis of the urban landscape in Indianapolis city with Landsat ETM+ imagery[J]. Photogrammetric Engineering & Remote Sensing, 2004, 70(9): 1053-1062.

Magee N, Curtis J, Wendler G. The urban heat island effect at Fairbanks, Alaska[J]. Theoretical and Applied Climatology, 1999, 64: 39-47.

Mall C. Estimation of urban vegetation abundance by spectral mixture analysis[J]. International Journal of Remote Sensing, 2001, 22: 1305-1334.

Marrais D, G A. Vertical temperature difference observed over an urban area[J]. Bulletin of American Meteorological Society, 1961, 42: 548-554.

Massman W J, Lee X. Eddy covariance flux corrections and uncertainties in long-term studies of carbon and energy exchanges[J]. Agricultural and Forest Meteorology, 2002, 113: 121-144.

Masson V. A physically-based scheme for the urban energy budget in atmospheric models[J]. Boundary-Layer Meteorology, 2000, 94: 397.

Matsunga T. A temperature-emissivity separation method using an empirical relationship between the mean, the maximum and the minimum of the thermal infrared emissivity spectrum[J]. Remote Sens. soc, Japan 1994, 14(2): 230-241.

Morris C J G, Simmonds I, Plummer N. Quantification of the influences of wind and cloud on the nocturnal urban heat island of a large city[J]. Journal of Applied Meteorology, 2001, 40: 169-182.

Myrup L D. A numerical model of the urban heat island[J]. Journal of Applied Meteorology, 1969, 16: 11-19.

Nasrallah H A, Brazel A J, Balling R C. Analysis of the Kuwait city Urban Heat Island[J]. International Journal of Climatology, 1990, 10: 401-405.

Nichol J E. A GIS-based approach to microclimate monitoring in Singapore's high-rise housing estates[J]. Photogrammetric Engineering and Remote Sensing, 1994, 60: 1225-1232.

Nichol J E. High-resolution surface temperature patterns related to urban morphology in a tropical city: A satellite-based study[J]. Journal of Applied Meteorology, 1996, 35: 135-146.

Nichol J E. Visualisation of urban surface temperatures derived from satellite images [J]. International Journal of Remote Sensing, 1998, 19: 1639-1649.

Nilson T. A theoretical analysis of the frequency of gaps in plant stands [J]. Agricultural and Forest Meteorology, 1971, 8: 25-38.

Offerle B, Grimmond C S B. Parameterization of net all-wave radiation for urban areas [J]. Journal of Applied Meteorology, 2003, 42 (8): 1157-1173.

Ogawa K, Schmugge T, Jacob F. Estimation of land surface window (8-12 Mm) emissivity from multispectral thermal infrared remote sensing — A case study in a part of Sahara Desert[J]. Geophysical Research Letters, 2003, 30: 1-5.

Oke T R. The energetic basis of the urban heat island[J]. Quarterly Journal of the Royal Meteorological Society, 1982, 108: 1-24.

Oke T R, East C. The urban boundary layer in Montreal[J]. Boundary-Layer Meteorology, 1971, 1: 411-437.

Oke T R, Johnson G T, Steyn D G, et al. Simulation of surface urban heat islands under 'ideal' conditions at night Part 2: Diagnosis of causation [J]. Boundary-Layer Meteorology, 1991, 56: 339-358.

Owen T W, Carlson T N, Gillies R R. An assessment of satellite remotely-sensed land cover parameters in quantitatively describing the climatic effect of urbanization[J]. International Journal of Remote Sensing, 1998, 19: 1663-1681.

Park H S. Features of the heat island in Seoul and its surrounding cities [J]. Atmospheric Environment, 1986, 20: 1859-1866.

Philandras C M, Metaxas D A, Nastos P T. Climate variability and urbanization in Athens[J]. Theoretical and Applied Climatology, 1999, 63: 65-72.

Phinn S, Stanford M, Scarth P, et al. Monitoring the composition and form of urban environments based on the vegetation-impervious surface-soil

(VIS) model by sub-pixel analysis techniques[J]. International Journal of Remote Sensing, 2002, 23(20): 4131-4153.

Prabhakara C, Dalu G. Remote sensing of the surface emissivity at 9 mm over the globe[J]. Geophys. Res, 1976, 81(21): 3719-3724.

Price J C. Land surface temperature measurements from the split window channels of the NOAA 7 advanced very high resolution radiometer[J]. Geophys Res, 1984, 89: 7231-7237.

Quattrochi D A, Luvall J C, Rickman D L, et al. A decision support information system for urban landscape management using thermal infrared data [J]. Photogrammetric Engineering and Remote Sensing, 2000, 66: 1195-1207.

Quattrochi D A, Ridd M K. Measurement and analysis of thermal energy responses from discrete urban surfaces using remote sensing data[J]. International Journal of Remote Sensing, 1994, 15: 1991-2022.

Quinlan J R. C4.5: Programs for machine learning San Mateo [M]. CA: Morgan Kaufman Publishers, 1993.

Rannik U, Nuria A, Jukka R, et al. Fluxes of carbon dioxide and water vapour over Scots pine forest and clearing[J]. Agricultural and Forest Meteorology, 2002, 111: 187-202.

Rannika U, Keronena P, Hari P, et al. Estimation of forest-atmosphere CO_2 exchange by eddy covariance and profile techniques[J]. Agricultural and Forest Meteorology, 2004, 126: 141-155.

Rao P K. Remote sensing of urban heat islands from an environmental satellite[J]. Bulletin of the American Meteorological Society, 1972, 53: 647-648.

Rashed T, Weeks J R, Gadalla M S. Revealing the anatomy of cities through spectral mixture analysis of multispectral satellite imagery: a case study of the greater Cairo region, Egypt[J]. Geocarto International, 2001, 16(4): 5-15.

Richardson A D, Hollinger D Y, Burba G G, et al. A multi-site analysis of random error in tower-based measurements of carbon and energy fluxes [J]. Agricultural and Forest Meteorology, 2006, 136: 1-18.

Ridd M. Exploring a V-I-S (vegetation-impervious-surface-soil) model for urban ecosystem analysis through remote sensing: comparative anatomy for cities [J]. International Journal of Remote Sensing, 1995, 16: 2165-2185.

Ripley E A, Archibold O W, Bretell D L. Temporal and spatial temperature patterns in Saskatoon[J]. Weather, 1996, 51: 398-405.

Rozoff C M, Cotton W R, Adegoke J O. Simulation of St. Louis, Missouri, land use impacts on thunderstorms[J]. Journal of Applied Meteorology. 2003, 42: 716-738.

Rudolf Brazdil, Marie Budikova. An urban basis in air temperature fluctuations at the Klementinum, Prague, The Czech Republic. Atmospheric Environment, 1999, 33: 4211-4217.

Safavian S R, Landgrebe D. A survey of decision tree classifer methodology [J]. IEEE Trans. Syst. Man Cybern, 1991, 21: 660-674.

Salisbury J W, Aria D M D. Emissivity of terrestrial materials in the 8-14 mm atmospheric window, Remote Sensing of Environment, 1992, 42: 83-106.

Sandholt I, Rasmussen K, Andersen J. A simple interpretation of the surface temperature/vegetation index space for assessment of surface moisture status[J]. Remote Sensing of Environment, 2002, 79: 213-224.

Saunders P M. Aerial measurement of sea surface temperature in the infrared[J]. Geophys. Res. , 1967, 72: 4109-4117.

Schmidlin T W. The urban heat island at Toledo, Ohio[J]. Ohio Journal of Science, 1989, 89: 38-41.

Schmugge T, Hook S J, Coll C. Recovering surface temperature and emissivity from thermal infrared multispectral data, Remote Sensing of Environment, 1998, 65: 121-131.

Scott R L, Edwards E A, Shuttleworth W J, et al. Interannual and seasonal variation in fluxes of water and carbon dioxide from a riparian woodland ecosystem[J]. Agricultural and Forest Meteorology, 2004, 122: 65-84.

Shashua L, Hoffman M E. Vegetation as a climatic component in the design of an urban street: an empirical model for predicting the cooling effect of urban green area with trees[J]. Energy and buildings, 2000, 31(3): 221-235.

Small C. Estimation of urban vegetation abundance by spectral mixture analysis [J]. International of Remote Sensing, 2001, 22(7): 1305-1334.

Small C. Multitemporal analysis of urban reflectance[J]. Remote Sensing of Environment, 2002, 81: 427-442.

Snyder W C, Wan Z, Zhang Y, et al. Classification-based emissivity for land surface temperature measurement from space. International Journal of Remote Sensing, 1998, 19(14): 2753-2774.

Snyder W C, Z Wan, Y Zhang, et al. Thermal infrared (3-14mm) bi-directional reflectance measurement of sands and soils. Remote Sensing of Environment, 1997, 60: 101-109.

Sobrino J A, Raissouni N. Toward remote sensing methods for land cover dynamic monitoring: application to Morocco [J]. International Journal of Remote Sensing, 2000, 20: 353-366.

Sokal R. Classification: purposes, principles, progress, prospects[J]. Science, 1974, 185(4157): 111-113.

Song Gu, Yanhong Tang, Xiaoyong Cui, et al. Energy exchange between the atmosphere and a meadow ecosystem on the Qinghai-Tibetan Plateau[J]. Agricultural and Forest Meteorology, 2005, 129: 175-185.

Soux A, Voogt J A, Oke T R. A model to calculate what a remote sensor 'sees' of an urban surface[J]. Boundary-Layer Meteorology, 2004, 111: 109-132.

Stoll M J, Brazel A J. Surface-air temperature relationships in the urban environment of Phoenix [J] . Arizona Physical Geography, 1992, 13: 160-179.

Streutker D R. A remote sensing study of the urban heat lsland of Houston, Texas [J]. International Journal of Remote Sensing, 2002, 23 (13): 2595-2608.

Streutker D R. A study of the urban heat island of Houston [D]. Texas: Doctor Thesis of Rice University, 2003.

Streutker D R. Satellite-measured growth of the Urban Heat Island of Houston, Texas [J]. Remote Sensing of Environment, 2003, 85: 282-289.

Su Z. The Surface Energy Balance System(SEBS) for estimation of turbulent heat fluxes[J]. Hydrology and Earth System Sciences, 2002, 6(1): 85-89.

Svensson M K, Eliasson I. Diurnal air temperatures in built-up areas in relation to urban planning[J]. Landscape and Urban Planning, 2002, 61: 37-54.

Taha H. Modifying a mesoscale meteorological model to better incorporate urban heat storage: bulk para-meterization approach[J]. Journal of Applied Meteorology, 1999, 38: 466-473.

Tapper N J, Tyson P D, Owens I F, et al. Modeling the winter urban heat island over Christchurch, New Zealand[J]. Journal of Applied Meteorology, 1981, 20: 365-376.

Thom A S. Momentum, mass and heat exchange of plant communities [M]. Vegetation and the Atmosphere. Academic Press, London, Chapter 3, 1975: 57-109.

Tong H, Walton A, Sang J G. Numerical simulation of the urban boundary-layer over the complex terrain of Hong Kong[J]. Atmospheric Environment, 2005, 39: 3549-3563.

Turner II B L, Moss R H, Skole D L. Relating land use and global land cover change. IGBP Report No. 24 and HDP Report No. 5, 1993.

Twinea T E, Kustas W P, Normanc J M, et al. Correcting eddy-covariance flux underestimates over a grassland[J]. Agricultural and Forest Meteorology, 2000, 103: 279-300.

Unger J, Sumeghy Z, Zoboki J. Temperature cross-section features in an urban area[J]. Atmospheric Research, 2001, 58: 117-127.

Valor E, Caselles V. Mapping land surface emissivity from NDVI: application to European, African, and South American areas[J]. Remote Sensing of Environment, 57: 167-184.

Van de Griend A A, Owe M. On the relationship between thermal emissivity and the normalized difference vegetation index for natural surfaces[J]. International Journal of Remote Sensing, 1993, 14(6): 1119-1131.

Voogt J A, Oke T R. Radiometric temperatures of urban Canyon Walls obtained from vehicle traverses[J]. Theoretical and Applied Climatology, 1998, 60: 199-217.

Voogt J A, Oke T R. Thermal remote sensing of urban climates[J]. Remote Sensing of Environment, 2003, 86: 370-384.

Vukovich F M. A study of the atmospheric response due to a diurnal heating function characteristic of an urban complex[J]. Monthly Weather Review, 1973, 101: 467-474.

Wan Z M, Li Z L. A physics-based algorithm for retrieving land-surface emisivity and temperature from EOS/MODIS data. Geoscience and Remote Sensing, IEEE Transactions on, 1997, 3(4): 980-996.

Wang Kai-Yun, Kellomaki S, Zha Tianshan, et al. Seasonal variation in energy and water fluxes in a pine forest: an analysis based on eddy covariance and an integrated model[J]. Ecological Modelling, 2004, 179: 259-279.

Wark D Q, Yamamoto Y, Lienesch J H. Methods of estimating infrared flux and surface temperature from meteorological satellites. Journal of the Atmospheric Sciences, 1962, 19: 369-384.

Watson K. Spectral ratio method for measuring emissivity. Remote Sensing of Environment, 1992, 42: 113-116.

Watson K, Kruse F, Hummer-Miller S. Thermal infrared exploration in the Carlin trend. Geophysics, 1990, 55(1): 70-79.

Webb E K, Pearman G I, Leuning R. Correction of flux measurements for density effects due to heat and water vapor transfer[J]. Quart J Meteorol Soc, 1980, 106: 85-106.

Weng Q, Lu D, Schubring J. Estimation of land surface temperature-vegetation abundance relationship for urban heat island studies[J]. Remote Sensing of Environment, 2004, 89: 467-483.

Weng Qihao. A Remote Sensing-GIS evaluation of urban expansion and its impact on surface temperature in Zhujiang Delta, China [J]. International Journal of Remote Sensing, 2001, 22(10): 1999-2014.

Weng Qihao. Fractal analysis of Satellite-detected Urban Heat Island Effect[J]. Photogrammetric engineering and remote sensing, 2003, 69(5): 555-566.

Whitford V, Ennos A R, Handley J F. "City form and natural process", UK[J]. Landscape and Urban Planning, 2001, 57: 91-103.

Wilber A C, Kratz D P, Gupta S K. Surface emissivity maps for use in satellite retrivals of longwave radiation[J]. Surface Emissivity Maps for Use in Satellite Retrievals of Longwave Radiation, 1999.

Wilson K, Goldstein A, Falge E, et al. Energy balance closure at FLUXNET sites [J]. Agricultural and Forest Meteorology, 2000, 113: 223-243.

Wood E F, et al. The project for intercomparison of land-surface para-meterization scheme (PILPS) Phase 2(c) Red-Arkansas River basin experiment: 1. Experiment description and summary intercomparisons, Global and Planetary Change, 19, 115-135, 1998.

Wu C S. Normalized spectral mixture analysis for monitoring urban composition using ETM plus imagery[J]. Remote Sensing of Environment, 2004, 93(4): 480-492.

Wu C, Murray A T. Estimating impervious surface distribution by spectral mixture analysis [J]. Remote Sensing of Environment, 2003, 84: 93-505.

Xu J, Sun X, Zhang R. Measuring of Thermal Radiation Multi-reflection Information in soil-vegetation system. Proc. IGARSS'04 (IEEE), Anchorage, Alaska, USA.

Yamashita S, Sekine K, Shoda M, et al. On relationships between heat island and sky view factor in the cities of Tama River basin, Japan[J]. Atmospheric Environment, 1986, 20: 681-686.

Yamashita, Shuji. Detailed structure of heat island phenomena from moving observations from electric tram-cars in metropolitan area[J]. Atmospheric Environment, 1996, 30(3): 429-435.

Yokoharia M, Brown R D, Kato Y, et al. The cooling effect of paddy fields on summertime air temperature in residential Tokyo, Japan[J]. Landscape and Urban Planning, 2001, 53: 17-27.

Yoshikado H. Numerical study of the daytime urban effect and its interaction with the sea breeze[J]. Journal of Applied Meteorology, 1992, 31: 1146-1164.

Yoshiko K, Hiroki T, Satoru T, et al. Three years of carbon and energy fluxes from Japanese evergreen broad-leaved forest[J]. Agricultural and Forest Meteorology, 2005, 132: 329-343.

Yoshiko K, Satoru T, Hiroki T, et al. Evapotranspiration over a Japanese cypress forest. I. Eddy covariance fluxes and surface conductance characteristics for 3 years[J]. Journal of Hydrology, 2007, 337: 269-283.

Zavody A M, Mutlow C T, Llewellyn-Jones D T. A radiative transfer model for sea surface temperature retrieval for the along-track scanning radiometer, J Geophys Res, 1995, 100(C1): 937-952.

Zehnder, Joseph A. Simple Modifications to Improve Fifth-Generation Pennsylvania State University-National Center for Atmospheric Research Mesoscale Model Performance for the Phoenix, Arizona, Metropolitan Area [J]. Journal of Applied Meteorology, 2002, 41: 971-979.

Zhang R, Sun X, Tian J, et al. An automatic field observed system for component emissivity of mixed ground objects[Z]. The 9th International Symposium on Physical Measurements and Signatures in Remote Sensing, 2005: 802-805.

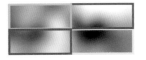

彩图 1 (左)四条测温线路的位置(蓝色:北西–NW,绿色:北东–NE,黄色:南西–SW,红色:南东–SE)
(右)四条测温线上数据所代表的范围

北 京 市 2001 年 4 月 1 日 地 表 温 度 反 演 结 果 (RTE法)

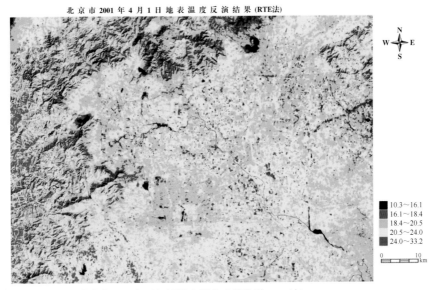

	10.3～16.1
	16.1～18.4
	18.4～20.5
	20.5～24.0
	24.0～33.2

0   10 km

(a) 北京市2001年4月1日地表温度反演结果(RTE法)

(黑色是温度最低的水体和阴影;蓝色是温度较低阴影和部分浓密植被;绿色代表大部分植被
和其他类型混杂;黄色是温度较高的城区及裸地;红色是温度最高的干燥裸地和少数城区)

北 京 市 2001 年 4 月 1 日 地 表 温 度 反 演 结 果 (单窗算法)

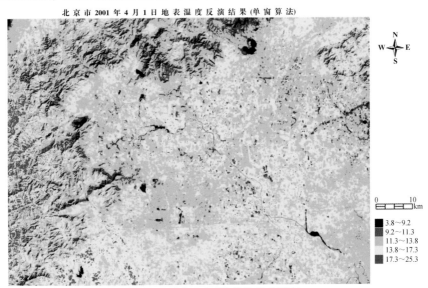

0   10 km

	3.8～9.2
	9.2～11.3
	11.3～13.8
	13.8～17.3
	17.3～25.3

(b) 北京市2001年4月1日地表温度反演结果(单窗算法)

北京市 2001 年 4 月 17 日地表温度反演结果 (RTE 法)

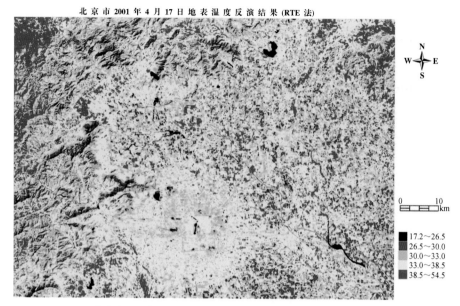

0　　10
km

■ 17.2～26.5
■ 26.5～30.0
　 30.0～33.0
■ 33.0～38.5
■ 38.5～54.5

(c) 北京市2001年4月17日地表温度反演结果(RTE法)

北京市 2001 年 4 月 17 日地表温度反演结果 (单窗算法)

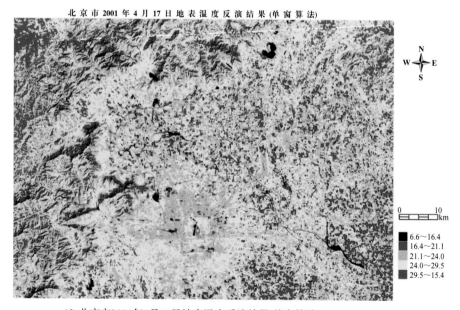

0　　10
km

■ 6.6～16.4
■ 16.4～21.1
　 21.1～24.0
■ 24.0～29.5
■ 29.5～15.4

(d) 北京市2001年4月17日地表温度反演结果(单窗算法)

彩图 2　北京市地表温度反演结果示意图

北京市 2005 年 10 月 29 日地表温度反演结果 (RTE 法)

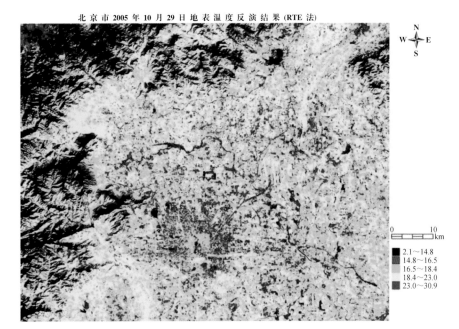

0   10
km

■ 2.1～14.8
  14.8～16.5
  16.5～18.4
  18.4～23.0
■ 23.0～30.9

(a) 北京市2005年10月29日地表温度反演结果(RTE法)

(黑色是温度最低的水体和阴影;蓝色是温度较低的阴影和部分浓密植被;绿色代表大部分植被和其他类型混杂;黄色是温度较高的城区及裸地;红色是温度最高的干燥裸地和少数城区)

北京市 2004 年 10 月 29 日地表温度反演结果 (单窗算法)

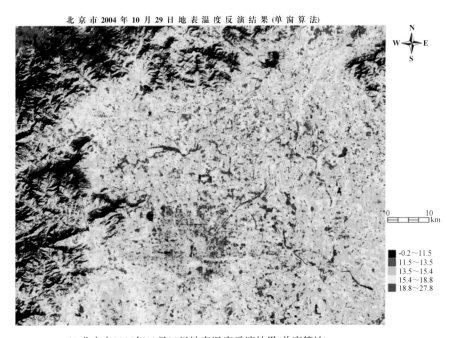

0   10
km

■ -0.2～11.5
  11.5～13.5
  13.5～15.4
  15.4～18.8
■ 18.8～27.8

(b) 北京市2005年10月29日地表温度反演结果(单窗算法)

北京市 2005 年 11 月 14 日 地 表 温 度 反 演 结 果 (RTE 法)

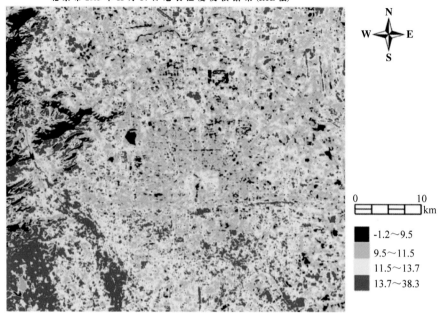

(c) 北京市2005年11月14日地表温度反演结果(RTE法)

(黑色是温度最低的水体和阴影，部分山区温度在零下；绿色代表大部分植被和其他类型混杂（秋末，已无浓密植被）；黄色是温度较高的城区及裸地；红色是温度最高的干燥裸地和少数城区，有异常高温值)

北 京 市 2005 年 11 月 14 日 地 表 温 度 反 演 结 果 (单窗算法)

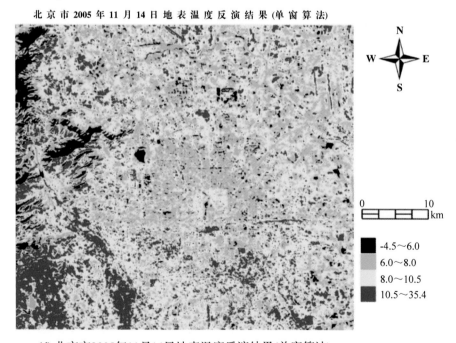

(d) 北京市2005年11月14日地表温度反演结果(单窗算法)

北 京 市 2002 年 4 月 12 日 地 表 温 度 反 演 结 果 (RTE 法)

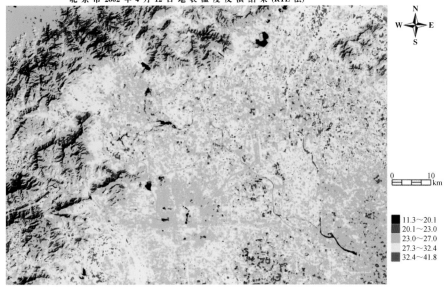

■	11.3～20.1
	20.1～23.0
	23.0～27.0
	27.3～32.4
■	32.4～41.8

(e) 北京市2002年4月12日地表温度反演结果(RTE法)

(黑色是温度最低的水体和阴影；蓝色是温度较低的阴影和部分浓密植被；绿色代表大部分植被和其他类型混杂；黄色是温度较高的城区及裸地；红色是温度最高的干燥裸地和少数城区)

北 京 市 2002 年 4 月 12 日 地 表 温 度 反 演 结 果 (单 窗 算 法)

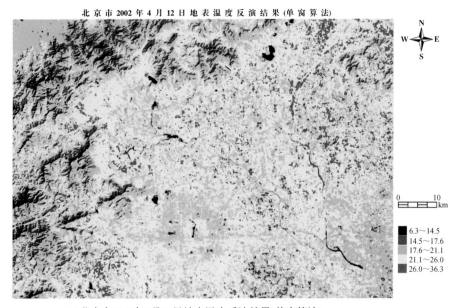

■	6.3～14.5
	14.5～17.6
	17.6～21.1
	21.1～26.0
■	26.0～36.3

(f) 北京市2002年4月12日地表温度反演结果(单窗算法)

北京市 2004 年 7 月 6 日地表温度反演结果 (RTE 法)

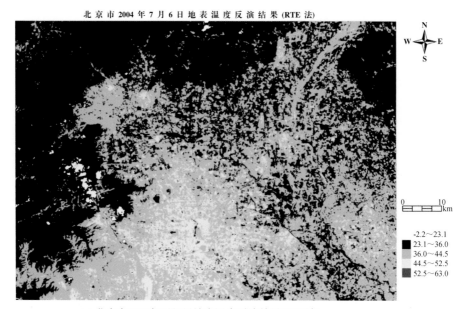

(g) 北京市2004年7月6日地表温度反演结果(RTE法)

(白色是温度最低的云；黑色是温度次低的水体、山地上的浓密树木以及农田；绿色代表大部分植被和其他类型的混杂；黄色是温度较高的城区及裸地；红色是温度最高的干燥裸地和少数城区)

北京市 2004 年 7 月 6 日地表温度反演结果 (单窗算法)

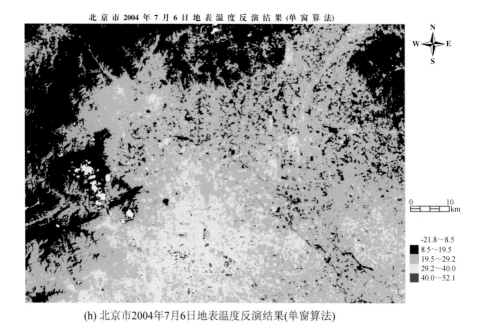

(h) 北京市2004年7月6日地表温度反演结果(单窗算法)

彩图 3   北京市地表温度反演结果示意图

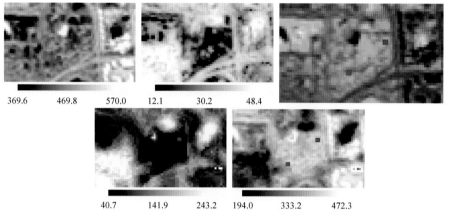

369.6　　469.8　　570.0　　12.1　　30.2　　48.4

40.7　　141.9　　243.2　　194.0　　333.2　　472.3

(a) (由左至右，由上到下分别是) 海淀公园仪器的位置(红块是林内塔，蓝块
是路边塔)、净辐射通量、土壤热通量、显热通量、潜热通量(W/m²)

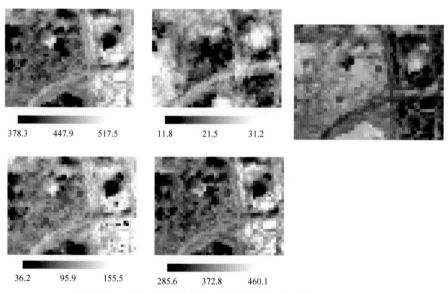

378.3　　447.9　　517.5　　11.8　　21.5　　31.2

36.2　　95.9　　155.5　　285.6　　372.8　　460.1

(b) （由左至右，由上到下分别是）净辐射通量、土壤热通量、海淀公园仪器
的位置（红块是林内塔，蓝块是路边塔）、显热通量、潜热通量（W/m²）

彩图 4　仪器安置地点及 SEBS 模型反演结果示意图

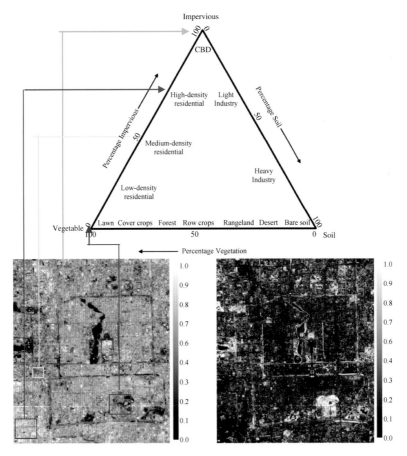

彩图 5　不透水地表（左）和绿色植被（右）丰度与 V–I–S 模型中城市土地利用类型的关系
（蓝色：天坛公园；绿色：复兴门金融街；红色：菜户营住宅区；黄色：广安门住宅区）

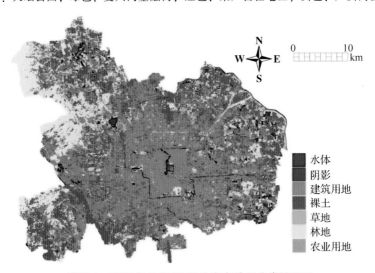

水体
阴影
建筑用地
裸土
草地
林地
农业用地

彩图 6　2005 年 5 月 22 日北京市城区分类结果图

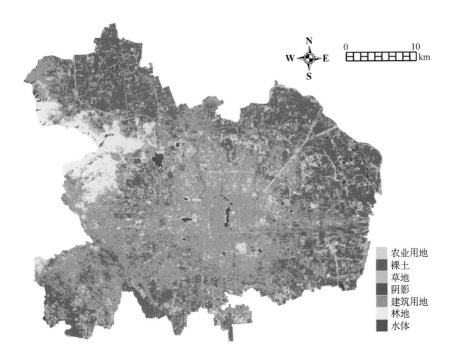

农业用地
裸土
草地
阴影
建筑用地
林地
水体

彩图 7　2004 年 4 月 9 日北京市城区分类结果图

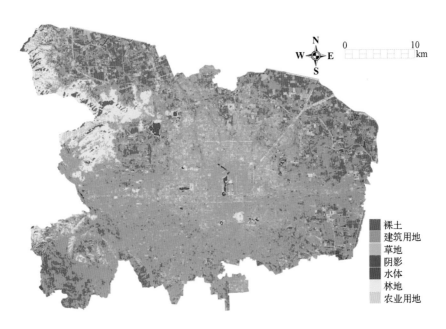

裸土
建筑用地
草地
阴影
水体
林地
农业用地

彩图 8　2004 年 1 月 27 日北京市城区分类结果图

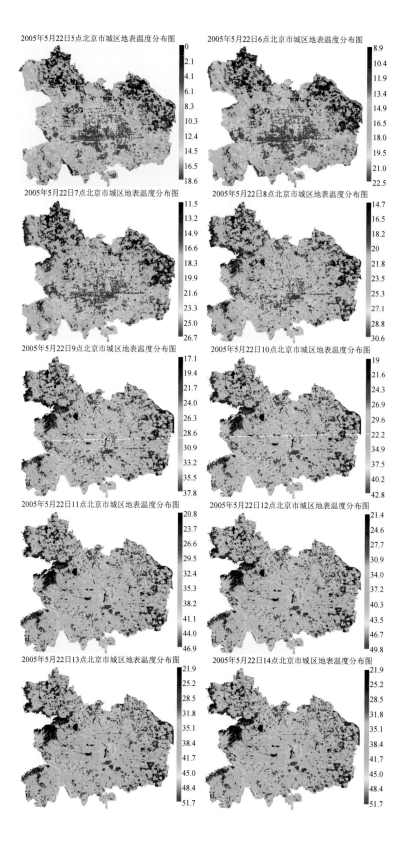

2005年5月22日5点北京市城区地表温度分布图
2005年5月22日6点北京市城区地表温度分布图
2005年5月22日7点北京市城区地表温度分布图
2005年5月22日8点北京市城区地表温度分布图
2005年5月22日9点北京市城区地表温度分布图
2005年5月22日10点北京市城区地表温度分布图
2005年5月22日11点北京市城区地表温度分布图
2005年5月22日12点北京市城区地表温度分布图
2005年5月22日13点北京市城区地表温度分布图
2005年5月22日14点北京市城区地表温度分布图

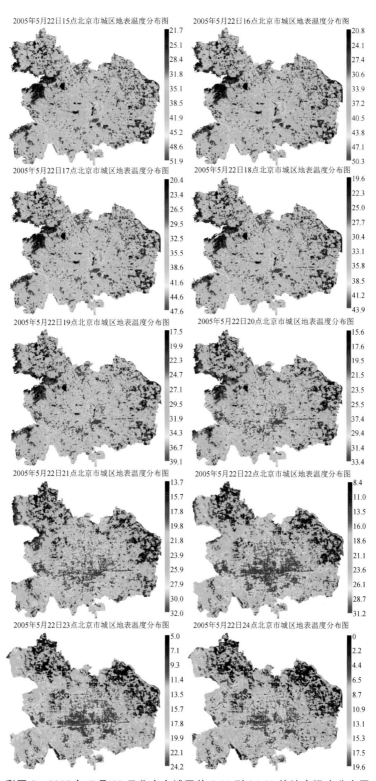

彩图 9　2005 年 5 月 22 日北京市城区从 5:00 到 24:00 的地表温度分布图

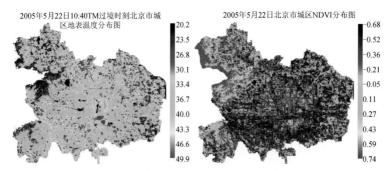

彩图 10　2005 年 5 月 22 日北京市城市区 10:40 卫星过境时刻的地表温度分布图和 NDVI 分布图

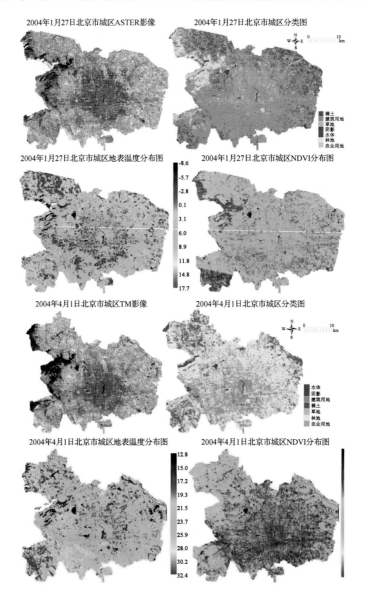

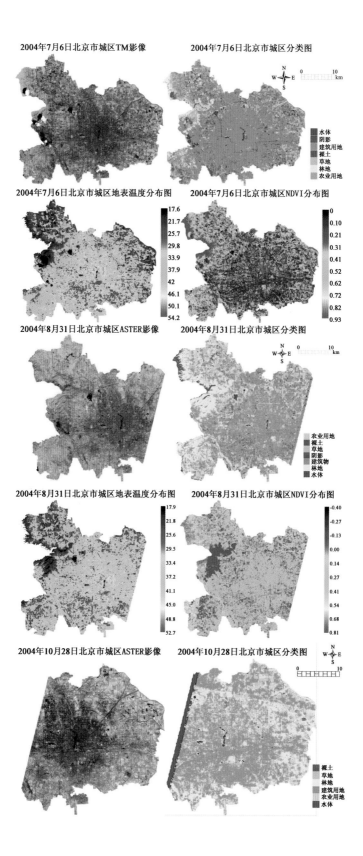

2004年7月6日北京市城区TM影像　2004年7月6日北京市城区分类图

水体
阴影
建筑用地
裸土
草地
林地
农业用地

2004年7月6日北京市城区地表温度分布图　2004年7月6日北京市城区NDVI分布图

17.6
21.7
25.7
29.8
33.9
37.9
42
46.1
50.1
54.2

0
0.10
0.21
0.31
0.41
0.52
0.62
0.72
0.82
0.93

2004年8月31日北京市城区ASTER影像　2004年8月31日北京市城区分类图

农业用地
裸土
草地
阴影
建筑物
林地
水体

2004年8月31日北京市城区地表温度分布图　2004年8月31日北京市城区NDVI分布图

17.9
21.8
25.6
29.5
33.4
37.2
41.1
45.0
48.8
52.7

-0.40
-0.27
-0.13
0.00
0.14
0.27
0.41
0.54
0.68
0.81

2004年10月28日北京市城区ASTER影像　2004年10月28日北京市城区分类图

裸土
草地
林地
建筑用地
农业用地
水体

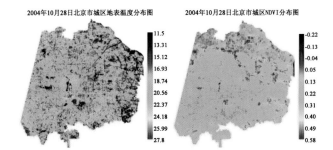

彩图 11　2004 年不同季节北京市城区影像及土地覆盖分类、地表温度和 NDVI 分布图

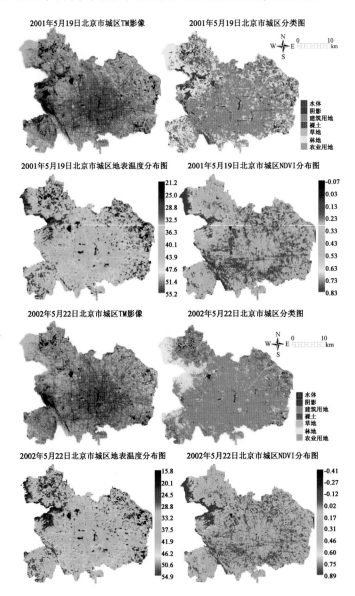

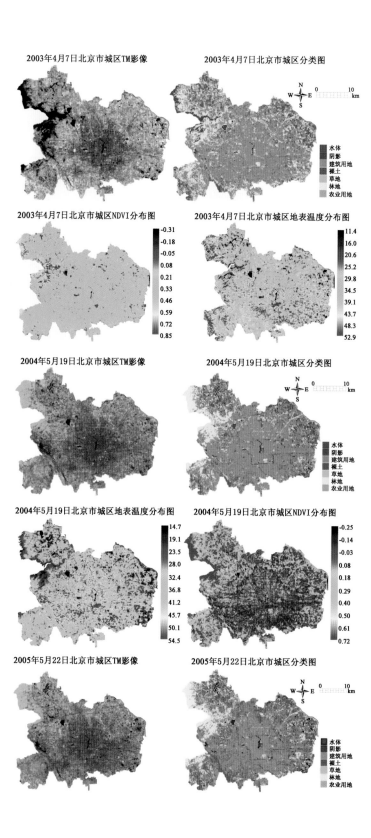

2003年4月7日北京市城区TM影像　　　　2003年4月7日北京市城区分类图

2003年4月7日北京市城区NDVI分布图　　　2003年4月7日北京市城区地表温度分布图

2004年5月19日北京市城区TM影像　　　　2004年5月19日北京市城区分类图

2004年5月19日北京市城区地表温度分布图　2004年5月19日北京市城区NDVI分布图

2005年5月22日北京市城区TM影像　　　　2005年5月22日北京市城区分类图

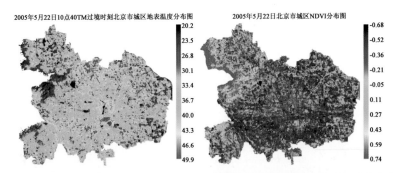

彩图 12　北京市城区影像及土地利用/土地覆盖分类、地表温度和 NDVI 分布图

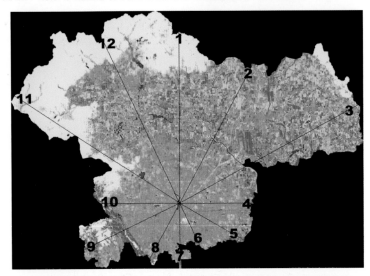

彩图 13　2005 年 5 月 22 日土地覆盖分类及样线分布示意图

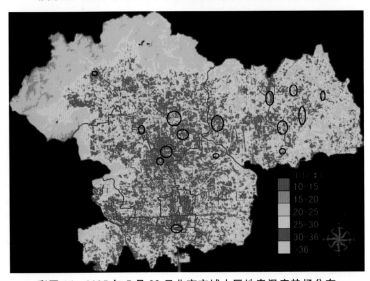

彩图 14　2005 年 5 月 22 日北京市城十区地表温度热场分布